Johannes Christian Münich

# Hybride Multidirektionaltextilien zur Erdbebenverstärkung von Mauerwerk – Experimente und numerische Untersuchungen mittels eines erweiterten Makromodells

Karlsruher Reihe

**Massivbau
Baustofftechnologie
Materialprüfung**

Heft 68

Institut für Massivbau und Baustofftechnologie

Materialprüfungs- und Forschungsanstalt, MPA Karlsruhe

Univ.-Prof. Dr.-Ing. Harald S. Müller
Univ.-Prof. Dr.-Ing. Lothar Stempniewski

# Hybride Multidirektionaltextilien zur Erdbebenverstärkung von Mauerwerk – Experimente und numerische Untersuchungen mittels eines erweiterten Makromodells

von
Johannes Christian Münich

**Dissertation**

Karlsruher Institut für Technologie
Fakultät für Bauingenieur-, Geo- und Umweltwissenschaften
Tag der mündlichen Prüfung: 22. Oktober 2010
Referent:          Prof. Dr.-Ing. Lothar Stempniewski
Korreferent:       Prof. Dipl.-Ing. Matthias Pfeifer

**Impressum**

Karlsruher Institut für Technologie (KIT)
KIT Scientific Publishing
Straße am Forum 2
D-76131 Karlsruhe
www.ksp.kit.edu

KIT – Universität des Landes Baden-Württemberg und nationales
Forschungszentrum in der Helmholtz-Gemeinschaft

KIT Scientific Publishing 2011
Print on Demand

ISSN 1869-912X
ISBN 978-3-86644-734-9

## Kurzfassung

Die weltweite Verbreitung von Mauerwerk hält seit Jahrtausenden an. In seiner Zusammensetzung hat sich Mauerwerk dabei über die Zeit nur geringfügig verändert. Es besteht damals wie heute aus einer Anordnung von Mauersteinen und Fugen. Regionale Unterschiede von Mauerwerk werden dabei vorwiegend durch die differierenden Materialien hervorgerufen.

Durch die Anordnung der Komponenten ist Mauerwerk ein stark anisotroper Baustoff und eignet sich gut zur Abtragung vertikaler Belastung. Neben den vertikal und horizontal verschieden angeordneten Fugen und Mauersteinen sind die anisotropen Materialeigenschaften der Einzelkomponenten vorwiegend für das richtungsabhängige Verhalten von Mauerwerk verantwortlich. Der Widerstand gegenüber Schubbelastungen ist dabei vergleichsweise gering. Die versagensfrei aufnehmbaren horizontalen Lasten sind beschränkt. Insbesondere durch Erdbeben induzierte, horizontale Beschleunigungen generieren hohe horizontale Belastungen auf Mauerwerksstrukturen. Schädigungen des tragenden Systems der Struktur sind die Folge. Die Verwendung von Mauerwerk in seismisch aktiven Regionen erfordert daher Verbesserungen im Abtragen von horizontalen Belastungen.

Die Verwendung von Faserverbundwerkstoffen stellt eine effiziente Möglichkeit zur Verbesserung des Verhaltens von Mauerwerk im Nachbruchbereich dar und ermöglicht so ein verbessertes Tragverhalten.

Textilverstärkungen für Mauerwerk basieren vorwiegend auf bidirektionalen Strukturen. Die vorliegende Arbeit soll einen Beitrag zur Findung von Textilien sein, die dem richtungsabhängigen Verhalten von Mauerwerk gerecht wird. Der Schwerpunkt der vorliegenden Arbeit liegt daher auf der Entwicklung hybrider Textilien, die eine multidirektionale Faserrichtung aufweisen. Verwendet wurden dabei zementöse, epoxydharzveredelte Matrizen, die bauphysikalisch unbedenklich auch großflächig anwendbar sind.

Die hybride Ausführung ermöglicht die gleichzeitige Verwendung von Fasern mit differierenden mechanischen Eigenschaften in gleicher Faserrichtung. So lässt sich eine Verbesserung der Tragfähigkeit durch hochfeste Fasern erreichen, während hochduktile Fasern den Zusammenhalt der Struktur auch bei großen Deformationen gewährleistet. Dadurch kann ein Gesamtversagen der Struktur erreicht werden.

Die umfangreichen experimentellen Untersuchungen werden differenziert nach Kleinversuchen, Kleinwandversuchen und geschosshohen Wandscheibenexperimenten.

Die Kleinversuche an Experimenten zu dem Mode I und Mode II Rissverhalten von Mauerwerksversuchskörpern ergaben für hybride Textilien unter Verwendung von Polypropylen und AR-Glas die technisch und wirtschaftlich günstigste Lösung. Untersucht wurde dabei neben den Materialeigenschaften der Textilien die Ausrichtung der Textilien auf den Versuchskörpern ebenso wie die Anzahl der

Faserrichtungen und der Einfluss einer veränderten Normalspannung senkrecht zu den Lagerfugen. Die Ergebnisse der Kleinversuche flossen in die Entwicklung der Kleinwandversuche ein.

Die Kleinwandversuche ermöglichten durch die biaxial belasteten Versuchskörper eine Analyse des verstärkten Materials, an einem Zustand, der dem Realzustand deutlich näher kommt. Der Versuchsaufbau ermöglichte dabei die Generierung von Spannungszuständen mit einem beliebigen Verhältnis aus vertikaler und horizontaler Belastung und ermöglichte somit die Analyse der Materialeigenschaften an Wandscheiben unter makroskopischem Gesichtspunkt.

Die Versuche an geschosshohen Wandscheiben beschäftigten sich im weiteren Verlauf mit dem Einfluss der variablen Kopfbedingungen. Dabei wurden die Einflüsse veränderlicher Bedingungen am oberen Scheibenrand untersucht. Die Verbesserung des Tragverhaltens textilverstärkter Mauerwerksstrukturen durch Verwendung hybrider, multidirektionaler Textilien konnte bestätigt werden.

Die experimentellen Ergebnisse der Untersuchungen flossen in die Entwicklung eines Mehrflächen Plastizitätsmodells ein. Das makroskopische Materialmodell verwendet versagensmechanismusspezifische Fließflächen, die sich aus der Materialmodellierung von Mann/Müller ableiten. Eine Erweiterung berücksichtigt dabei die Verstärkungseffekte des Faserverbundwerkstoffs. Das Makromodell zeigt die Machbarkeit der Simulation auf und leistet einen Beitrag bei der Entwicklung von numerischen Modellierungen von faserverstärktem Mauerwerk.

Das Modell verwendet neben der Plastizitätstheorie die Schädigungstheorie und ermöglicht so die Materialdegradierung durch eine Schädigung. Zur Anwendung kommt dabei die assoziierte und nichtassoziierte Plastizitätstheorie. Das Materialmodell wurde für das Programmpaket Abaqus erstellt und verwendet die UMAT-Schnittstelle. Neben den zur Simulation notwendigen Parameter für die algorithmische Umsetzung werden lediglich bekannte oder aus Kleinversuchen ermittelbare Materialparameter verwendet. Der Vergleich mit Ergebnissen aus eigenen Versuchen und in der Literatur beschriebenen Experimenten zeigte überwiegend gute Ergebnisse auf. Vorhandene Abweichungen lassen sich dabei auf die Verwendung der makroskopischen Modellierung ableiten. Dadurch sind Bereiche, in denen lokales Versagen dominiert nicht identifizierbar und können nicht berücksichtigt werden.

# Abstract


The worldwide spread of masonry structures continues for thousands of years. During this time, the assembly of masonry changes only slightly. It consists – then as now – of a geometrical arrangement of joints and units. Regional differences in the layout of masonry are mainly induced by the use of different materials.

Generated by the arrangement of the components, masonry offers an anisotropic behaviour and is well suited for bearing gravity loads. Not only the differences in the arrangement of joints and units between vertical and horizontal direction generates anisotropic behaviour, also the materials itself offer different properties in horizontal and vertical direction and is responsible for a reduced strength in horizontal direction. The resistance against shear loads is low in comparison with the ability to withstand vertical loads. Seismic input is the main topic in this work due to the high loads in horizontal direction. These horizontal loads result in damages of the bearing system. The use of masonry in seismic active areas necessitates structural improvement in bearing horizontal loads.

The use of fibre reinforced composites (FRC) is an efficient possibility to improve the properties of masonry in the post peak behavior and permits an enhanced structural performance.

Textile reinforcements for masonry are based mainly on bidirectional structures. This work is to be a contribution to the identification of textiles, which are optimized to fit for the strengthening method for masonry and in particular considers the anisotropic properties of masonry. Therefore, the focus is on hybride, multi-directional textiles. The use of the FRC as a laminate, which fully covers the wall necessitates the application of a cementeous matrices, refined with epoxy. The use of cementeous matrices allows the permeability of vapour and is therefore necessary to fulfill physical properties of the structure.

The hybride design of the textiles allows the coexistent use of fibres with unequal properties in the same direction. An improvement of the strength by using fibres with a high strength is possible, while fibres with a good deformability ensure the cohesion of the structure also for great deformations. Therefore, it is possible to prevent the structure before a total collapse.

The experimental campaign includes small experiments as well as experiments on small walls and on real sized walls.

Experiments on small set ups to the Mode I and Mode II cracking behaviour of masonry members identify the use of AR glass and Polyproplene fibres for textiles as most economic and technical fitted solution for the hybride textile. The analysis of the FRC strengthened masonry behaviour, the orientation of the textiles, varying material properties, the number of fibre orientations as well as the influence of different normal stress levels were the topic of the experimental campaign. The results of the small experiments were foundation for the development of small wall test series and real sized wall tests.

Small wall tests generate a biaxial loaded test environment in the sample and therefore permit an analysis on a level near to reality. By using different control circuits for horizontal and vertical load application the set up is able to generate user-defined ratios of horizontal and vertical stress situations. Small wall tests are in use to analyse the properties of masonry under macroscopic points of view.

In the framework of this study, real wall tests are in use to analyse the influence of changing conditions on stress situations. Therefore, different stress conditions on the top of the wall were generated. It was possible to confirm the improvements of the load bearing behaviour, which was observed on small tests and on small wall tests by using hybride, multi-directional textiles as textile strengthening.

The experimental results of the studies influenced the development of a multisurface plasticity model. The macroscopic material model uses yield surfaces based on the Mann/Müller criterias. The model shows the applicability of macro-modeling of FRC strengthened masonry.

The model uses also the damage theory and allows therefore the degradation of material properties. For the plasticity, associated and non-associated plasticity is used. The material model is build to fit to the program package Abaqus. The interface Usermaterial (UMAT) in Abaqus offers extensive possibilities for user specific material modeling. Input parameters for the material model are known parameters or parameters which can be easily identified by using small tests. The comparison of experimental and numerical results shows a good correlation. In order to examine this comparison not only own experimental results were used, but also results of experiments described in literature were consulted for checking.

# Vorwort

Die vorliegende Arbeit entstand während meiner Tätigkeit als wissenschaftlicher Mitarbeiter am Institut für Massivbau und Baustofftechnologie der Universität Karlsruhe (TH).

Herrn Prof. Dr.-Ing. Lothar Stempniewski gilt mein besonderer Dank für die Möglichkeit zur Mitarbeit am Institut, für die Anregung zu dieser Arbeit sowie der Unterstützung durch wertvolle Diskussionen während der Promotion und der Übernahme des Hauptreferats. Mein besonderer Dank gilt ebenso Herrn Prof. Dipl.-Ing. Matthias Pfeifer, der durch sein Interesse an der Arbeit, wichtigen Diskussionen und Vorschlägen sowie der Übernahme des Koreferats maßgeblich am Gelingen beteiligt war. Herrn Prof. Dr.-Ing. Karl Schweizerhof und Herrn Prof. Dr.-Ing. Harald S. Müller möchte ich für das rege Interesse und die fachlichen Ratschläge herzlich danken.

Frau Dipl.-Ing. Heike Metschies vom Sächsischen Textil Forschungs Institut e.V. und Herrn Dr. Hannes Taubenböck vom Deutschen Luft- und Raumfahrtzentrum möchte ich für die gute Zusammenarbeit danken. Den Leitern und Mitarbeitern der MPA Karlsruhe danke ich für die unverzichtbare und tatkräftige Mitarbeit bei den experimentellen Untersuchungen.

Darüber hinaus bedanke ich mich bei allen Kollegen des Instituts für Massivbau und Baustofftechnologie - von denen mir einige zu echten Freunden geworden sind - für die gute fachliche Zusammenarbeit und Unterstützung bei der Arbeit sowie für den weniger wissenschaftlichen Austausch. Insbesondere sollen hier Herr Dr.-Ing. Christian Wallner, Herr Dr.-Ing. Andreas Fäcke und Herr Dr.-Ing. Halim Khbeis erwähnt werden, die mir stets wertvolle Ansprechpartner waren.

Für den privaten Rückhalt und die stete Unterstützung möchte ich meiner Freundin Tina, meiner Familie sowie meinen Freunden danken. Ohne sie wäre ein Gelingen dieser Arbeit nur schwer möglich gewesen.

## Variablen

### Abmessungen

| Variable | Bedeutung |
| --- | --- |
| $b$ | Breite Mauerstein in [42] |
| $d_x$ | Mauersteinlänge |
| $d_y$ | Mauersteinhöhe |
| $d_z$ | Dicke Mauerwerk, Mauersteintiefe |
| $d_f$ | Fugendicke |
| $h$ | Höhe Mauerwerkstein in [42], wird bei Materialmodellierung mit $\Delta y$ bezeichnet |
| $l$ | Länge Mauerstein in [42], ansonsten mit $\Delta x$ bezeichnet |
| $\ddot{u}$ | Überbindemaß |

### Spannung

| Variable | Bedeutung |
| --- | --- |
| $\sigma_x$ | Spannung in horizontaler Richtung (in der Wandebene) |
| $\sigma_y$ | Spannung in vertikaler Richtung |
| $\sigma_z$ | Spannungen horizontal (senkrecht zur Wandebene) |
| $\sigma_a$ | Spannung bei Betrachtung am Einzelstein |
| $\sigma_b$ | Spannung bei Betrachtung am Einzelstein |
| $\Delta\sigma_y$ | Spannungsdifferenz betrachtet am Einzelstein |
| $\tau$ | Schubspannungen |
| $\sigma_I, \sigma_{II}$ | Hauptspannungen |
| $u$ | Laterale Verschiebung |
| $v$ | Schubverformung |

Mauerstein

| Variable | Bedeutung |
| --- | --- |
| $\alpha_1$ | Beiwert zur Berechnung der Mauersteindruckfestigkeit parallel zu den Lagerfugen $\beta_{c,st,x}$ |
| $\beta_{c,st}$ | Vertikale Mauersteindruckfestigkeit (senkrecht zu den Lagerfugen) |
| $\beta_{c,st,x}$ | Horizontale Mauersteindruckfestigkeit (parallel zu den Lagerfugen) |
| $\beta_{c,st,PR}$ | Prüfwert der Steindruckfestigkeit |
| $\beta_{BZ,st}$ | Biegezugfestigkeit von Mauersteinen |
| $\beta_{SZ,st}$ | Spaltzugfestigkeit von Mauersteinen |
| $\beta_{t,st}$ | Zugfestigkeit von Mauersteinen |
| $f$ | Formfaktor zur Berechnung der Mauersteindruckfestigkeit |
| $\lambda$ | Beiwert für Formfaktor bei Mauersteinfestigkeit |
| $E_{c,st}$ | E-Modul im Druckbereich für Kalksandsteine |
| $E_{c,st,x}$ | Druck E-Modul für Mauersteine in horizontaler Richtung |
| $E_{c,st,y}$ | Druck E-Modul für Mauersteine in vertikaler Richtung |
| $E_{q,st,x}$ | Querdehnungsmodul Mauerstein in Längsrichtung |
| $E_{q,st,z}$ | Querdehnungsmodul Mauerstein in Tiefenrichtung |
| $E_{t,st}$ | Zug E-Modul für Mauersteine |
| $E_{t,st,dyn}$ | Dynamischer E-Modul für Mauersteine |
| $\varepsilon_{q,st,l}$ | Querdehnung Mauerstein in Längsrichtung |
| $\varepsilon_{q,st,b}$ | Querdehnung Mauerstein in Mauersteinbreite |
| $\tau_{st}$ | Maximale Schubspannungsmultiplikator in Steinmitte nach [106, 117] |

## Mauermörtel

| Variable | Bedeutung |
| --- | --- |
| $\beta_{c,m\ddot{o}}$ | Druckfestigkeit Mauermörtel |
| $\beta_{s,m\ddot{o}}$ | Scherfestigkeit Mauermörtel |
| $\beta_{t,m\ddot{o}}$ | Zugfestigkeit Mauermörtel |
| $\beta_{bz,m\ddot{o}}$ | Biegezugfestigkeit von Mörtel nach [38] |
| $E_{l,m\ddot{o}}$ | Längsdehnungsmodul Mörtel, Druck |
| $E_{q,m\ddot{o}}$ | Querdehnungsmodul Mörtel |

## Mauerwerk

| Variable | Bedeutung |
| --- | --- |
| $a,b,c$ | Parameter bei der Berechnung der Mauerwerksdruckfestigkeit $\beta_{c,mw,i}$ mit $i\in[x,y,z]$ |
| $\alpha_e$ | Verhältnisbeiwert Druckfestigkeit |
| $\alpha_E$ | Verhältnisbeiwert E-Modul |
| $\beta_{c,mw,i}$ | Druckfestigkeit des Mauerwerks in Richtung $i\in[x,y,z]$ |
| $\beta_{hs,mw,y}$ | Haftscherfestigkeit |
| $\beta_{hz,v,y}$ | Haftzugfestigkeit Verbund |
| $\beta_{t,mw,x}$ | Mauerwerkszugfestigkeit in horizontaler Richtung |
| $\beta_{t,mw,y}$ | Mauerwerkszugfestigkeit in vertikaler Richtung |
| $E_{c,mw,y}$ | E-Modul des Mauerwerks auf Druckbeanspruchung in y-Richtung |
| $E_{c,mw,x}$ | E-Modul des Mauerwerks auf Druckbeanspruchung in x-Richtung |
| $\varepsilon_{u,D,p}$ | Dehnungswerte bei Höchstbelastung in y-Richtung (Druck) |
| $k_{LF}$ | Haftscherfestigkeit Lagerfuge |

| | |
|---|---|
| $k_{SF}$ | Haftscherfestigkeit Stossfuge |
| $\tan\varphi_{LF}$ | Reibung Lagerfuge |
| $\tan\varphi_{LF}$ | Reibung Stossfuge |
| $\tan\phi$ | Dilatanz |

## Erdbebenbelastung

| Variable | Bedeutung |
|---|---|
| $\alpha_u$ | Abminderungsfaktor |
| $a_g$ | Bemessungswert der Bodenbeschleunigung [37] |
| $\beta_0$ | Verstärkungsbeiwert für Spektralbeschleunigung [37] |
| $F_y$ | Geminderter Tragwiderstand |
| $F_{el}$ | Elastischer Tragwiderstand |
| $f$ | Frequenz |
| $\gamma_I$ | Bedeutungsbeiwert |
| $h_{st}$ | Höhe der Struktur |
| $q$ | Verhaltensbeiwert |
| $S$ | Untergrundparameter |
| $T$ | Grundschwingzeit, Schwingungsdauer eines linearen Einmassenschwingers |
| $T_A, T_B, T_C, T_D$ | Kontrollperioden [37] |
| $\eta$ | Dämpfungs-Korrekturbeiwert [37] |
| $\mu_\Delta$ | Verschiebungsduktilität |

Numerik

| **Variable** | **Bedeutung** |
| --- | --- |
| $\beta_i$ | Schädigungsvariable |
| $C_i$ | Flexibilitätsmatrix |
| $D$ | Elastizitätsmatrix |
| $D^{ep}$ | Elastoplastische Tangentensteifigkeitsmatrix |
| $D_0$ | Elastizitätsmatrix zu Rechnungsbeginn |
| $d\lambda_i$ | Multiplikatorinkrement |
| $d\kappa_i$ | Entfestigungsparameterinkrement |
| $d\sigma$ | Spannungsinkrement |
| $d\varepsilon$ | Dehnungsinkrement |
| $\varepsilon^{pl}$ | Plastische Dehnung |
| $\varepsilon$ | Gesamtdehnug |
| $\varepsilon^{el}$ | Elastische Dehnung |
| $\varepsilon^{eps}$ | Äquivalente plastische Dehnung |
| $\varepsilon^{pd}$ | Summe aus Schädigungsdehnung und plastischer Dehnung |
| $\varepsilon^{da}$ | Schädigungsdehnung |
| $E$ | Elastizitätsmodul |
| $f_s$ | Zug/Druck Unterscheidungsvariable für Dilatanz |
| $F_i$ | Fließfläche |
| $g$ | Reduzierte Bruchenergien |
| $G_1^Z$ | Bruchenergie (Mauersteinriss) |
| $G$ | Schubmodul |
| $G_{1,y}^F$ | Bruchenergie (Mode I Riss – y-Richtung) |
| $G_{1,x}^F$ | Bruchenergie (Mode I Riss – x-Richtung) |

| | |
|---|---|
| $G_2{}^F$ | Bruchenergie (Mode II) |
| $h_i$ | Ver-/Entfestigungsmodul |
| $J$ | Jacobi-Matrix |
| $\kappa_i$ | Entfestigungsparameter |
| $\lambda_i$ | Plastischer Multiplikator |
| $\Omega_i$ | Entfestigungsvariable |
| $Q_i$ | Potentialfläche |
| $\sigma_{trial}$ | Trialspannung |
| $W^{pl}$ | Plastische Arbeit |

## Allgemeines

| Variable | Bedeutung |
|---|---|
| $xy_{init}$ | Die Indizierung mit Init deutet bei iterativen Berechnungen einen Startwert an |

# 1 Prolog

## 1.1 Problemstellung

Mauerwerk wird seit mehr als 7000 Jahren verwendet und ist damit neben Holz der älteste Baustoff. Erste Mauerwerksstrukturen wurden auf 5000 v.Chr. datiert und befanden sich im Zweistromland [31]. In seiner Zusammensetzung hat sich Mauerwerk über die Jahrtausende nur geringfügig geändert. Es besteht damals wie heute aus einer Anordnung von Mauersteinen und Fugen. Regionale Unterschiede von Mauerwerk sind vorwiegend bedingt durch die Verfügbarkeit der Materialien. Zur Verwendung als Mauerstein können dabei künstliche und natürliche Steine kommen. Die Flexibilität bei der Materialwahl sowie gute bauphysikalische Eigenschaften und Freiheit bei der Gestaltung sind verantwortlich, dass Mauerwerk eine weltweite Verbreitung fand und auch heute noch zu den häufigsten Baustoffen gehört.

Die vertikal und horizontal verschieden angeordneten Fugen und Mauersteine sind neben den anisotropen Materialeigenschaften der Einzelkomponenten vorwiegend für das anisotrope Verhalten von Mauerwerk verantwortlich. Mauerwerk eignet sich sehr gut zur Abtragung von Schwerelasten in der Wandebene. Der Widerstand gegenüber lagerfugenparallelen Schubbelastungen ist jedoch gering. Die versagensfrei aufnehmbaren horizontalen Lasten sind limitiert. Durch Erdbeben induzierte, horizontale Beschleunigungen generieren hohe horizontale Belastungen auf Mauerwerksstrukturen. Schädigungen des tragenden Systems der Struktur sind die Folge.

Die voranschreitende Erforschung seismischer Aktivitäten machte eine Überarbeitung der Erdbebennorm DIN 4149:2005 [37] erforderlich. Durch die Anlehnung an die europäische Normierung wird das Bemessungserdbeben jetzt mit einer 10 %igen Auftretenswahrscheinlichkeit in 50 Jahren zugrunde gelegt. Die in Deutschland bei dem Nachweis zu berücksichtigenden Erdbebenbelastungen haben sich teilweise erhöht. Ein Tragfähigkeitsnachweis von Mauerwerk ist in vielen Fällen nicht mehr möglich. Insbesondere bei bestehenden Strukturen, sind nachträgliche Verstärkungsmaßnahmen zur Einhaltung der von der Norm vorgegebenen Bemessungslasten erforderlich.

## 1.2 Zielsetzung

Vielfältige Verstärkungsmethoden wurden entwickelt um die Tragfähigkeit von Mauerwerk zu erhöhen und somit den Nachweis zu ermöglichen. Eine dieser Methoden ist die oberflächennahe Verstärkung von Mauerwerk durch Faserverbundwerkstoffe (FVW). Die Verwendung eignet sich aufgrund der Applikation auf der Oberfläche insbesondere um bestehende Mauerwerksscheiben zu verstärken.

Untersuchungen hierzu konzentrierten sich in der Vergangenheit auf die Verwendung von Geweben in Epoxydharzmatrizen. Aufgrund der bauphysikalisch ungünstigen

Eigenschaften von Epoxydharz (Dampfundurchlässigkeit, Rauchentwicklung bei Hitzeeinwirkung, Verlust der Festigkeit bei Wärme) wurden weiterführend Untersuchungen mit epoxydharzveredelten, zementösen Matrizen durchgeführt. Erst dadurch wurde der vollflächige Einsatz von FVW zur Mauerwerksverstärkung praktisch einsetzbar.

Seismisch induzierte Belastungen stellen hohe Anforderungen an das tragende System einer Struktur. Neben der Tragfähigkeit ist besonders die Duktilität der Struktur zu beachten. Die Aufgabe einer Verstärkung besteht dadurch einerseits in der Unterstützung der Struktur beim Abtragen von Lasten und andererseits in einem verbesserten Zusammenhalt der Mauerwerkskomponenten, so dass auch bei großen Verformungen die Tragfähigkeit bestehen bleibt. Bei mit FVW verstärktem Mauerwerk ist dadurch ein schnelles Ansprechen der Verstärkung bei einer Verformungsbelastung zur Erhöhung der Tragfähigkeit und ein hohes plastisches Dehnungsvermögen zur Verbesserung der Duktilität notwendig.

Die Zielsetzung der vorliegenden Arbeit ist die Entwicklung und Verwendung von hybriden, multidirektionalen, flächigen Textilwerkstoffen zur Verwendung in FVW als Verstärkung auf Mauerwerk. Durch die Kombination hochfester Fasern mit hochdehnbaren Fasern in einer Faserrichtung sollen deutliche Verbesserungen des Tragverhaltens bei großen Verformungen erreicht werden.

Die Verstärkungswirkung wird anhand von realitätsnahen Klein- und Großversuchen untersucht und analysiert. Auf Basis der so gewonnenen Daten erfolgt eine Optimierung der FVW.

# 2 Erdbeben und Mauerwerksvorkommen

Nicht erst durch die Einführung der neuen DIN 4149:2005 [37] sind durch geologische Vorgänge hervorgerufene Bodenbewegungen in den Mittelpunkt der Mauerwerksforschung gerückt. Erdbebeninduzierte, dynamische Struktureinwirkungen stellen für Mauerwerksbauten oftmals erhöhte Einwirkungen dar.

Das folgende Kapitel dient dem allgemeinen Verständnis der Belastung, die durch seismische Einwirkung hervorgerufen wird. Des Weiteren wird in diesem Kapitel der Relevanz der Verwendung einer Verstärkung von Mauerwerk nachgegangen. Das Kapitel teilt sich in einen allgemeinen Teil zu Erdbeben, der Berücksichtigung der Belastung durch die Norm, sowie das Vorkommen von Mauerwerksbauten in von Erdbeben betroffenen Gebäuden am Beispiel von Istanbul.

## 2.1 Allgemeines

Erdbeben sind durch geologische Vorgänge hervorgerufene Bewegungen des Bodens mit zum Teil zerstörerischen Ausmaßen. Aufgrund der bis heute nicht möglichen, sicheren Vorhersagbarkeit des Zeitpunkts sowie der zu erwartenden Größe der Energiefreisetzung, fordern Erdbeben immer wieder zahlreiche Opfer durch strukturelles Versagen von Bauwerken. Zur Quantifizierung der durch Erdbeben hervorgerufenen Schäden betrachtet man das sogenannte Erdbebenrisiko. Das Risiko stellt dabei die von dem Erdbeben betroffene und beschädigte Menge an Elementen in Abhängigkeit von der Auftretenswahrscheinlichkeit der seismischen Aktivität sowie der Größe der Schädigung dar. Der Formel 2.1 ist ein solcher Zusammenhang zu entnehmen. Das Risiko ergibt sich zu:

$$R_i = H_i \otimes E_i$$

2.1

Nach dieser Definition setzt sich das Erdbebenrisiko ($R_i$) aus der Gefährdung ($H_i$) und Eigenschaften des betroffenen Elements ($E_i$) zusammen. Die Gefährdung stellt die geophysikalische Grundlage der Risikoberechnung dar und vereint wiederum die Auftretenswahrscheinlichkeit bestimmter Intensitäten oder Erdbebenstärken mit der Größe der Ereignisse. Das betroffene Element steht für die Schadensanfälligkeit oder Vulnerabilität und den Wert des Elements.

Im Zuge der Katastrophenprävention ist das Risiko die zu minimierende Größe. Die Größe des Risikos variiert durch die sich lokal und zeitlich ändernde Höhe der Gefährdung, der Schadensanfälligkeit und dem Wert der betroffenen Elemente. So weise insbesondere große urbane Strukturen, sogenannte „Megacities" (Stadtgebiete mit mehr als acht Millionen Einwohnern), die sich in seismisch aktiven Zonen befinden, ein besonders hohes Risiko auf. Das Risiko steigt weiter, wenn sich durch rapides und unkontrolliertes Wachstum der Anteil der nicht ingenieurmäßig konstruierten Bebauung vergrößert hat. Eine Reduktion des seismischen Risikos kann lediglich durch eine Verbesserung der Schadensanfälligkeit erfolgen, da die Gefährdung eine durch die Natur bestimmte Größe ist, die durch anthropogene

Beeinflussung nur kleinräumig wirksame Änderungen erfahren kann (z.B. bei Einsturzerdbeben in Bergbaugebieten). In der vorliegenden Arbeit wird die Verbesserung der Schadensanfälligkeit von Mauerwerksstrukturen durch textile, hybride Verbundwerkstoffe vorangetrieben um zum einen eine Reduktion des Risikos der materiellen Werte und zum anderen die wesentlich wichtigere Reduktion der zu beklagenden Opfer herbeizuführen. Die Belastung der unverstärkten und verstärkten Mauerwerkswände ergibt sich direkt aus den erdbebeninduzierten Bodenbewegungen Die Entstehung und Auswirkung wird im Folgenden zum Verständnis, der dieser Ausarbeitung zugrunde gelegten Annahmen angeführt.

## 2.2 Erdbeben

Erdbeben können anhand der unterschiedlichen Entstehungsmechanismen in verschiedene Typen unterschieden werden:

- Tektonische Erdbeben
- Vulkanische Erdbeben
- Einsturzerdbeben
- Stauseeinduzierte Erdbeben
- Künstliche Erdbeben

Im Folgenden wird nur die qualitativ und quantitativ bedeutungsvollste Entstehungsart - die der tektonischen Erdbeben - aufgeführt [126]. Ihren Ursprung finden tektonische Erdbeben in Bewegungen der kontinentalen und ozeanischen Platten. Man unterscheidet konvergierende, divergierende und konservative Bewegungen. Durch die tektonischen Bewegungen bauen sich Spannungen in den Platten auf. Übersteigen die Spannungen die Bruchfestigkeiten im Gestein stellt sich unter Energiefreisetzung ein Bruch mit plötzlich auftretenden Verschiebungen ein.

Die Quantifizierung der Größe des so entstandenen Erdbebens kann auf unterschiedliche Weise erfolgen. Die bei einem Beben freiwerdende Energie ist neben weiteren Kennwerten eine Maßeinheit für die Stärke des Erdbebens. Wird für die Beurteilung des Bebens die freigesetzte Energie im Herd hinzugezogen, so spricht man von einer Magnitudenskala. Unterschieden nach der Auswertungsweise des Geschwindigkeits-Seismogramms existieren verschiedene Magnitudenskalen. Die am häufigsten Benutzte, ist die nach oben offene, logarithmische Richter-Skala.

Eine Schwierigkeit ergibt sich dabei für Ingenieure, da Angaben über die Energiefreisetzung im Hypozentrum keinen direkten Rückschluss auf die durch das Beben hervorgerufenen und lokal stark variierenden Bodenbewegungen zulassen.

Makro-Seismische Skalen oder auch Intensitätsskalen lassen hingegen eine Beurteilung der lokalen Einflüsse auf die Erdbebenbelastung zu und sind daher für Ingenieure besser geeignet.

Sie sind im Wesentlichen von den folgenden Parametern abhängig [7, 67]:

- Magnitude
- Frequenzgehalt an der Quelle
- Herdtiefe
- Herdentfernung vom Standort
- Geologie/Topographie
- Lokaler Baugrund und Untergrund
- Frequenzgehalt am Standort
- Dauer des Bebens am Standort

Eine solche Skala ist die European Macroseismic Scale (EMS). Basierend auf der MSK Skala (formuliert durch Medvedev, Sponheuer, Karnik) wurde durch die European Seismological Commission (ESC) 1992 die EMS definiert, die 1998 aktualisiert wurde (EMS-98) [67]. Die Skalierung erfolgt anhand der für Menschen spürbaren Auswirkungen sowie der Schäden, die an Gebäuden zu beobachten waren. Die Tabelle 2.1 zeigt einen Auszug der EMS und ordnet die mess- und spürbaren Wirkungen auf Menschen und Gebäude den Intensitätswerten zu.

Erdbebenauswirkungen werden dadurch vergleichbar. Zur vertiefenden Studie sei hier auf [130, 7, 67, 126, 113] verwiesen.

Beziehungen zwischen Intensitäten, geophysikalischen Größen (z.B. Boden-beschleunigung) und Magnituden sind bislang lediglich empirischer Natur. Formel 2.2 erlaubt eine Beurteilung der Intensität anhand der Bodenbeschleunigung [126]:

$$I = b \cdot \lg a_0 + c$$

**2.2**

mit $b \in [2;3]$ und $c \in [1,5;2,7]$. Die für die Bemessung relevanten physikalischen Kenngrößen sind die Bodenbeschleunigung, der Frequenzgehalt der Boden-bewegung und die Dauer des Erdbebens.

**Tabelle 2.1: EMS Intensitäts Skala [67]**

| Intensität EMS | Definition | Beschreibung der maximalen Wirkungen (stark verkürzt) |
|---|---|---|
| I | nicht fühlbar | Nicht fühlbar. |
| II | kaum bemerkbar | Nur sehr vereinzelt von ruhenden Personen wahrgenommen. |
| III | schwach | Von wenigen Personen in Gebäuden wahrgenommen. Ruhende Personen fühlen ein leichtes Schwingen oder Erschüttern. |
| IV | deutlich | Im Freien vereinzelt, in Gebäuden von vielen Personen wahrgenommen. Einige Schlafende erwachen. Geschirr und Fenster klirren, Türen klappern. |
| V | stark | Im Freien von wenigen, in Gebäuden von den meisten Personen wahrgenommen. Viele Schlafende erwachen. Wenige werden verängstigt. Gebäude werden insgesamt erschüttert. Hängende Gegenstände pendeln stark, kleine Gegenstände werden verschoben. Türen und Fenster schlagen auf oder zu. |
| VI | leichte Gebäudeschäden | Viele Personen erschrecken und flüchten ins Freie. Einige Gegenstände fallen um. An vielen Häusern, vornehmlich in schlechterem Zustand, entstehen leichte Schäden wie feine Mauerrisse und das Abfallen von z. B. kleinen Verputzteilen. |
| VII | Gebäudeschäden | Die meisten Personen erschrecken und flüchten ins Freie. Möbel werden verschoben. Gegenstände fallen in großen Mengen aus Regalen. An vielen Häusern solider Bauart treten mäßige Schäden auf (kleine Mauerrisse, Abfall von Putz, Herabfallen von Schornsteinteilen). Vornehmlich Gebäude in schlechterem Zustand zeigen größere Mauerrisse und Einsturz von Zwischenwänden. |
| VIII | schwere Gebäudeschäden | Viele Personen verlieren das Gleichgewicht. An vielen Gebäuden einfacher Bausubstanz treten schwere Schäden auf; d.h. Giebelteile und Dachgesimse stürzen ein. Einige Gebäude sehr einfacher Bauart stürzen ein. |
| IX | zerstörend | Allgemeine Panik unter den Betroffenen. Sogar gut gebaute gewöhnliche Bauten zeigen sehr schwere Schäden und teilweisen Einsturz tragender Bauteile. Viele schwächere Bauten stürzen ein. |
| X | sehr zerstörend | Viele gut gebaute Häuser werden zerstört oder erleiden schwere Beschädigungen. |
| XI | verwüstend | Die meisten Bauwerke, selbst einige mit gutem erdbebengerechtem Konstruktionsentwurf und -ausführung, werden zerstört. |
| XII | vollständig verwüstend | Nahezu alle Konstruktionen werden zerstört. |

## 2.3 Einwirkung auf Gebäude

Die direkten oder primären Belastungen auf Gebäude werden durch Verwerfungen (Dislokationen) an der Oberfläche oder durch Bodenerschütterung induziert. Als indirekte oder sekundäre Einwirkungen seismischer Natur werden Hangrutschungen, Bodenverflüssigungen und Tsunamis bezeichnet.

Direkte Erdbebenbelastungen lassen hohe, kurzfristige Beschleunigungen in horizontaler wie auch in vertikaler Richtung entstehen. Insbesondere die dabei auftretenden, hohen horizontalen Bodenbeschleunigungen können strukturelles Versagen hervorrufen. Dies rührt nicht nur aus der im Allgemeinen geringeren Beschleunigung in vertikaler Richtung. Bei der Annahme der vertikalen Beschleunigungen werden variierende Beobachtungen zugrundegelegt. Die Größe der vertikalen Beschleunigungen wird zum Beispiel nach [7] mit 33-100 % der horizontalen Bodenbeschleunigung angenommen, während nach [137] dies nur 30-50 % der horizontalen Beschleunigungen sind.

Auch die prinzipielle Konzeptionierung der Strukturen ist dafür verantwortlich, Bauwerke werden primär für das Tragen von Schwerelasten ausgelegt. Für die Analyse von Bauwerken ist der Frequenzbereich

$$f\ \left[ f \in \mathbb{R}; 0{,}1\,Hz \le f \le 30\,Hz \right]$$

von besonderem Interesse. Die für den Hochbau typischen Strukturen bewegen sich mit ihren Eigenfrequenzen in diesem Frequenzbereich. Für Vorentwurfszwecke kann die Grundschwingzeit $T$ nach folgender Formel abgeschätzt werden:

$$T = 0{,}05 \cdot h_{st} \cdot e^{0{,}75}$$

**2.3**

Der Formel 2.3 liegt lediglich die Gebäudehöhe $h_{st}$ zugrunde. Bauwerkseigenschaften wie Material und statisches System werden nicht berücksichtigt.

Niedere Frequenzwerte haben vorwiegend bei sehr großen Bauwerken Einfluss, während höhere Frequenzwerte hauptsächlich für kleinere und steifere Bauwerke wichtig sind, da diese höhere Eigenfrequenzen aufweisen. Zur weiterführenden Studie sei hier [130, 7, 113, 126] nahe gelegt.

Die durch die Erschütterungen entstehenden horizontalen Lasten bewirken Beschleunigungskräfte. Diese müssen von dem aussteifenden System getragen werden. Es entstehen Schubspannungen in Wänden (Scheibenbelastung), wenn eine Belastung in ihrer Ebene erfolgt und Plattenbelastungen/Biegebelastungen bei einer Anregung senkrecht zu der Wandebene. Reine Scheiben- oder Plattenbelastungen entstehen nur, wenn die Beschleunigung in oder senkrecht zu der jeweiligen Wandebene erfolgt. Bei abweichenden Auftreffwinkeln wird eine Aufteilung in Schub- und Plattenbeanspruchung vorgenommen, so dass ein getrennter Nachweis erfolgen kann.

Die Steifigkeit von Scheiben ist im Vergleich zur Steifigkeit von biegebelasteten Wänden wesentlich höher. Daher erfolgt bei einer Schubbelastung der

Gesamtstruktur eine Weiterleitung der Lasten vorwiegend durch die Wände, die in der Wandebene horizontal belastet werden. Diese werden als tragende Wände bezeichnet und sind für einen globalen Kollaps der Struktur von besonderer Wichtigkeit.

Plattenbelastete Scheiben werden vorwiegend durch eine flächige Beschleunigungskraft aufgrund ihrer eigenen Masse und durch eine Wandkopfverschiebung senkrecht zur Wandebene belastet. Im Zuge der Tätigkeit am Institut für Massivbau und Baustofftechnologie wurden erste Tastversuche an plattenbelasteten, textilverstärkten Mauerwerkswänden durchgeführt. Durch die Membranwirkung der Textilien, insbesondere bei Verwendung einer mechanischen Fixierung des Faserverbundwerkstoffs an anstehenden Bauteilen, kann ein Kollaps des Bauteils meist zuverlässig vermieden werden. Die Untersuchungen in dieser Arbeit konzentrieren sich daher auf tragende, schubbelastete Mauerwerkswände.

## 2.4 Duktilität und Tragfähigkeit

Entscheidend für das Tragwerksverhalten unter einer dynamischen Beanspruchung wie Erdbeben sind das maximale Tragvermögen sowie das Verformungsvermögen vor dem Versagen bei der Beaufschlagung horizontaler Kräfte. Die Fähigkeit plastische Verformungen unter Aufrechterhaltung einer Widerstandskraft zu ertragen wird mit Duktilität bezeichnet. Unterschieden wird nach:

- Dehnungsduktilität
- Krümmungsduktilität
- Rotationsduktilität
- Verschiebeduktilität

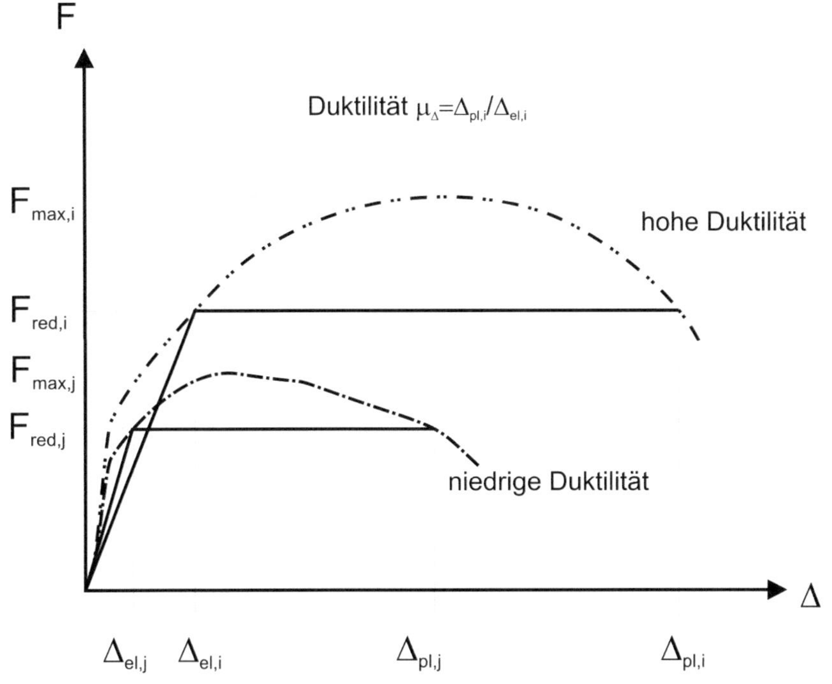


**Abbildung 2.1: Definition der Dehnungsduktilität**

Die Duktilität ist das Verhältnis der gesamten elastisch-plastischen Verformung $\Delta_{pl}$ zur elastischen Verformung bei Fließbeginn $\Delta_{el}$ [6]. Eine hohe Duktilität ist somit gekennzeichnet durch eine große plastische Verformbarkeit $\Delta_{el}$ vor dem Versagen in Relation zu der Verformung im elastischen Bereich $\Delta_e$ (Abbildung 2.1). Die Definition der Verschiebungsduktilität ist:

$$\mu_\Delta = \frac{\Delta_{pl}}{\Delta_{el}}$$

2.4

Die in dieser Arbeit zu Vergleichszwecken hinzugezogene Definition der Duktilität wird als Differenz der Verformung bei Auftreten von 75 % der maximalen Last beim Lastanstieg und der wiederkehrenden Größe der Last beim absteigenden Ast der Kurve im Nachbruchbereich auf der Last-Verformungskurve festgelegt. Die zugrundeliegende Bestimmungsmethode entspricht damit der Dreiviertel-Regel unter Verwendung eines Tragwiderstands von 75 % der maximalen Beanspruchbarkeit (Abbildung 2.2).

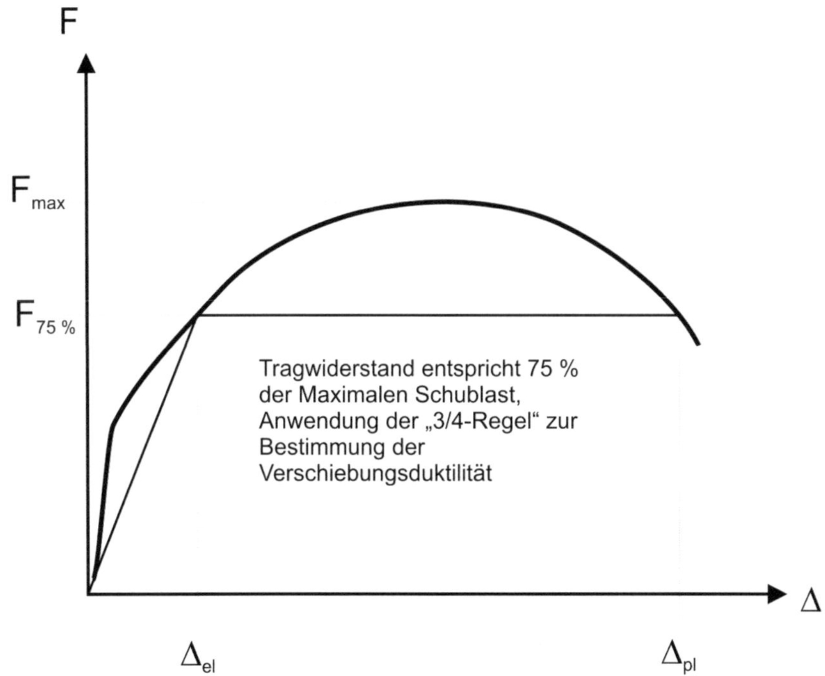


**Abbildung 2.2: Dreiviertel-Regel mit einer reduzierten Last von 75 % der Maximallast**

Ein ausreichendes Verhalten im Belastungsfall Erdbeben kann durch einen hohen Tragwiderstand und eine geringere Duktilität ebenso erreicht werden wie durch eine hohe Duktilität und einen geringen horizontalen Tragwiderstand.

Eine Auslegung eines Gebäudes für ein Erdbeben, welches das Bemessungsbeben im linear elastischen Verhaltensbereich übersteht, d.h. es werden für den Belastungsfall keine plastischen Verformungen zugelassen, ist durch einen großen Aufwand zur Erhöhung des Tragwiderstands meist unwirtschaftlicher als eine duktile Auslegung, die Verformungen zur Energiedissipation zulässt. Ein hoher Tragwiderstand kann jedoch bei Bauwerken der obersten Bedeutungsklassen (z. B. Bedeutungsklasse IV gemäß DIN 4149 [37]) zur Einhaltung höchster Sicherheitsvorgaben notwendig werden. Im Gegenzug wird bei ökonomischeren, duktilen Auslegung der Struktur in Kauf genommen, dass beim Auftreten einer seismischen Belastung starke plastische Verformungen auftreten und Schädigungen an der Struktur hervorgerufen werden. Abbildung 2.3 verdeutlicht die Möglichkeiten zur Bauwerksausbildung in Hinblick auf die seismische Belastung:

Kapazität

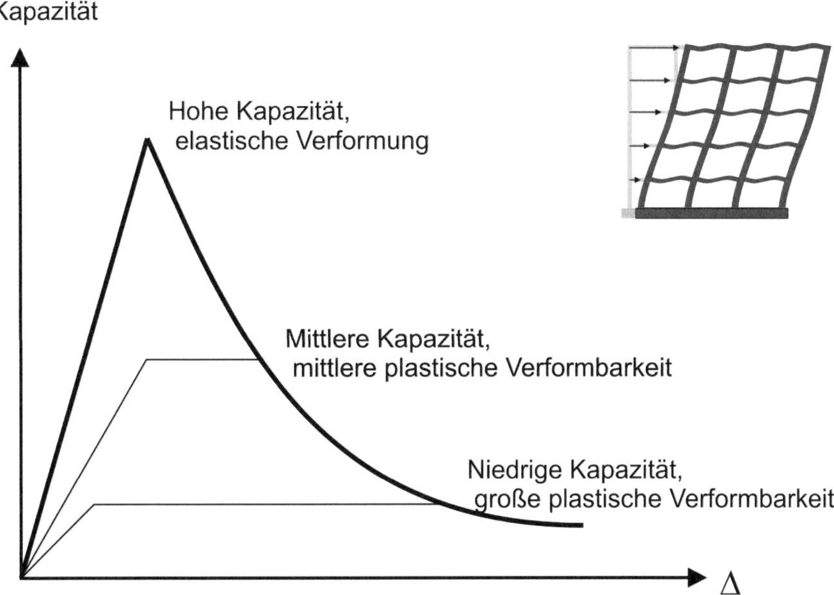


**Abbildung 2.3: Kapazität von Strukturen**

Zielsetzung der vorliegenden Arbeit ist die Verbesserung des Verhaltens unbewehrter Mauerwerksstrukturen für den Belastungsfall Erdbeben. Wie im vorherigen Absatz dargestellt, kann dies durch eine Verbesserung der Traglast (Verbesserung der elastischen Tragfähigkeit) oder durch Verbesserung des Verformungsvermögens unter Aufrechterhaltung der Tragfähigkeit erreicht werden.

Eine nachträgliche Verstärkungsmaßnahme, wie es die druckschlaffe Bewehrung mit hybriden Textilien darstellt, stabilisiert und verstärkt das Verhalten vorwiegend im Nachbruchverhalten. Die Grundstruktur (das Mauerwerk) wird in seinen Material-eigenschaften dabei nicht geändert.

## 2.5 Normung

Die zusätzlichen Belastungen aufgrund seismischer Gefährdung sind in der DIN 4149 [37] geregelt. Die Größe der Belastungen hängt von der Form des Antwortspektrums ab. Die Einflussparameter sind:

- der Erdbebenzone des Standorts
- der Untergrundklasse
- der Baugrundklasse sowie
- der Bedeutungskategorie des Bauwerks

Die Erdbebenzonen sind wie folgt aufgeführt:

**Tabelle 2.2: Bemessungswerte der Bodenbeschleunigung in Abhängigkeit der Erdbebenzone [37]**

| Erdbebenzone | Intensitätsintervalle | Bemessungswert der Bodenbeschleunigung $a_g$ $m/s^2$ |
|:---:|:---:|:---:|
| 0 | $6 \leq I < 6,5$ | – |
| 1 | $6,5 \leq I < 7$ | 0,4 |
| 2 | $7 \leq I < 7,5$ | 0,6 |
| 3 | $7,5 \leq I$ | 0,8 |

Tabelle 2.2 zeigt die in Deutschland vorhandenen Erdbebenzonen 0 bis 3 und die Bemessungswerte der Bodenbeschleunigung $a_g$ für eine Auftretenswahrscheinlichkeit von 10 % in 50 Jahren (dies entspricht einer Wiederkehrperiode von 475 Jahre). Die Ausdehnungen der Erdbebenzonen lassen sich der DIN 4149 entnehmen. Die angegebenen Bemessungswerte der Beschleunigung finden direkt Eingang bei der Berechnung des Bemessungsspektrums.

Des Weiteren ist eine Unterscheidung der Untergrundverhältnisse sowie des Baugrunds notwendig, da diese ebenfalls zur Spektrumsgenerierung hinzugezogen werden. Die Untergrunddifferenzierung lässt sich wie folgt vornehmen:

Geologische Untergrundklassen (Boden in einer Tiefe >20 m):

- R    felsartiger Gesteinsuntergrund
- T    Flachgründige Sedimentbecken sowie Übergang R zu S
- S    mächtige Sedimentfüllungen, Gebiete tiefer Beckenstrukturen

Baugrundklasse (Boden in einer Tiefe von 3m bis 20 m):

- A    unverwittertes (bergfrisches) Festgestein

- B    mäßig verwittertes Festgestein bzw. Festgesteine mit geringer Festigkeit oder grobkörnige bzw. gemischtkörnige Lockergesteine mit hohen Reibungseigenschaften in dichter Lagerung bzw. in fester Konsistenz
- C    stark bis völlig verwitterte Festgesteine oder grobkörnige bzw. gemischtkörnige Lockergesteine in mitteldichter Lagerung bzw. in mindestens steifer Konsistenz feinkörnige bindige Lockergesteine in mitteldichter Lagerung bzw. in mindestens steifer Konsistenz

Der Untergrundparameter S sowie die Kontrollperioden $T_B$, $T_C$, $T_D$ werden der Tabelle 2.3 entnommen:

**Tabelle 2.3: Untergrundparameter für das elastische horizontale Antwortspektrum [37]**

| Untergrundverhältnisse | $S$ | $T_B$ <br> s | $T_C$ <br> s | $T_D$ <br> s |
|---|---|---|---|---|
| A-R | 1,00 | 0,05 | 0,20 | 2,0 |
| B-R | 1,25 | 0,05 | 0,25 | 2,0 |
| C-R | 1,50 | 0,05 | 0,30 | 2,0 |
| B-T | 1,00 | 0,1 | 0,30 | 2,0 |
| C-T | 1,25 | 0,1 | 0,40 | 2,0 |
| C-S | 0,75 | 0,1 | 0,50 | 2,0 |

Die Bedeutungskategorien lassen sich der DIN entnehmen und reichen von I (geringe Bedeutung) bis IV (hohe Bedeutung). Der Bedeutungsbeiwert fließt in die Berechnung des Spektrums ein.

**Tabelle 2.4: Bedeutungskategorien [37]**

| Bedeutungskategorie | Bauwerke | Bedeutungsbeiwert <br> $\gamma_I$ |
|---|---|---|
| I | Bauwerke von geringer Bedeutung für die öffentliche Sicherheit, z. B. landwirtschaftliche Bauten usw. | 0,8 |
| II | Gewöhnliche Bauten, die nicht zu den anderen Kategorien gehören, z. B. Wohngebäude | 1,0 |
| III | Bauwerke, deren Widerstandsfähigkeit gegen Erdbeben im Hinblick auf die mit einem Einsturz verbundenen Folgen wichtig ist, z. B. große Wohnanlagen, Verwaltungsgebäude, Schulen, Versammlungshallen, kulturelle Einrichtungen, Kaufhäuser usw. | 1,2 |
| IV | Bauwerke, deren Unversehrtheit im Erdbebenfall von Bedeutung für den Schutz der Allgemeinheit ist, z. B. Krankenhäuser, wichtige Einrichtungen des Katastrophenschutzes und der Sicherheitskräfte, Feuerwehrhäuser usw. | 1,4 |

Das elastische Antwortspektrum wird für eine lineare Berechnung reduziert, um eventuelle, günstig wirkende, hysteretische Energiedissipationen des Bauwerks berücksichtigen zu können. Das Bemessungsspektrum wird unter Verwendung der Formeln in DIN 4149 Kapitel 5.4.3 berechnet:

$$T_A \leq T \leq T_B : \quad S_d(T) = a_g \cdot \gamma_I \cdot S \cdot \left[ 1 + \frac{T}{T_B} \cdot \left( \frac{\beta_0}{q} - 1 \right) \right]$$

$$T_B \leq T \leq T_C : \quad S_d(T) = a_g \cdot \gamma_I \cdot S \cdot \frac{\beta_0}{q}$$

$$T_C \leq T \leq T_D : \quad S_d(T) = a_g \cdot \gamma_I \cdot S \cdot \frac{\beta_0}{q} \cdot \frac{T_C}{T}$$

$$T_D \leq T : \quad\quad S_d(T) = a_g \cdot \gamma_I \cdot S \cdot \frac{\beta_0}{q} \cdot \frac{T_C \cdot T_D}{T^2}$$

2.5

$\beta_0$ ist ein Verstärkungsbeiwert der Spektralbeschleunigung. Er wird der DIN 4149 folgend zu 2,5 angenommen und berücksichtigt eine Dämpfung von 5 %. Die Minderung der Einwirkung wird durch den Verhaltensbeiwert q gesteuert. Der Verhaltensbeiwert spielt eine maßgebende Rolle bei der Berechnung der Belastung und wird direkt aus dem materialabhängigen Verhalten des Bauteils abgeleitet. Für q gilt:

$$q = \frac{1}{\alpha_u}$$

2.6

wobei $\alpha_u$ der Abminderungsfaktor ist.

$$F_y = \alpha_u \cdot F_{el} = \frac{1}{q} \cdot F_{el}$$

2.7

$F_y$ ist der geminderte Tragwiderstand, während $F_{el}$ der elastische Tragwiderstand ist.

Zwei mathematische Ansätze bestehen zur Berechnung des elastischen Tragwiderstandes bzw. der elastischen Ersatzkraft:

- Prinzip der gleichen maximalen Verschiebung
- Prinzip der gleichen Formänderungsenergie

Das Prinzip der gleichen maximalen Verschiebung eines linear elastischen Einmassenschwingers und eines elastisch plastischen Einmassenschwingers folgt:

$$\alpha_\mu = \frac{F_y}{F_{el}} = \frac{1}{\mu_\Delta}$$

2.8

bzw.

$$q = \mu_\Delta$$

2.9

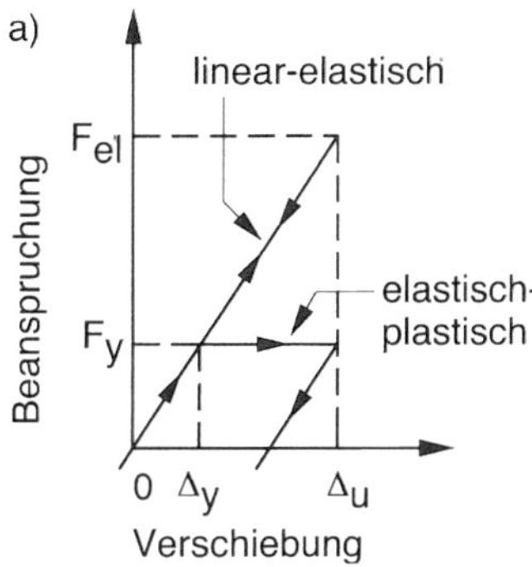


**Abbildung 2.4: Prinzip der maximalen Verschiebung [7]**

Aus dem Prinzip der gleichen Formänderungsarbeit derselben Schwinger ist abzuleiten:

$$\alpha_u = \frac{F_y}{F_{el}} = \frac{1}{\sqrt{2\mu_\Delta - 1}}$$

2.10

bzw.

$$q = \sqrt{2\mu_\Delta - 1}$$

2.11

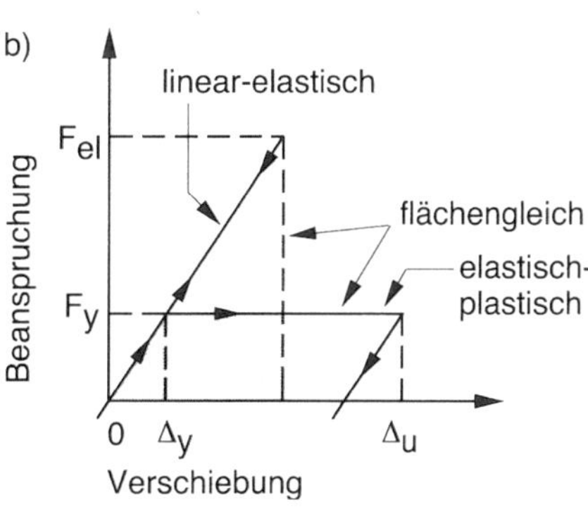


**Abbildung 2.5: Prinzip der gleichen Formänderungsarbeit [7]**

Während der Ansatz aus dem Prinzip der gleichen maximalen Verschiebung für niedrige Frequenzen (f < 1,5 Hz) eher zutrifft, liefert der Ansatz nach dem Prinzip der gleichen Formänderungsarbeit bei mittleren Frequenzen (2 Hz ≤ f ≤ 10 Hz) befriedigende Resultate. Für hohe Frequenzen (f > 33 Hz) muss aufgrund der

Steifigkeit des Einmassenschwingers q=1 angenommen werden. Zwischenwerte werden interpoliert.

Die weiter zu berücksichtigenden speziellen Maßnahmen, die beim Bau von Mauerwerksgebäuden zu berücksichtigen sind, können der DIN 4149 sowie zahlreichen Veröffentlichungen [u.a. 116] entnommen werden.

## 2.6 Mauerwerksstrukturen in seismisch aktiven Zonen

Die Frage für welche Gebäudestrukturen eine Verstärkungsmethode in Betracht kommt und welche Verbreitung diese genießen, stellt sich wie bei der Erarbeitung einer jeden technischen Lösung. Die Relevanz der vorliegenden Arbeit kann durch die Bebauung an Mauerwerksgebäuden im Allgemeinen und durch die Verbreitung in seismisch aktiven Regionen im Speziellen erörtert werden.

Die seismisch aktive Zone am Bosporus ist durch die gute Kenntnis der Gebäudestruktur detailliert analysierbar. Das Bebauungsgebiet in und um Istanbul ist Thema umfangreicher Forschungsarbeiten. Im Folgenden dient diese Region als Fallbeispiel für eine Hochrechnung potentieller Anwendungsmöglichkeiten. Die Aufzeichnung der Gebäudetypen erfolgte teils manuell durch Vor-Ort-Begehungen, teils automatisiert über die Auswertung von Satellitendaten [127]. Eine Kategorisierung und Differenzierung der Gebäudetypen erfolgte anhand der Katasteramtsdaten der Bezirke Zeytinburnu und Uskudar. Die Daten wurden mit Hilfe der Fernerkundung für weitere Stadtgebiete von Istanbul ergänzt und durch Verwendung statistischer Methoden auf das gesamte Bebauungsgebiet extrapoliert, um eine Analyse für das komplette Stadtgebiet zu ermöglichen.

Der Anteil der verschiedenen Gebäudetypen ist [51]:

**Tabelle 2.5: Modell der Gebäudestruktur Istanbuls**

| Klasse | Anzahl | | Alter | | Material | | | |
|---|---|---|---|---|---|---|---|---|
| | | % | <1980 | >=1980 | Stahlbeton Rahmen | Mauerwerk | Stahlbeton Schubwand | Vorgespannt |
| 111 | 92330 | 12,52 | 92330 | | 92330 | | | |
| 112 | 247935 | 33,61 | | 247935 | 247935 | | | |
| 121 | 53501 | 7,25 | 53501 | | 53501 | | | |
| 122 | 159900 | 21,68 | | 159900 | 159900 | | | |
| 131 | 1749 | 0,24 | 1749 | | 1749 | | | |
| 132 | 7205 | 0,98 | | 7205 | 7205 | | | |
| 211 | 108933 | 14,77 | 108933 | | | 108933 | | |
| 212 | 57910 | 7,85 | | 57910 | | 57910 | | |
| 221 | 6525 | 0,88 | 6525 | | | 6525 | | |
| 222 | 271 | 0,04 | | 271 | | 271 | | |
| 311 | 5 | 0,00 | 5 | | | | 5 | |
| 312 | 69 | 0,01 | | 69 | | | 69 | |
| 322 | 180 | 0,02 | | 180 | | | 180 | |
| 331 | 2 | 0,00 | 2 | | | | 2 | |
| 332 | 517 | 0,07 | | 517 | | | 517 | |
| 411 | 67 | 0,01 | 67 | | | | | 67 |
| 412 | 554 | 0,08 | | 554 | | | | 554 |
| Summe | 737653 | 100,00 | 263112 | 474541 | 562620 | 173639 | 773 | 621 |
| Prozentual | | | 35,67% | 64,33% | 76,27% | 23,54% | 0,10% | 8,42% |

Die Definition der Gebäudeklassen gestaltet sich wie folgt:

Die erste Ziffer steht für das Konstruktionsmaterial

- 1 Stahlbetonrahmenkonstruktion
- 2 Mauerwerk
- 3 Stahlbetonschubwand
- 4 Vorgespannte Bauwerke

Die zweite Ziffer steht für die Höhe der Struktur:

- 1 geringe Bauhöhe (1-3 Stockwerke)
- 2 mittlere Bauhöhe (4-7 Stockwerke)
- 3 hohe Bauhöhe (8 und mehr Stockwerke)

Die letzte Ziffer steht für das Konstruktionsalter. Hierbei wird unterschieden in:

- 1 Erbauung vor 1980
- 2 Erbauung nach 1980


Die in [51] veröffentlichten Zahlen belegen die weite Verbreitung von Mauerwerksbauten. Wie in obiger Tabelle zu erkennen, sind ein Viertel aller Gebäude in Istanbul aus Mauerwerk, dies entspricht in absoluten Zahlen 173.639 Gebäuden. Gebäude, bei denen der Stahlbetonrahmen systembedingt Teil des statischen Systems ist, bleiben hier ebenso unberücksichtigt wie solche mit Mauerwerksausfachungen. Obwohl eine Auswertung der Vor-Ort-Begehungen ein häufiges Vorkommen von Stahlbetonkonstruktionen mit Schubwänden aus Mauerwerk identifizieren konnte, die nicht dem Funktionsprinzip eines ausfachenden Mauerwerks entsprechen, wurden diese im Zuge einer konservativen Auslegung der Abschätzung nicht berücksichtigt. Aufgrund der guten Funktionalität von Faserverstärkungen für Mauerwerkswände, die keine seitliche Begrenzung durch Stahlbeton aufweisen, könnten solche Bauten eigentlich bei der Gruppe der potentiell mit dieser Methode verbesserbaren Strukturen berücksichtigt werden. Eine typische Gebäudestruktur ist der nachfolgenden Abbildung 2.6 zu entnehmen.

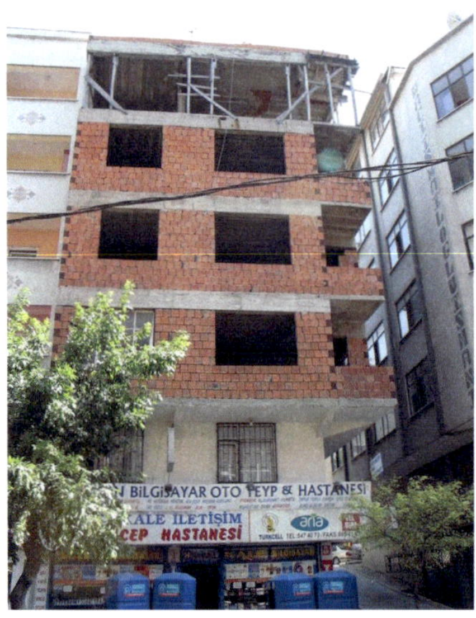

**Abbildung 2.6: Rahmenkonstruktion mit Mauerwerksschubwänden in Istanbul**

Der in der Zahl von 173.639 Gebäuden gesamt enthaltene Anteil, der aufgrund fehlender ingenieurmäßiger Konstruktion oder durch Nichtbeachtung der Bauvorschriften eine geringere Widerstandsfähigkeit gegenüber seismisch induzierten Lasten aufweist, lässt sich schwer quantifizieren. Hierüber können nur nicht sicher verifizierte Annahmen getroffen werden. Anders sieht es hingegen mit Gebäuden aus, die aufgrund des Alters eine höhere Vulnerabilität aufweisen. Diese höhere Anfälligkeit älterer Bauwerke (Erbauung vor 1979) beruht vorwiegend auf der Tatsache, dass die Normierung in der Türkei 1975 aktualisiert wurde. Aufgrund der technischen Fortschritte sowie der Erforschung der Erdbebeneinwirkungen legt die neue Norm höhere Maßstäbe beim Bau von Wohngebäuden an. Eine Auswertung der Katasteramtsdaten ergibt, dass 2/3 aller Mauerwerksgebäude vor 1979 erbaut wurden und somit in Übereinstimmung mit der alten Norm konstruiert wurden. Belegt wird diese Annahme durch die von Aydinoglu et al. [52] durchgeführten Forschungsarbeiten über die Vulnerabilität von Bauwerken in der Türkei. Aydinoglu et al. führen in ihrer Arbeit Forschungsergebnisse und Feldbeobachtungen zu Schäden an Strukturen durch Erdbeben zusammen. Dargestellt werden diese in Fragilitätskurven. Fragilitätskurven stellen den Zusammenhang zwischen der Auftretenswahrscheinlichkeit bestimmter Schädigungsstufen in Abhängigkeit der spektralen Verschiebung dar. Aydinoglu et al. konnten erhöhte Auftretens-wahrscheinlichkeiten von Schädigungen bei älteren Mauerwerksgebäuden feststellen (Abbildung 2.8 und Abbildung 2.7).

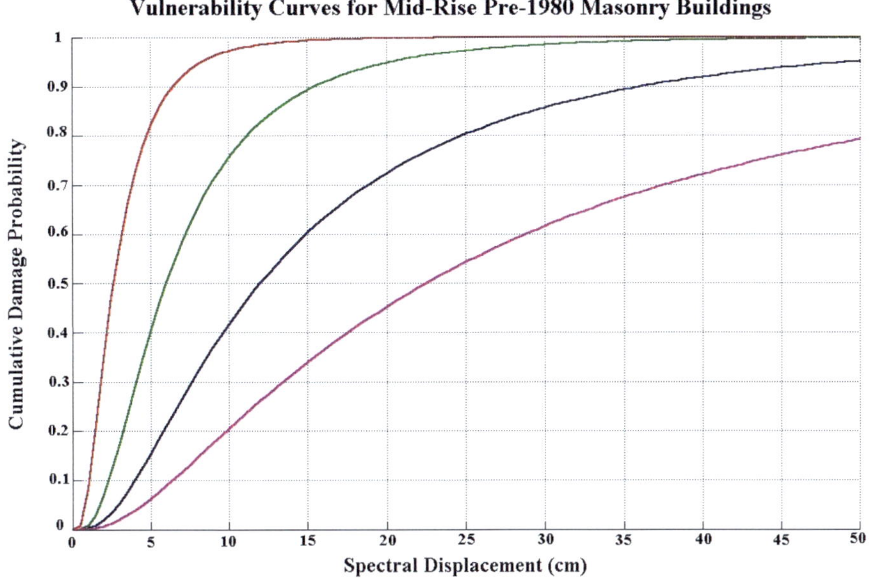


Abbildung 2.8: Vulnerabilitätskurven für Mauerwerksgebäude erbaut vor 1980 [52]

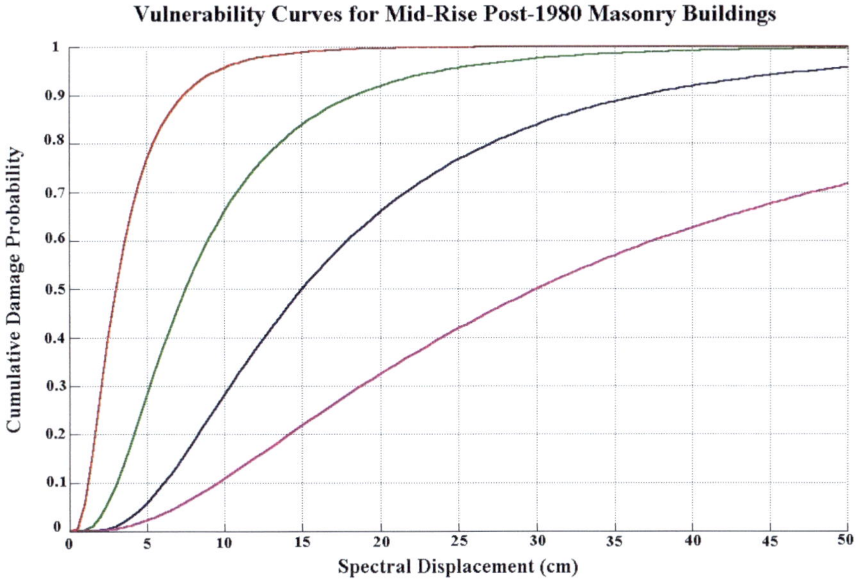


Abbildung 2.7: Vulnerabilitätskurven für Mauerwerksgebäude erbaut nach 1980 [52]

Aufgrund der Daten lässt sich für Istanbul ein Bestand an Gebäuden, die vor 1979 erbaut wurden und tragende Elemente aus Mauerwerk besitzen, in Höhe von 108.933 Gebäuden feststellen. Durch die Analysen von Aydinoglu et al. ist für diese Strukturen eine höhere Schadensanfälligkeit nachgewiesen. Zur konservativen

Quantifizierung des Potentials wird davon ausgegangen, dass neuere Strukturen durch Beachtung der Normierung eine erdbebensichere Auslegung und Erbauung erfahren haben. In Verbindung mit der sehr hohen Auftretenswahrscheinlichkeit eines verheerenden Erdbebens mit einer Magnitude größer als 7 (41 % Auftretenswahrscheinlichkeit in den nächsten 30 Jahren [80]) entsteht ein entsprechend hohes Risiko im Bereich der Mauerwerksbauten in Istanbul.

Der vorherige Absatz zeigt auf, dass die Notwendigkeit Verstärkungsmaßnahmen für Mauerwerk zu finden, dringend gegeben ist. Die Anwendung der in dieser Arbeit vertieften Verstärkung durch textile Hybridbewehrungen erfolgt laminar auf Wandoberflächen. In Mauerwerksgebäuden erfolgt eine Aussteifung des Systems gegenüber horizontalen Windlasten durch Schubwände. Von dem Vorhandensein von Wänden, die verstärkbar sind, ist insofern auszugehen. Dabei sind selbst Wände mit Öffnungen verstärkbar. In direktem Vergleich mit Wänden ohne Öffnungen wird der Verstärkungseffekt herab gesetzt. Es ist aber auch hier ein Verstärkungseffekt feststellbar. Es konnten noch Steigerungen von 50 % und mehr erreicht werden [189].

Als eine weitere Schwierigkeit kann bei einer ersten Betrachtung die einseitige Applikation gesehen werden. Diese wird oftmals teilweise notwendig, da aufgrund der Gebäudestruktur nicht immer beide Wandoberflächen für eine Verstärkung zur Verfügung stehen. Es konnten jedoch in früheren Forschungsarbeiten keine nennenswerten Symmetrieeffekte bei einer einseitigen Applikation der Verstärkung festgestellt werden. Die Steigerung der Tragfähigkeit halbierte sich dabei, eine zusätzliche Belastung senkrecht zur Wandebene wurde nicht festgestellt. Eine einseitige Applikation ist insofern technisch praktikabel und ermöglicht dadurch auch die Nutzung nur einseitig verstärkbarer Mauerwerksscheiben zur Struktur-verbesserung.

Die prinzipielle Anwendbarkeit der Methode und die Notwendigkeit Mauerwerk zu verstärken sind gegeben und untermauern somit das Bestreben, das technische Verständnis der textilen Mauerwerksverstärkung zu verbessern.

# 3 Mauerwerk

Mauerwerk ist aufgrund seines makroskopisch heterogenen Aufbaus ein Kompositwerkstoff, dessen Phasengrenzen durch die vertikale und horizontale Anordnung von Fugen und Mauersteinen geprägt ist. Im Gegensatz zu Beton oder Stahl ist Mauerwerk nicht isotrop. Die Anordnung der zwei Komponenten (Mauermörtel und Mauerstein) lässt hauptsächlich die hierfür ausschlaggebenden horizontalen und vertikalen Unterschiede im Aufbau entstehen und ist somit vorwiegend für die Entstehung des richtungsabhängigen, anisotropen Materialverhaltens verantwortlich. Die Anisotropie basiert jedoch nicht nur auf der Anordnung der Komponenten. Die voneinander abweichende Ausführungsqualität der Lager- und Stoßfugen vergrößert die Anisotropie weiter. Lagerfugen weisen ausführungsbedingt oftmals eine größere relative Verbundfläche mit dem Mauerstein auf als Stossfugen [187, 4]. Die Richtungsabhängigkeit der Mauersteine erhöht von der Materialseite die Anisotropie weiter. Diese entsteht herstellungsbedingt bei künstlichen Steinen oder durch die Genese bei natürlichen Steinen.

Die Bruchkriterien von biaxial beanspruchtem Mauerwerk sind Forschungsgegenstand zahlreicher Veröffentlichungen. Darauf aufbauend wurden leistungsfähige Materialmodellierungen von Mauerwerk entwickelt [105, 62]. Mauerwerk kann dadurch gut durch bestehende Materialmodellierungen abgebildet werden [172], die Formulierung eigener, neuer Bruchkriterien scheint nicht notwendig. In dieser Arbeit werden daher bestehende Bruchkriterien verwendet. Das Verständnis der Bruchkriterien ist wichtig, um die Verstärkungseffekte durch hybride Textilien identifizieren und gezielt für ihre Beanspruchung auslegen zu können. Die Bruchkriterien werden des Weiteren zur numerischen Modellierung von Mauerwerk in Kapitel 6 verwendet. Dabei werden auf den Bruchkriterien basierende Fließbedingungen zur Beschränkung des zulässigen Spannungsraums definiert.

Dieses Kapitel dient der Bestimmung der Materialparameter, die zur Umsetzung der Modellierung benötigt werden und der Definition der Bruchkriterien anhand bestehender Materialmodelle.

Das folgende Kapitel beginnt mit der Darstellung von Versuchsergebnissen aus den Materialversuchen an Mauersteinen und Mauermörtel. Die Versuchsergebnisse werden durch Literaturwerte ergänzt und überprüft. Das Verhalten zwischen den Einzelkomponenten Mauerstein und Mörtel wird durch die Verbundeigenschaften beschrieben.

Mit der Kenntnis der Eigenschaften von den Einzelkomponenten und des Verbundes werden im weiteren Verlauf des Kapitels Materialmodellierungen des Verbundwerkstoffs Mauerwerk in Abhängigkeit der Belastungsart angegeben. Vorhergehenden Forschungsarbeiten folgend, werden die Materialachsen den natürlichen Achsen eines Mauerwerksverbands entsprechend angeordnet (x-Achse in Richtung der Lagerfuge, y-Achse senkrecht zur Lagerfuge). Im Zuge dieser Arbeit nicht direkt benötigte Materialparameter werden nicht aufgeführt und finden sich zur weiterführenden Studie z. B. in [157].

## 3.1 Mauersteine

Die in dieser Arbeit zur Verwendung gekommenen Kalksandsteine eignen sich insbesondere aufgrund ihrer geringen Fertigungstoleranzen und -schwankungen gut um ein möglichst gleichbleibendes und somit vergleichbares Niveau der Mauerwerksversuchskörper in Bezug auf Geometrie und Festigkeit zu erreichen.

Die Unterscheidung von Mauersteinen erfolgt nach Steintyp, Festigkeitsklasse, Dichte und Format. Es gilt die DIN EN 771-2:2005-05 [41], Abschnitt 5.2, 5.3 und 6. Im Zuge der Untersuchungen wurden Vollsteine benutzt, die der Festigkeitsklasse 20 mit einer Dichte von 1,8 (3DF) bzw. 2,0 (4DF) zuzuordnen sind. Die mechanischen Eigenschaften von Mauersteinen, die im weiteren Verlauf der Arbeit benötigt werden, sind im folgenden Kapitel behandelt.

Mauersteine weisen je nach Typ eine mehr oder weniger starke Richtungsabhängigkeit der mechanischen Eigenschaften auf. Bedingt sind diese bei künstlichen Steinen durch den Herstellungsprozess (bei Kalksandsteinen ist die Anisotropie Resultat der Strangpresse) sowie der Querschnittsgestaltung (Umfang und Anordnung der Steinlochung) [86]. Natursteine weisen aufgrund der geologischen Genese eine starke Anisotropie auf. Da die anisotropen Eigenschaften der Steine einen direkten Einfluss auf das Verhalten des Mauerwerks haben, ist eine getrennte Betrachtung der Festigkeiten und Verformungsparameter in den Materialrichtungen notwendig. Bei Kalksandsteinen ist diese Richtungsabhängigkeit der mechanischen Eigenschaften deutlich geringer als bei anderen Materialien [86]. Eine umfangreiche und übersichtliche Auflistung von Mauersteineigenschaften kann [155] entnommen werden. Für die vertiefende Studie der Eigenschaften von Mauerwerkssteinen sowie der dafür erforderlichen Versuchsanordnungen wird auf die Fachliteratur verwiesen [86, 144, 145, 160, 150, 20].

Neben den Festigkeitseigenschaften von Mauerwerk spielt auch die Geometrie der Mauersteine eine entscheidende Rolle. Das Format ist dabei nicht nur wichtig für die Gestaltungsmöglichkeiten des Mauerwerkskörpers. Neben weiteren Materialeigenschaften hängen die Mauerwerksversagensmechanismen maßgeblich von dem Format der verwendeten Mauersteine ab. Die Normung der geometrischen Eigenschaften für Kalksandsteine befindet sich in der DIN V 106:2005-10 [42]. Die im Folgenden benutzten Abkürzungen KS stehen für Kalksandstein und KSV für Kalksandvollsteine. Die Formate der Mauersteine, die während der Versuche verwendet wurden, sind der Abbildung 3.1 zu entnehmen:

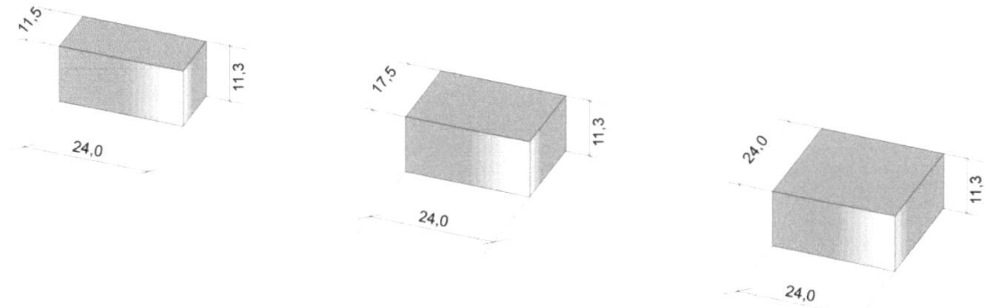

**Abbildung 3.1: Mauersteinformate**

## 3.1.1 Mauersteinfestigkeiten

Die Steindruckfestigkeit wird durch die Norm DIN EN 772-1 [42] behandelt. Die Steindruckfestigkeit in y-Richtung (in dieser Arbeit die vertikale Richtung, d.h. senkrecht zu den Lagerfugen) und die Steindruckfestigkeit in x-Richtung (parallel zu den Lagerfugen) sind die wichtigsten Festigkeitsparameter. Die Steindruckfestigkeit von Kalksandsteinen senkrecht zu den Lagerfugen wird, wie oben erwähnt, durch die geometrische Abmessung des Prüfkörpers beeinflusst. Die geometrischen Einflüsse werden durch den Formfaktor f berücksichtigt [12]. Die Druckfestigkeit lässt sich wie folgt berechnen:

$$\beta_{c,st} = f \cdot \beta_{c,st,PR} \qquad\qquad\qquad\qquad\qquad \textbf{3.1}$$

Der Formfaktor kann mit

$$f = 1,45\left(1 - e^{-1,10} \cdot \lambda^{1,11}\right) \qquad\qquad\qquad \textbf{3.2}$$

$$\lambda = \frac{d_y}{\min(d_x, d_z)} \qquad\qquad\qquad\qquad\qquad \textbf{3.3}$$

berechnet werden.

Geprüft wurde an Steinen der Formate 2DF, 3DF und 4DF:

Der Formfaktor ergibt sich für die einzelnen Formate aus der Formel 3.2 und 3.3, die Tabelle 3.2 zeigt die Resultate:

**Tabelle 3.1: Formfaktor von Mauersteinen der Formate 2DF, 3DF und 4DF**

|            | 2DF    | 3DF    | 4DF    |
|------------|--------|--------|--------|
| $d_y$ [mm] | 113    | 113    | 113    |
| $d_x$ [mm] | 240    | 240    | 240    |
| $d_z$ [mm] | 115    | 175    | 240    |
| $\lambda$ [-] | 0,9826 | 0,6457 | 0,4708 |
| $f$ [-]    | 0,9767 | 1,153  | 1,2408 |

Die Druckfestigkeitswerte in y-Richtung ergeben sich zu:

**Tabelle 3.2: Druckfestigkeiten Mauerstein**

| | | Dimension | | | Masse | Rohdichte | Festigkeiten | | |
|---|---|---|---|---|---|---|---|---|---|
| | | $d_x$ | $d_z$ | $d_y$ | | | Bruchlast | $\beta_{c,st,PR}$ | $\beta_{c,st}$ |
| | | [mm] | [mm] | [mm] | [g] | [g/mm³] | [kN] | [N/mm²] | [N/mm²] |
| | Mittelwert | 240,00 | 114,11 | 110,33 | 5823,33 | 1,93E-03 | 914,38 | 33,38 | 38,78 |
| 2DF | Abweichung | 0,00 | 0,31 | 2,05 | 92,79 | 2,21E-05 | 53,70 | 1,90 | 2,20 |
| | Mittelwert | 239,67 | 174,22 | 110,22 | 7956,33 | 1,73E-03 | 1289,67 | 30,88 | 35,88 |
| 3DF | Abweichung | 0,47 | 0,42 | 1,75 | 320,79 | 6,91E-05 | 77,66 | 1,83 | 2,12 |
| | Mittelwert | 239,67 | 239,07 | 110,89 | 11926,00 | 1,88E-03 | 1618,22 | 28,02 | 32,55 |
| 4DF | Abweichung | 0,47 | 0,25 | 1,73 | 220,80 | 3,06E-05 | 113,87 | 1,95 | 2,27 |

Da die Schwankung der Druckfestigkeit der Mauersteine trotz identischer Herstellerangaben nicht unerheblich ist, wurden die Druckfestigkeit und der E-Modul für jede Versuchsreihe ermittelt. Bei der Durchführung direkter Vergleiche zur Quantifizierung der Effekte der Verstärkungsmaßnahmen wurde darüber hinaus darauf geachtet, dass für die jeweilige Versuchsreihe lediglich Mauersteine verwendet wurden, die aus einer Charge stammen.

Die Steindruckfestigkeit parallel zu der Lagerfuge wird zur Begrenzung der Druckfestigkeit in horizontaler Richtung benutzt. Die Werte in der Literatur beziehen sich hauptsächlich auf Angaben, die in Bezug zur Normdruckfestigkeit gegeben sind [162, 65]:

$$\beta_{c,st,x} = \alpha_1 \cdot \beta_{c,st}$$

3.4

Für Kalksandsteine sind folgende Werte für $\alpha_1$ gegeben [162, 65]:

**Tabelle 3.3: Beiwert Steindruckfestigkeit parallel zu den Lagerfugen**

| Anzahl | Wertebereich | Mittelwert | Minwert | Maxwert | Wertebereich |
|---|---|---|---|---|---|
| | $\beta_{c,st}$ | $\alpha_{1,mit}$ | $\alpha_{1,min}$ | $\alpha_{1,max}$ | $\beta_{c,st,x}$ |
| 8 | 24,1 – 36,8 | 0,59 | 0,32 | 0,75 | 10,4 - 29,1 |

Die Steinzugfestigkeit in Richtung Steinlänge und -breite ist von entscheidendem Einfluss auf die Druckfestigkeit von Mauerwerk. Die Feststellung der Steinzugfestigkeit ist sehr aufwändig. Zurzeit existiert keine Prüfnorm oder -richtlinie. Schubert stellt in [155; 164] die Prüfung der weniger aussagesicheren Spaltzugfestigkeit als mögliche Alternative dar. Weiterführende Beiträge zu der Zugbeanspruchung von Mauersteinen finden sich in [163]. Zur Modellierung des Mauerwerkmakromodells finden in dieser Arbeit die folgenden Parameter Eingang [163]:

$$\beta_{t,st} = 0,062 \cdot \beta_{c,st}$$

**3.5**

Für Prismen errechnet sich die Zugfestigkeit nach:

$$\beta_{t,st} = 0,066 \cdot \beta_{c,st}$$

**3.6**

## 3.1.2 Verformungseigenschaften

Neben den Festigkeitswerten sind die Verformungseigenschaften entscheidend für die Modellierung. Es wird zwischen Druck und Zug E-Moduln unterschieden.

Der Zug E-Modul lässt sich nach:

$$E_{t,st} = 5783 \cdot \beta_{t,st}^{\,0,73}$$

**3.7**

oder

$$E_{t,st} = 0,753 \cdot E_{dyn}$$

**3.8**

berechnen [163].

Der Druck E-Modul wird anhand von E-Modul Prüfungen durch Bestimmung des Sekantenmoduls bei 1/3 der maximalen Druckfestigkeit ermittelt [155]:

$$E_{c,st} = \frac{\max \sigma_D}{3 \cdot \varepsilon_1}$$

**3.9**

Die Längsdehnung $\varepsilon_1$ wird im elastischen Bereich bei $\sigma = 1/3\sigma_{D,max}$ gemessen. Für Kalksandsteine ergibt sich aus Einzelwerten für Prismen ein linearer Zusammenhang mit der Druckfestigkeit in y-Richtung nach Formel 3.10:

$$E_{c,st} = 230 \cdot \beta_{c,st}$$

**3.10**

Der Querdehnungsmodul ergibt sich als Sekantenmodul wie bei dem Druck-E-Modul bei einer Druckspannung bei 1/3 der maximalen Druckspannung zu:

$$E_{q,st,x} = \frac{\max \sigma_D}{3 \cdot \varepsilon_{q,l}}$$

$$E_{q,st,z} = \frac{\max \sigma_D}{3 \cdot \varepsilon_{q,b}}$$

**3.11**

Ein Querdehnungsmodul des Steines, der gleichgroß oder etwas kleiner als der des Mörtels ist, reduziert das Auftreten von Zugspannungen im Stein.

Zu der Querdehnzahl wurden keine erschöpfenden Quellen gefunden. Es wird somit näherungsweise mit Werten gerechnet, die für Hbl oder Vbl bei 0,08 – 0,11 und für HLz bei 0,11 – 0,2 liegen [155].

### 3.1.3 Bruchenergien Mauersteinzug

Van der Pluijm [186] untersuchte für Mauersteine mit Festigkeiten von 1,5 N/mm² bis zu 3,5 N/mm² die Bruchenergie. Er kam dabei auf Bruchenergiewerte $G^z$ von 0,061 Nmm/mm² bis 0,128 Nmm/mm².

## 3.2 Mörtel

Mörtel besteht aus Sand, Bindemittel und Wasser sowie weiteren Zusatzmitteln und Zusatzstoffen. Die Verwendung von Mörtel findet primär zum Ausgleich von Unebenheiten statt. Künstlich hergestellte Steine oder Natursteine, deren Oberflächen weitgehend unbearbeitet sind, machen die Verwendung von Mörtel als Ausgleichsschicht notwendig. Im Gegensatz zu Mauersteinen, die oftmals in der Antike benutzt wurden, erfahren Kalksandsteine nach dem hydrothermalen Erhärtungsprozess keine weitere Nachbehandlung wie Schleifen oder Behauen. Die Maßtoleranzen sind dementsprechend niedriger und machen daher solch eine Ausgleichsschicht notwendig.

Zur weiteren Studie der Mörtelzusammensetzung, der Eigenschaften sowie der Verarbeitung empfehlen sich folgende Veröffentlichungen [155, 14, 65, 115, 15].

Mörtel wird nach der DIN 1053-1 [34] anhand der Fugenstärke, der Dichte sowie der Zuschlagseigenschaften unterschieden. Es existieren Normalmörtel (NM), Dünnbettmörtel (DM) und Leichtmörtel (LM).

Zur Beschreibung der hier verwendeten Mauerwerkseigenschaften und der numerischen Modellierung, sind die Mörteldruckfestigkeit und die Zugfestigkeit die wichtigsten, festigkeitsbeschreibenden Parameter für diese Arbeit.

Die hier untersuchte Verstärkungsmaßnahme wird voraussichtlich vorwiegend beim Retrofitting älterer Mauerwerksstrukturen zum Einsatz kommen. Gebäude aus Mauerwerk, die seismischen Einflüssen unterliegen, sind häufig nicht ingenieurmäßig konstruiert (Kapitel 2). Zum Teil existiert keine durchgängige Normung. Um diesem Sachverhalt gerecht zu werden, wurde die Mörtelrezeptur nicht normkonform ausgelegt. Die Mischung ist: 1:1:10 (Anteile Zement:Kalkhydrat:Sand). Die Festigkeitswerte liegen unter denen eines Normalmörtels II.

Mörtel wird oftmals direkt vor Ort gemischt. Starke Schwankungen bei der Mischung und dadurch bei den Eigenschaften sind insofern durch die wechselnden Umgebungsbedingungen zu erwarten. Die Annahme des nicht normkonformen Mörtels liegt unter der Annahme eines konservativen Ansatzes somit auch für Deutschland auf der sicheren Seite. Insbesondere die bei älterem Mauerwerk anzunehmenden, schlechteren Mörteleigenschaften können somit berücksichtigt werden [189].

### 3.2.1 Festigkeiten

Die Zugfestigkeit $\beta_{t,mö}$ wird wie folgt als lineare Funktion der Mörteldruckfestigkeit $\beta_{c,mö}$ angesetzt [155]:

$$\beta_{t,m\ddot{o}} = 0{,}11 \cdot \beta_{c,m\ddot{o}}$$

3.12

Die Druckfestigkeit wird durch Prüfung ermittelt. Die Prüfung erfolgte an Mörtelprüfkörpern mit der Abmessung 40 mm x 40 mm x 160 mm (DIN EN 1015-11 [38]). Mörtelprüfungen wurden für alle Scheibenversuche und Kleinversuche durchgeführt, so können für die Modellierung spezifische Werte für jeden Versuch explizit benutzt werden. Des Weiteren kann anhand der zahlreichen Versuchsergebnisse eine Berücksichtigung der natürlichen Streuung der Eigenschaften des Rezeptmörtels erfolgen. Der Übersichtlichkeit halber werden an dieser Stelle die Mittelwerte aller Versuche aufgeführt:

**Tabelle 3.4: Druck- und Biegezugfestigkeit Mörtel**

| | Dimension | | | Rohdichte | Biegezugfestigkeit $\beta_{tz,m\ddot{o}}$ | Druckfestigkeit $\beta_{c,m\ddot{o}}$ |
|---|---|---|---|---|---|---|
| | Länge | Breite | Höhe | | | |
| | [mm] | [mm] | [mm] | [g/mm³] | [N/mm²] | [N/mm²] |
| Mittelwert | 159,89 | 39,99 | 40,09 | 1,80E-03 | 0,82 | 2,17 |
| Abweichung | 0,44 | 0,42 | 0,18 | 4,46E-05 | 0,12 | 0,36 |

## 3.2.2 Verformungseigenschaften

Die Verformungseigenschaften, des Rezeptmörtels wurden in Prüfungen gemäß DIN 18555-4 [35] festgestellt. Die Tabelle 3.5 gibt einen Überblick über die Versuchsergebnisse (Mittelwerte aller durchgeführten Prüfungen):

**Tabelle 3.5: E-Modul Mörtel (längs und quer)**

| E-Modul längs $E_{l,m\ddot{o}}$ | E-Modul quer $E_{q,m\ddot{o}}$ | Querdehnungszahl - |
|---|---|---|
| [N/mm²] | [N/mm²] | - |
| 2443,72 | 13635,88 | 0,18 |

Die Verformungseigenschaften von Mörtel lassen sich nach [155] wie folgt berechnen:

Normalmörtel:

$$E_{l,m\ddot{o}} = 2100 \cdot \beta_{c,m\ddot{o}}^{0,7}$$

3.13

Leichtmörtel mit Blähton:

$$E_{l,m\ddot{o}} = 1200 \cdot \beta_{c,m\ddot{o}}^{0,6}$$

3.14

Leichtmörtel mit Perlitezuschlag:

$$E_{l,m\ddot{o}} = 1200 \cdot \beta_{c.m\ddot{o}}^{0,4} \qquad\qquad \text{3.15}$$

Ein Vergleich der Literaturwerte zu den Versuchswerten ergibt eine gute Übereinstimmung mit lediglich geringen Abweichungen (<10 %). Der Vergleich mit den eigenen Prüfungen wird in Tabelle 3.6 gezeigt:

**Tabelle 3.6: E-Modul Mörtel Vergleich Literatur - Versuch**

| E-Modul längs | E-Modul längs |
|---|---|
| Versuchswerte | Literaturwerte |
| [N/mm²] | [N/mm²] |
| 2443,72 | 2662,78 |

Eine Berechnung der Verformungsmodule anhand der gegebenen Formeln ist somit gerechtfertigt und ermöglicht die Reduzierung der für die numerische Modellierung in Versuchen aufwändig zu ermittelnden Materialparameter.

Wie bei Mauersteinen wird der Quer-E-Modul als Sekantenmodul aus 1/3 der maximalen Druckspannung und der zugehörigen Querdehnung definiert.

**Tabelle 3.7: Querdehnungsmodul [155]**

| Druckfestigkeit | E-Modul quer | Dichte | Versuchsanzahl |
|---|---|---|---|
| $\beta_{c,m\ddot{o}}$ | $E_{q,m\ddot{o}}$ | $\rho_{m\ddot{o}}$ | |
| [N/mm²] | [10³ N/mm²] | [kg/dm³] | [-] |
| 1,5 … 24 | 1,2 c…116 | 1,1 … 1,9 | 49 |

Die in Tabelle 3.7 gegebenen Werte stellen einen sehr großen Bereich dar. Die während der Versuche gemessenen, mittleren Werte sind für den in dieser Arbeit verwendeten Rezeptmörtel 13.500 N/mm² (Tabelle 3.5).

Bei den vorab gegebenen Festigkeits- und Verformungswerten von Mörtel ist zu berücksichtigen, dass diese von der Wahl der Mauersteine beeinflusst werden können. So setzt die Verwendung von Kalksandstein die Mörtelfestigkeit herunter, wenn nicht auf ausreichende Befeuchtung der Mauersteine geachtet wird. Kalksandsteine weisen im Vergleich zu Mauerziegeln eine erhöhte Wasserabsorption auf und entziehen somit dem Mörtel das für die Reaktionen während des Aushärtevorgangs notwendige Wasser [70].

## 3.3 Verbund

Das Materialverhalten von Mauerwerk, wird in erheblichem Maße durch die Verbundeigenschaften zwischen den Materialien beeinflusst. Bei der Betrachtung von Mauerwerk werden hierzu die Eigenschaften Haftscher- und Haftzugfestigkeit sowie der Reibungswinkel betrachtet.

### 3.3.1 Haftscherfestigkeit und Scherfestigkeit

Versuchsanordnungen zur Feststellung der Haftscherfestigkeit und des Reibungswinkels finden sich in der DIN EN 1052-3 [40] (früher DIN 18555-5). Die aktuell gültige DIN EN 1052-3 sieht eine Prüfung an einem drei-Stein Körper vor. Eine ausführliche Analyse der Haftscherfestigkeiten $k_{lf}$ sowie der Reibung $\tan \varphi$ anhand von drei-Stein Schubversuchskörper werden im Kapitel 5.3 vorgestellt und finden daher in Kapitel 3.3.1 nur eine kurze Erwähnung.

Die Haftscherfestigkeit ist abhängig von:

- Zusammensetzung Mauermörtel
- Fugendicke
- Oberflächenstruktur Stein
- Sauberkeit der Lagerfuge
- Feuchtegehalt der Mauersteine
- Kapillare Wasseraufnahme der Steine
- Umgebungsbedingungen beim Aushärten

Eine Prüfung der reinen Haftscherfestigkeit ist möglich, wenn der Bruch in der Verbindung zwischen Stein und Mörtel liegt und keine Vorspannung zur Simulation von Schwerelasten aufgebracht wurde. In diesem Fall wird eine reine Scherbeanspruchung aufgebracht.

Aufgrund einer Änderung der Spannungsverhältnisse in der Lagerfuge im Zuge der Umstellung auf die neue DIN, ist eine Vergleichbarkeit der Ergebnisse schwierig. Änderungen bei den Ergebnissen sind zu erwarten Ein erster Homogenisierungsversuch der unterschiedlich ermittelten Festigkeitswerte wurde in [16] vorgenommen. Die Haftscherfestigkeit ergibt sich für das hier verwendete, unverstärkte Mauerwerk im Mittel zu

$k_{lf}=0,1$.

Der Reibungswinkel ergibt sich zu:

$\tan \varphi=0,6342$.

### 3.3.2 Haftzugfestigkeit

Das Versagenskriterium „Klaffen der Lagerfuge" tritt bei einer Beanspruchung der Lagerfuge durch Zugspannung auf. Für diese Belastung steht derzeit kein genormtes Prüfverfahren zur Verfügung [66]. Ersatzweise wird bisher die Haftzugfestigkeit $\beta_{HZ,v,y}$ zwischen Lagerfugenmörtel und Mauerstein unter zentrischer Zugbeanspruchung ermittelt. Die Einflüsse auf die Haftzugfestigkeit entsprechen denen der Haftscherfestigkeit. Schubert gibt in [159] für Kalksandstein in luftfeuchtem Zustand Werte für die Haftzugfestigkeit an: $\beta_{HZ,v,y}=0,14$.

Der Wert ist anhand von zwei Versuchen ermittelt worden.

Schubert [157] gibt eine Bandbreite von 0,14-0,42 für $\beta_{HZ,v,y}$ an.

### 3.3.3 Dilatanz

Der Dilatanzwinkel $\Phi$ beschreibt die Eigenschaft eines granularen Materials, das Volumen unter Scherbeanspruchung zu ändern. Der Winkel beschreibt das Verhältnis zwischen Volumendehnung und Scherdehnung. Hier wird die Dilatanz als Verhältniswert zwischen Schubverschiebung v und lateraler Verschiebung u angenommen.

Mit zunehmender Normalbelastung findet eine Herabsetzung des Dilatanzwinkels statt. Dies ist auf die glatter werdenden, in Kontakt stehenden Materialoberflächen zurückzuführen.

Kalksandsteine weisen niedrigere Dilatanzwinkel als Ziegelsteine auf [187]. Ursache hierfür ist die glattere Schubversagensfläche bei Kalksandsteinmauerwerk. Die dargestellten Kurven stellen die Messwerte für Kalksandstein (CS) und Ziegel (VE und JG) dar, van der Pluijm hat dabei zwei verschiedene Mörtel verwendet (.B und .C):

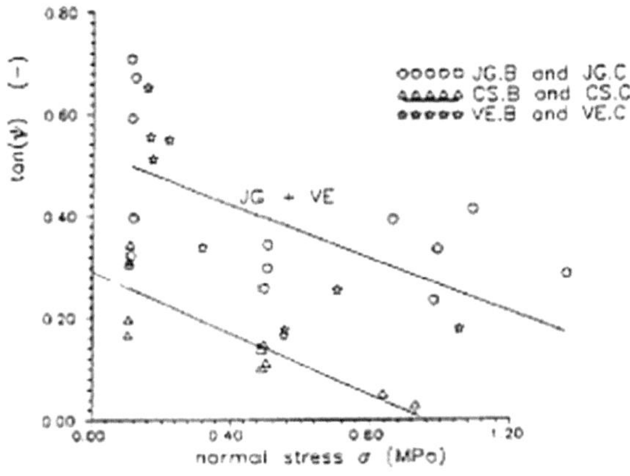


**Abbildung 3.2: Dilatanzwinkel [187]**

### 3.3.4 Bruchenergie Schub

Die Bruchenergie wurde in [186] untersucht. Van der Pluijm stellte eine starke Abhängigkeit von der Normalspannung fest.

Abbildung 3.3 zeigt die Versuchsergebnisse nach van der Pluijm. Wallner [189] stellte im Vergleich dazu in seinen experimentellen Untersuchungen folgende Formulierung für die Bruchenergie fest:

$$G_2^F = 0,002 - 0,0834 \cdot \sigma_y$$

3.16

Wallner geht dabei von einem minimalen Restreibungswinkel tan $\varphi_r$ aus, der ab einer Schubverformung von 10 mm erreicht wird.

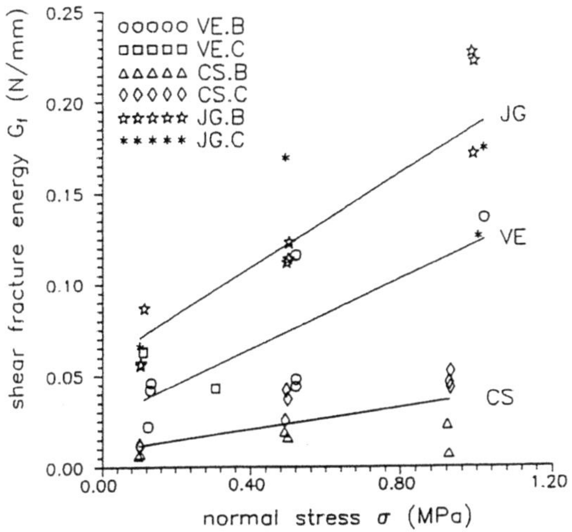


**Abbildung 3.3: Bruchenergie Schubversagen [189]**

# 3.4 Mauerwerk

## 3.4.1 Belastungsarten und Modelle

### 3.4.1.1  Einaxiale Belastung von Mauerwerk:

Mechanisch betrachtet kommen vier Fälle zum Tragen. Vertikale Belastungen senkrecht zu den Lagerfugen (Zug/Druck) sowie horizontale Belastungen parallel zu den Lagerfugen (Zug/Druck) können jeweils kombiniert miteinander auftreten. Aufgrund der Fugenanordnung und der geringen Zugbeanspruchbarkeit der Lagerfugen sind die vorwiegend betrachteten Fälle jedoch Druck in vertikaler sowie Zug und Druck in horizontaler Richtung.

#### 3.4.1.1.1  Druck senkrecht zur Lagerfuge

Auf Hilsdorf [73] geht die grundlegende Formulierung der Bruchmechanismen von Mauerwerk unter einaxialer Druckbelastung in vertikaler Richtung zurück. Die Druck-festigkeit $\beta_{c,mw,y}$ wird maßgeblich durch die stark unterschiedlichen Verformungs-eigenschaften von Mauerstein und Mörtel beeinflusst. Mauersteine besitzen im Allgemeinen eine geringere Querdehnung als Mörtel. Dadurch findet eine verstärkte Deformierung des Mörtelbetts statt. Dies ruft einen ungünstigen Zug-Zug-Druck Spannungszustand im Mauerstein hervor. Im Mörtel wird dadurch ein günstiger Druck-Druck-Druck Spannungszustand erreicht. Die Druckfestigkeit von Mauerwerk in vertikaler Richtung liegt somit zwischen der Mörteldruckfestigkeit als Untergrenze und der Mauersteindruckfestigkeit als Obergrenze. Mit abnehmender Mauersteinfestigkeit, erfolgt eine Reduktion der Einflüsse durch die Fuge. Ursache sind die geringeren Verformungsunterschiede [154].

Das Verhältnis zwischen Mauerwerks- und Mauersteindruckfestigkeit kann durch die Dicke der Fuge in Relation zur Höhe des Mauersteins bestimmt werden [71].

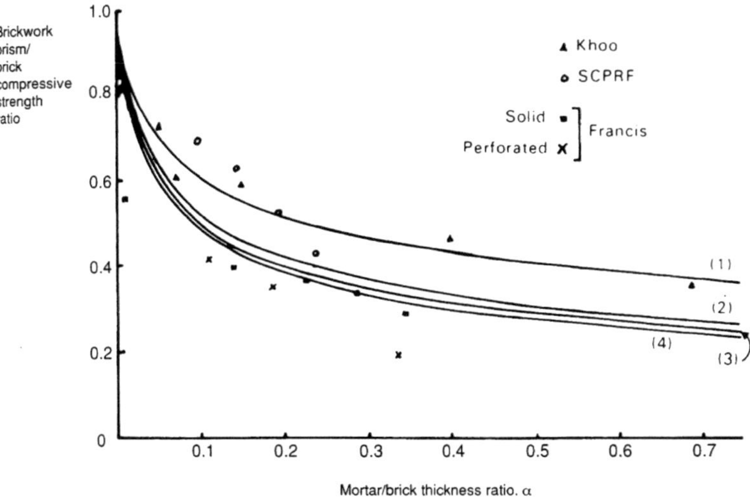


**Abbildung 3.4: Einfluss des Verhältnisses Mörteldicke/Mauersteindicke [71]**

Bei den hier verwendeten Abmessungen ergeben sich Werte für die Mauerwerksdruckfestigkeit in Höhe von

$$\beta_{c,mw,y} =\sim 0,5 \cdot \beta_{c,st,y}$$

3.17

Die der Normierung zugrundeliegenden Zusammenhänge sind in Formel 3.18 gegeben. Die Festigkeitswerte für Mauerwerk setzen sich danach wie folgt zusammen [155]:

$$\beta_{c,mw,y} = a \cdot \beta^{b}_{c,st} \cdot \beta^{c}_{c,m\ddot{o}}$$

3.18

Für KS ist in [155] eine Zusammenfassung der in diesem Bereich durchgeführten Versuche gegeben. Die Parameter a, b und c für ein Kalksandsteinmauerwerk aus Vollsteinen in Verbindung mit einem Normalmörtel ergeben sich demnach zu:

$a = 0,71$

$b = 0,74$

$c = 0,21$

Druckversuche an Mauersteinen und Mörtel die im Zuge der Arbeit durchgeführt wurden ermöglichen damit die Bestimmung der Druckfestigkeiten des Mauerwerks.

Der E-Modul lässt sich nach [158] mit folgender Formel berechnen:

$$E_{c,mw,y} = 500 \cdot \beta_{c,mw,y}$$

3.19

Die in der folgenden Tabelle gegebenen Werte können dabei als Richtwerte benutzt werden:

Tabelle 3.8: E-Modul Druck in 10³ N/mm² [157]

|  | NM II | NM IIa | NM III | NM IIIa |
|---|---|---|---|---|
| KS 12 | 4,3 | 5 | 5,7 | 6,6 |
| KS 20 | 6,3 | 7,2 | 8,4 | 12,4 |
| KS 28 | 8,1 | 9,3 | 10,7 | 12,4 |
| KS 36 | 9,7 | 11,2 | 12,9 | 15 |
| KS 48 | 12 | 13,9 | 16 | 18,5 |

## 3.4.1.1.2 Druck parallel zur Lagerfuge

Untersuchungen über die Druckfestigkeit parallel zu der Lagerfuge sind seltener Inhalt von Forschungsarbeiten. Die Druckfestigkeit ist von den anisotropen Eigenschaften der Mauersteine und der Ausführung der Stossfuge abhängig. Vermörtelte Stossfugen weisen dabei höhere Festigkeiten und höhere E-Moduln auf [12]. Die Druckfestigkeit in paralleler Richtung findet in dieser Studie unter anderem Eingang bei den Beschränkungen der Spannung in x-Richtung bei der numerischen Untersuchung. Schubert und Graubohm führten in [12] zahlreiche Versuchswerte für verschiedene Mauerwerkstypen auf. Ein Zusammenhang zwischen der senkrechten Druckfestigkeit und der Druckfestigkeit in horizontaler Richtung kann wie folgt beschrieben werden:

$$\alpha_c = \frac{\beta_{c,mw,x}}{\beta_{c,mw,y}} = \frac{\beta_{c,st,x}}{\beta_{c,st,y}}$$

3.20

D.h. die horizontale Mauerwerksdruckfestigkeit kann aus der Mauersteindruckfestigkeit in horizontaler und vertikaler Richtung sowie der Mauerwerkdruckfestigkeit in vertikaler Richtung näherungsweise nach Formel 3.20 berechnet werden. Die Auswertung durch Schubert und Graubohm ergab für den Verhältniswert $\alpha_c$ eine Bandbreite für die hier verwendeten Kalksandsteine von

$$\alpha_c \in [0,52; 0,71],$$

Als Rechenwert kann $\alpha_c$=0,5 verwendet werden. Damit kann eine näherungsweise Berechnung der Mauerwerksdruckfestigkeit in horizontaler Richtung auch ohne Wissen der Mauersteindruckfestigkeit in horizontaler Richtung erfolgen.

Die Dehnungswerte bei Höchstspannung weisen bei unvermörtelten Stossfugen meist deutlich höhere Werte auf. Wie bei den Druckfestigkeiten wurde auch hier von Schubert und Graubohm der folgende Zusammenhang als Verhältniswert gegeben:

$$\alpha_E = \frac{E_{c,mw,x}}{E_{c,mw,y}} = \frac{E_{c,st,x}}{E_{c,st,y}}$$

**3.21**

Der Verhältniswert wird hierbei mit $\alpha_E$ bezeichnet. Schubert und Graubohm [162] geben hier einen Rechenwert von $\alpha_E$=0,4 für Mauerwerk aus KS12 und NM II bzw. NM IIa an. Für Kalksandsteine der höheren Druckfestigkeitsklasse liegen lediglich Werte unter Annahme berechneter Werte vor ($\alpha_E$=0,88).

Alternativ wird eine Berechnung des E-Moduls durch [158] angegeben:

*Kalksandvollsteine* : $E_{c,mw,x} = 300 \cdot \beta_{c,mw,x}$ (*Streuung bis zu* $+ / - 50\%$)

*Kalksandlochsteine* : $E_{c,mw,x} = 700 \cdot \beta_{c,mw,x}$ (*Streuung bis zu* $+ / - 50\%$)

Sind die Stossfugen unvermörtelt ergeben sich jeweils um 50 % reduzierte Werte [157].

Aus 155 ergeben sich für die Dehnungen bei Höchstspannung folgende Anhaltswerte (KSV):

$$\varepsilon_{u,D,p} = 3,5 \, mm \, / \, m$$

Mit unvermörtelten Stoßfugen werden höhere Werte beobachtet (ca. 30 – 80 %).

### 3.4.1.1.3    Zug in vertikaler Richtung

Aufgrund der geringen und stark schwankenden Zugfestigkeit senkrecht zu der Lagerfuge existieren hierfür nur wenig Versuche und Literaturhinweise. Die Zugfestigkeit senkrecht zur Lagerfuge wird im Allgemeinen nicht berücksichtigt und findet aus diesem Grund vorwiegend zur Sicherung eines numerisch stabilen Verhaltens Eingang in diese Studie. Zur Ermittlung der Tragfähigkeit bei einer vertikalen Zugspannung, kann in dieser Studie eine horizontale Rissöffnung in der Lagerfuge angenommen werden (Abbildung 3.5). Die Zugfestigkeit $\beta_{t,mw,y}$ wird dann durch die Haftzugfestigkeit des Mörtels $\beta_{Hz,v,y}$ begrenzt. Bei steigenden Mörtelfestigkeiten und anwachsenden Haftzugfestigkeiten findet ein Wechsel des Versagensregimes statt. Das Versagen in horizontaler Richtung wird zunehmend von einem Steinzugversagen dominiert (Abbildung 3.6). Dabei wird die Mauersteinzugfestigkeit $\beta_{t,st}$ zum begrenzenden Faktor.

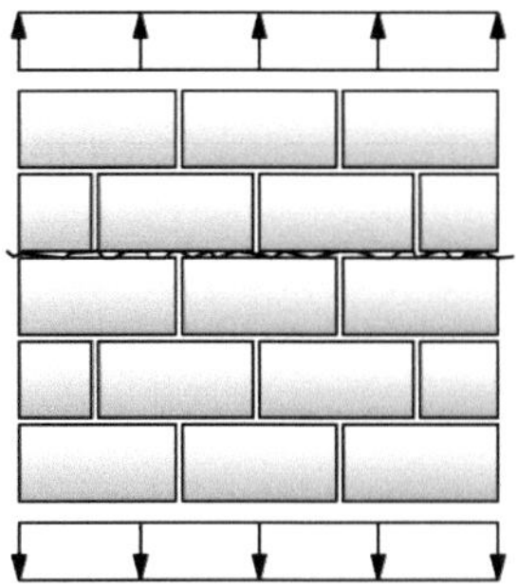 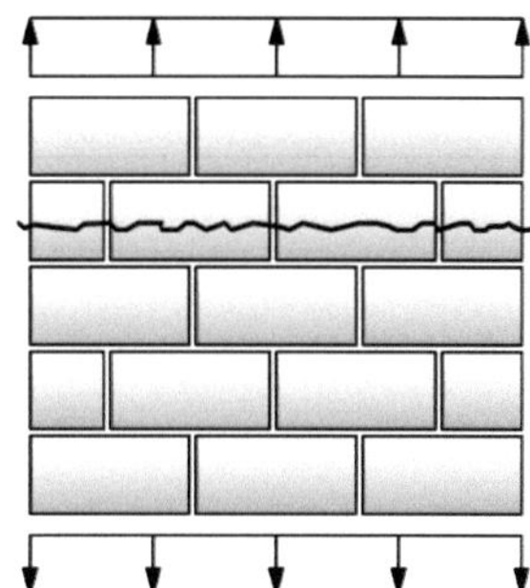

**Abbildung 3.5: Zugversagen in der Fuge**          **Abbildung 3.6: Zugversagen im Stein**

Die maximal aufnehmbare Spannung in vertikaler Richtung leitet sich somit aus den beobachteten Versagensregimen ab. Ist die Haftzugfestigkeit größer als die Steinzugfestigkeit, erfolgt eine Rissbildung im Mauerstein, andernfalls ist die Haftzugfestigkeit der begrenzende Faktor und eine Rissbildung in der Fuge kann beobachtet werden. Der Einfluss der Zugfestigkeit ist begrenzt, da sie maßgeblich die numerische Stabilität beeinflusst (Kapitel 1).

### 3.4.1.1.4 Zug in horizontaler Richtung

Mauerwerk unter Zugbeanspruchung in horizontaler Richtung lässt sich anhand der Versagensmechanismen in zwei Fälle unterscheiden.

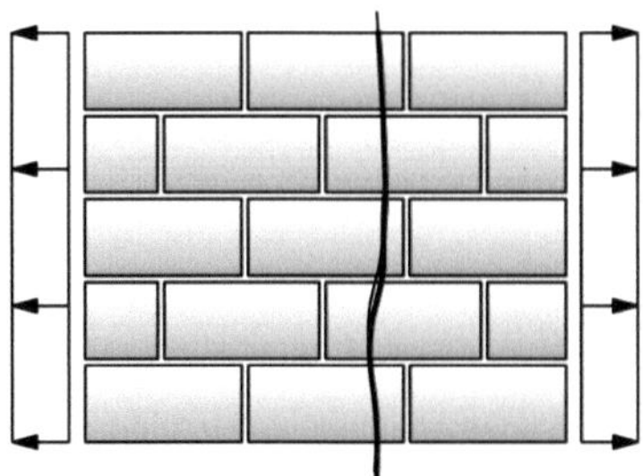 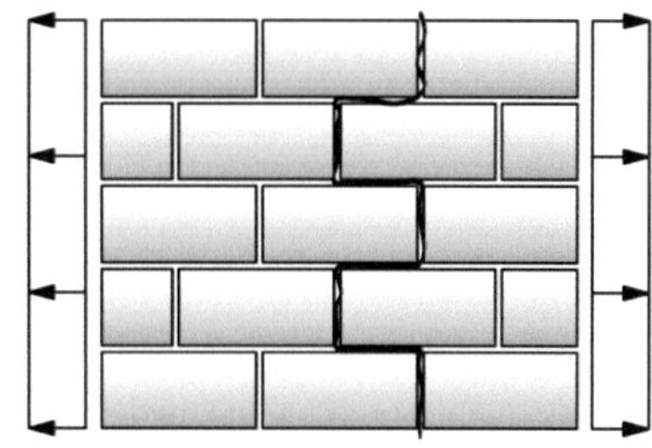

**Abbildung 3.7: Zugversagen im Stein**          **Abbildung 3.8: Zugversagen in der Fuge**

Die hier angegebenen Formeln berücksichtigen keine Druckspannungen vertikal zur Lagerfuge [157]:

- Versagen der Steine auf Zugfestigkeit (Abbildung 3.7)

Bei einer hohen vertikalen Auflast wird die Zugfestigkeit durch das Steinzugversagen limitiert:

$$\beta_{t,mw,x,1} = 0,5 \cdot \beta_{t,st,x} \cdot \left( \frac{1}{1 + \dfrac{d_f}{d_y}} \right) \qquad \text{3.22}$$

- Versagen der Lagerfuge durch Überschreiten der Haftscherfestigkeit (Abbildung 3.8)

Das Auftreten des Versagensmechanismus „Abgleiten auf den Lagerfugen" wird durch die Höhe der vertikalen Auflast maßgeblich mitbestimmt. Dieser Einfluss wird in der nachfolgend angeführten Berechnungsmethode nicht berücksichtigt. Die Herleitung lässt sich wie folgt in eine Formel fassen:

$$\beta_{t,mw,x,2} = \overline{k}_{LF} \cdot \frac{\ddot{u}}{d_y + d_f} \qquad \text{3.23}$$

*mit* :

$\ddot{u} = \ddot{U}berbindema\ss$

$d_y = Steinh\ddot{o}he$

$d_f = Lagerfugendicke$

Der maßgebliche Wert für $\beta_{t,mw,x}$ lässt sich dann als Minimum aus Formel 3.22 und 3.23 finden:

$$\beta_{t,mw,x} = MIN \begin{cases} \beta_{t,mw,x,1} \\ \beta_{t,mw,x,2} \end{cases} \qquad \text{3.24}$$

Grundlegende experimentelle Untersuchungen dazu wurden von Backes 1985 veröffentlicht [9].

## 3.4.1.2    Mehraxiale Belastung von regelmäßigem Mauerwerk

Mauerwerksversagen unter mehraxialer Belastung ist abhängig von unterschiedlichen Versagensmechanismen, sowohl der Einzelkomponenten als auch des Kompositmaterials. Die aktiven Versagensmechanismen werden durch die Beanspruchungssituation und die Festigkeitsparameter bestimmt. Aufgrund der komplexen Mechanismen, werden diese für jeden Mechanismus einzeln angegeben und nicht durch eine einzige Versagensgleichung dargestellt. Das globale Versagen bestimmt sich daher aus dem Zusammenwirken der einzelnen Versagens-mechanismen. Die Versagensmodelle bestehen bei den in dieser Arbeit verwendeten Mauerwerksmodellierungen aus mehreren, die Versagensfläche definierenden Funktionen.

Mehraxiale Belastungen beinhalten Druck-Druck, Druck-Zug, Zug-Druck und Zug-Zug Belastungen in Normalrichtung ebenso wie Kombinationen, die eine

Schubbelastung mit einer oder zwei Normalkraftbelastungen vereinen. Im Folgenden werden Arbeiten vorgestellt, die sich mit der Untersuchung von mehraxial belasteten Wandscheiben auseinander gesetzt haben. Grundsätzlich ist zwischen zwei unterschiedlichen Ansätzen zu unterscheiden. Zum einen der Weg über das Herleiten eines Bemessungsansatzes durch die Auswertung empirischer, durch Versuche gewonnener Daten. Oder andererseits von theoretischen Überlegungen ausgehend, einen analytischen Rechnungsansatz zu finden und diesen durch Versuchsergebnisse zu validieren.

Bei den meisten hier vorgestellten Modellierungsthesen und den dieser Arbeit zu Grunde liegenden Annahmen wird eine Betrachtung des Versagens in Steintiefe vernachlässigt, d.h. es wird eine konstante Spannungsverteilung über die Wanddicke angenommen. Den Modellierungen liegen die Beobachtungen der unterschiedlichen Rissausbildungen von unbewehrtem, mehraxial belastetem Mauerwerk bei der Definition der Versagenskriterien zugrunde. In der folgenden Skizze (Abbildung 3.9) werden die verschiedenen Rissausbildungen exemplarisch dargestellt:

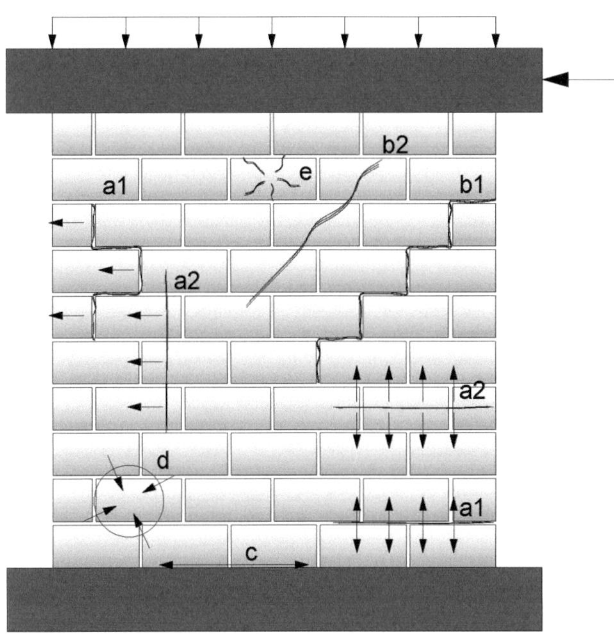


**Abbildung 3.9: Risstypen in Mauerwerksstrukturen**

Die zu beobachtenden Rissformen sind Resultat der Belastungsgeschichte und der Materialeigenschaften. Eine Analyse der Rissbildung und -formen erlaubt dadurch einen Rückschluss auf die erfahrene Beanspruchung des Mauerwerkskörpers sowie der Versagensarten:

- a: Zugversagen/Kippen

- o  a1: Fugenversagen (horizontal und vertikal)
- o  a2: Zugversagen im Stein (horizontal und vertikal)
- • b: Reibungsversagen
  - o  b1: Fugenversagen
  - o  b2: Versagen im Stein
- • c: Schubversagen
- • d: Druckversagen
- • e: Oberflächenversagen im Stein

### 3.4.1.2.1    Page et al.

Die zweiaxiale Belastung von Mauerwerk unter Zug- und Druckbelastung wurde von Page et al. untersucht [132, 133, 134]. Page et al. analysierten dabei das Verhalten an Mauerwerksscheiben im Maßstab 1:2. Die in [30] untersuchten Zustände und Schadensbilder zeigen sich wie folgt (Abbildung 3.10):

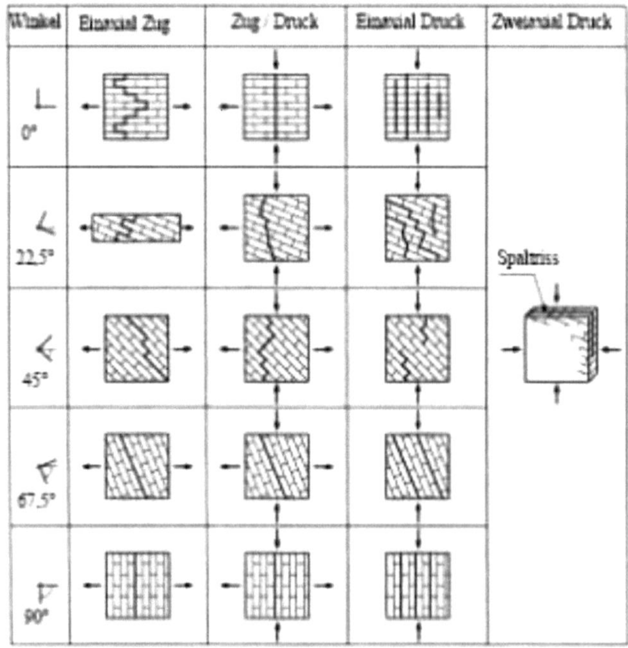


**Abbildung 3.10: Untersuchungen von Page et al. [30]**

Die bei der Untersuchung gefundenen Versagensflächen finden sich ausführlich beschrieben in [66]. Die Orthotropie von Mauerwerk erfordert die Beschreibung der Spannungszustände unter Angabe eines raumfesten Koordinatensystems (Angabe aller drei Spannungswerte). Alternativ kann eine Beschreibung im Hauptspannungs- raum erfolgen, wenn zusätzlich der Winkel zwischen einer der Hauptspannungs- richtungen und einer Materialachse gegeben ist. Page, Kleemann et al. haben bei der Analyse ihrer Versagensflächen die zweite Möglichkeit gewählt. Die dabei untersuchten Spannungszustände unterteilen sich in Druck-Druck, Druck-Zug und Zug-Zug. Während der Spannungszustand Zug-Zug für Aussteifungswände im Mauerwerksbau normalerweise von untergeordneter Bedeutung ist [66], treten die Zustände Druck-Druck und Druck-Zug häufiger auf. Die Versagenshüllflächen werden von Page et al. in der folgenden Abbildung für die verschiedenen Belastungszustände angegeben:

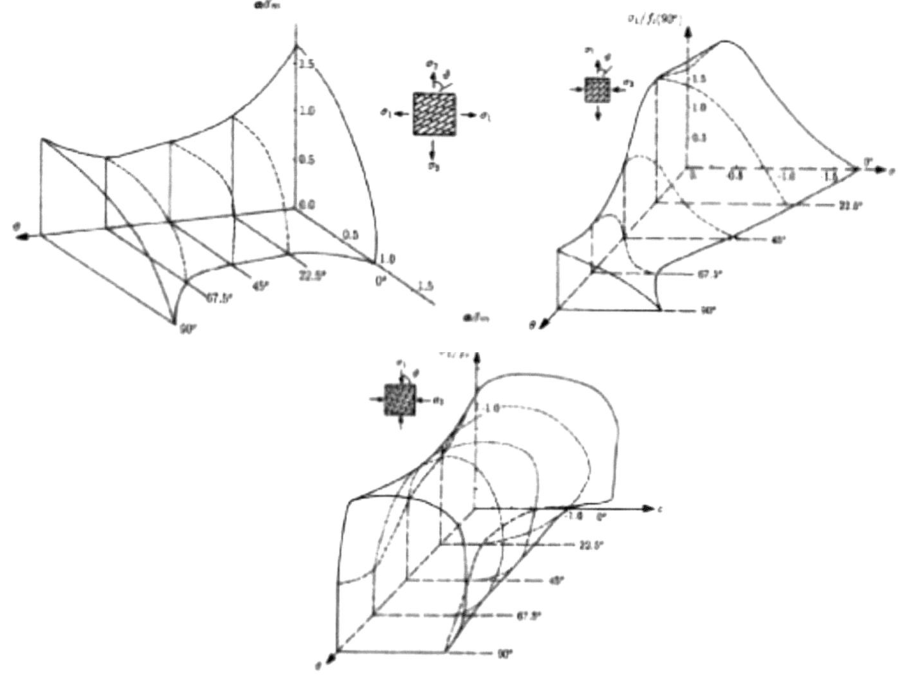

**Abbildung 3.11: Versagensflächen Page et al. [30]**

Eine Transformation der Versagenshüllflächen auf den zweidimensionalen Spannungsraum wurde von Dhanasekar, Page und Kleemann realisiert [30]. Die zusammengesetzte Versagenshüllfläche besteht aus drei elliptischen Kegeln (Abbildung 3.12):

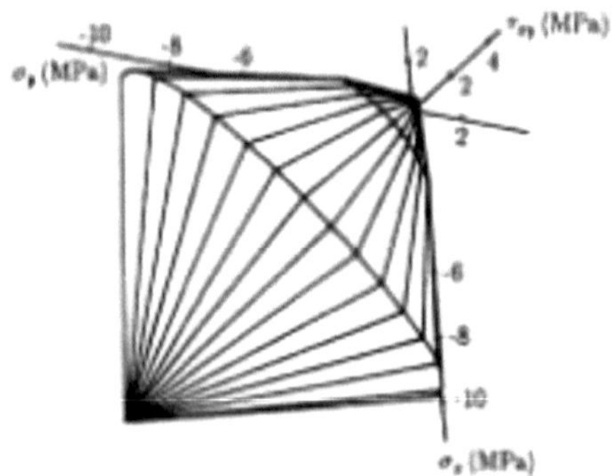

**Abbildung 3.12: Transformierte Versagensfläche [30]**

Weitere Untersuchungen auf Basis der empirischen Daten wurden von Page, Samarisinghe und Hendry für den Druck-Zug Bereich durchgeführt [134].

### 3.4.1.2.2    Ganz/Thürlimann

Ganz [61] formuliert die Versagenskriterien von zweiachsig beanspruchtem Mauerwerk unter Verwendung der Plastizitätstheorie anhand von fünf Versagensbedingungen. Bei unbewehrtem Mauerwerk erfolgt keine Berücksichtigung der Zugspannungen. Ausgehend von dem Hauptspannungskriterium formuliert Ganz für die Steine ein Zug-, ein Druck- und ein Schubversagen. Ganz setzt bei seinen Überlegungen horizontale und vertikale Normalspannungen an:

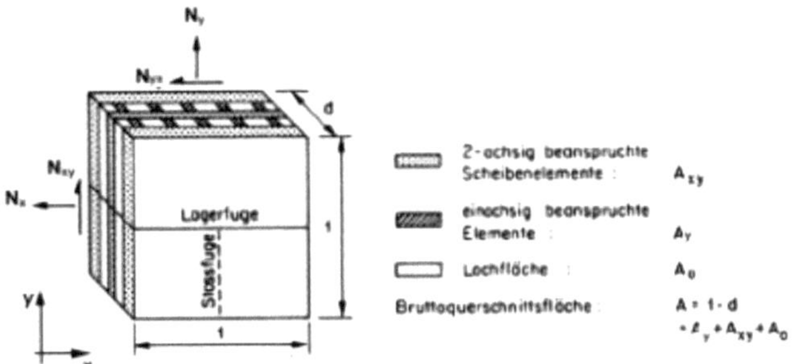


**Abbildung 3.13: Annahmen Ganz/Thürlimann [61]**

Zugversagen im Stein:

$$\tau_{xy} \le \sqrt{\sigma_x \cdot \sigma_y}$$

3.25

Druckversagen im Stein:

$$\tau_{xy} \leq \sqrt{\left(\sigma_x + \beta_{c,mw,x}\right)\cdot\left(\sigma_y + \beta_{c,mw,y}\right)}$$

3.26

Schubversagen im Stein:

$$\tau_{xy} \leq \sqrt{\sigma_x \cdot \left(\sigma_x + \beta_{c,mw,y}\right)}$$

3.27

Ein Versagen der Lagerfugen wird durch zwei weitere Beziehungen formuliert: einem Zug- und einem Schubversagen. Das Zugversagen in der Lagerfuge entspricht dabei dem Klaffen in der Lagerfuge:

Die Formulierung des Gleitens entlang der Lagerfugen wird mit einem Coulomb-Kriterium abgebildet:

$$\tau_{xy} \leq k_{LF} - \sigma_x \cdot \tan\varphi_{LF}$$

3.28

Das Zugversagen der Lagerfuge wird durch die Zugfestigkeit in der Lagerfuge definiert und entspricht einem Klaffen der Fuge:

$$\tau_{xy} \leq \sqrt{\sigma_y \cdot \left(\sigma_y + 2 \cdot k_{LF} \cdot \tan\left(\frac{\pi}{4} + \frac{\varphi_{LF}}{2}\right)\right)}$$

3.29

Zur Berechnung der Tragfähigkeit lässt Ganz die Berücksichtigung der Zugfestigkeit aufgrund der ungewissen Wirkung nicht zu. Für den Gebrauchszustand wird diese jedoch berücksichtigt. Ganz formuliert deshalb die Versagensbedingungen unter Berücksichtigung der Zugfestigkeit für bewehrtes und unbewehrtes Mauerwerk nur für den Gebrauchszustand. Bei unbewehrtem Mauerwerk berücksichtigt Ganz eine Lagerfugenbewehrung ebenso wie eine Vertikalbewehrung. Bei der Formulierung von unbewehrtem Mauerwerk unter Berücksichtigung der Zugfestigkeit entstehen zwölf Versagensbedingungen.

Diese werden in Abbildung 3.14 graphisch dargestellt:

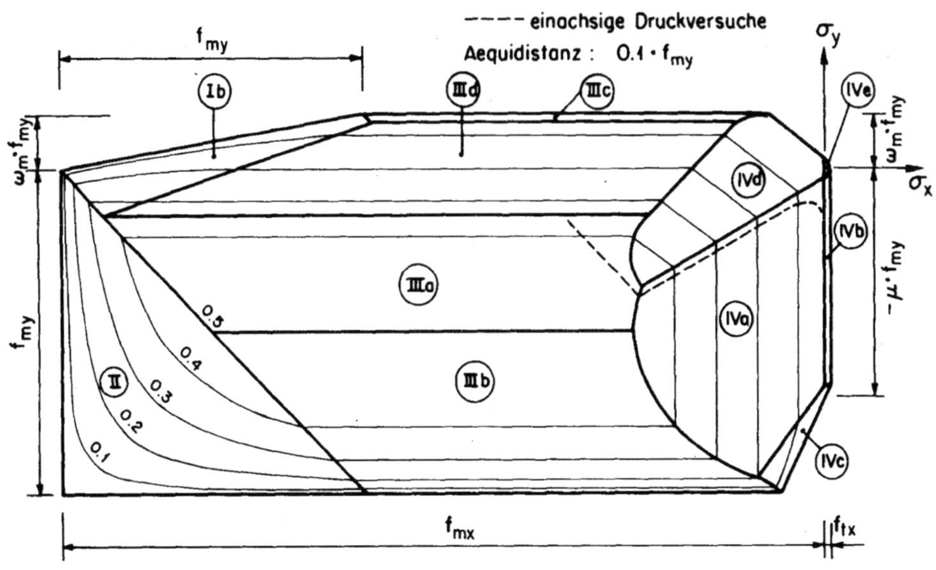


**Abbildung 3.14: Versagensflächen von Ganz für unbewehrtes Mauerwerk mit Zugfestigkeit [61]**

### 3.4.1.2.3    Mojsilovic

Mojsilovic und Marti bauen auf der Forschungsarbeit von Ganz und Thürlimann [62, 63, 64] zum Schubtragverhalten auf und erweitern die Versagenshüllflächen um ein weiteres Versagenskriterium. Die zusätzliche Versagensfläche entsteht aufgrund der Beobachtung, dass ein Versagen der Steine durch Abscheren an den Stossfugenfluchten eintritt. Zur theoretischen Untersuchung wird die Stossfugenflucht als Gleitlinie betrachtet. Es wird angenommen, dass das Steinmaterial einer Coulombschen Fließbedingung unter Berücksichtigung von Kohäsion und Reibungswinkel genügt [121, 120]. Die zusätzliche Bedingung formuliert sich wie folgt:

$$\tau_{xy} \le \frac{k_{st}}{2} - \sigma_y \cdot \tan\varphi_{st}$$

3.30

Die so erweiterte Versagensfigur wird in Abbildung 3.15 dargestellt:

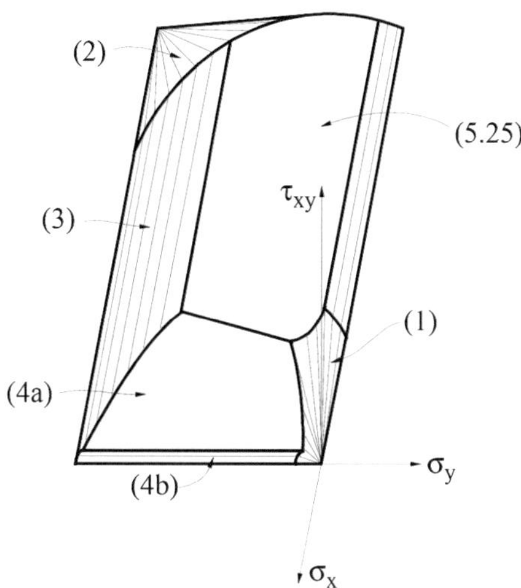


**Abbildung 3.15: Erweiterte Versagensflächen [121]**

### 3.4.1.2.4   Mann/Müller

Mann/Müller [125, 106, 105] betrachten bei ihren Untersuchungen die Belastung einer Wandscheibe mit vertikaler Belastung und horizontaler Schubbelastung. Die Formulierung der Versagensbedingungen findet an einem Wandausschnitt statt. Der Wandausschnitt berücksichtigt Normalspannungen in vertikaler $\sigma_y$ Richtung, sowie Schubspannungen $\tau=\tau_{xy}=\tau_{yx}$ an allen Seiten. Eine horizontale Normalspannung $\sigma_x$ wird vernachlässigt. Ausgehend von einer Betrachtung des Gleichgewichts am Einzelstein formulieren Mann/Müller die Versagensbedingungen des inhomogenen Werkstoffs. Eine Normalbelastung des Mauersteins durch die Stoßfugen wird dabei ebenso wie eine Schubbelastung durch die Stossfugen vernachlässigt. Die durch die Schubbelastung applizierte Rotation des Mauersteins wird durch zusätzliche Normalspannungen auf der Steinober- und Steinunterseite kompensiert. Mann/Müller gehen von einem regelmäßigen Läuferverband mit halbem Überbindemaß aus (Abbildung 3.16).

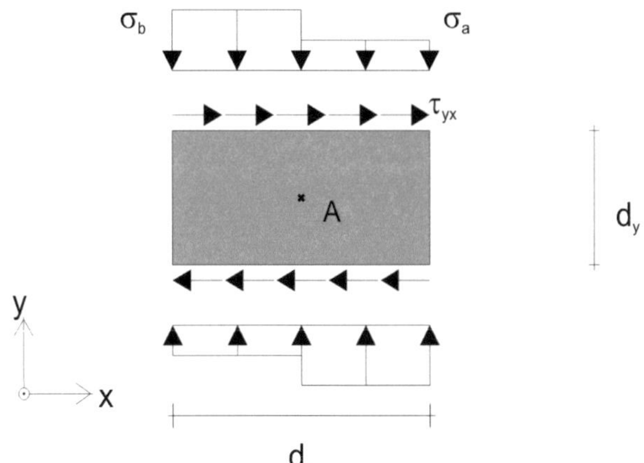



**Abbildung 3.16: Gleichgewicht am Einzelstein nach Mann/Müller**

Es wird angenommen, dass die zusätzlichen vertikalen Spannungen über die halbe Steinlänge konstant verlaufen. Die zusätzlichen Spannungen ergeben sich aus einer Betrachtung des Momentengleichgewichts um den Punkt A:

$$\Sigma M_A = 0: -\Delta\sigma_y \cdot \frac{d_x^{\,2}}{2} + \tau_{xy} \cdot d_x \cdot d_y = 0$$

$$\Delta\sigma_y = 2 \cdot \tau_{xy} \cdot \frac{d_y}{d_x}$$

3.31

Die wirkenden Spannungen in y-Richtungen summieren sich somit aus der Normalspannung aufgrund der Belastung sowie der zusätzlichen Normalspannung aufgrund der Annahmen von Mann Müller zu:

$$\sigma_{a,b} = \sigma_y \pm \Delta\sigma_y$$

3.32

Mann und Müller unterscheiden auf Basis der zusätzlichen Normalspannungen vier Versagenskriterien die in Abhängigkeit der vertikalen Normalspannung das Versagen der Mauerwerkskomponenten bzw. des Mauerwerks beschreiben:

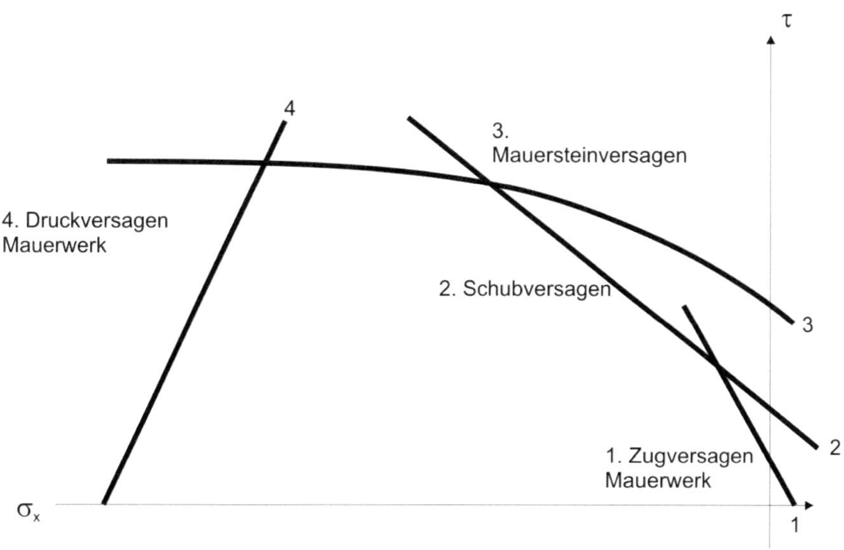


**Abbildung 3.17: Versagenskriterien nach Mann/Müller**

### 3.4.1.2.4.1 „Klaffen der Lagerfuge"

Das Kippen des Mauerwerkskörpers oder das Klaffen der Lagerfuge tritt bei einer geringen vertikalen Auflast und einer Schubverformung in horizontaler Richtung auf. Durch die Wirkung der zusätzlichen Normalspannung kann die resultierende vertikale Spannung positive Werte annehmen. Ein Klaffen der Lagerfuge bei Überschreitung der Haftzugfestigkeit kann die Folge sein. Das Kriterium gestaltet sich nach Formel 3.33:

$$\tau \le \left(\beta_{hz,v,y} - \sigma_y\right) \cdot \frac{d_x}{2 \cdot d_y}$$

3.33

Zu bemerken ist, dass beim Kippen des Mauerwerkskörpers keine umfangreiche plastische Energiedissipation stattfindet. Durch die beim Kippen auftretenden Konzentrierungen der vertikalen Lasten auf die noch in Kontakt mit den benachbarten Bauteilen stehenden Teile der Mauerwerksscheibe wird an diesen Stellen das Versagen durch Überschreiten der Druckfestigkeit gefördert. Ein reines Klaffen der Lagerfuge unter sehr geringen vertikalen Normalspannungen weist durch die geringe Schädigung ein Verhalten auf, das lediglich durch die geometrischen Abmessungen des Mauerwerkskörpers begrenzt wird und ähnelt durch die von der Verformung weitgehend unabhängige Kraft einem ideal plastischen Verlauf.

### 3.4.1.2.4.2 „Überschreiten des Reibungswiderstandes"

Schubbeanspruchungen in einer Mauerwerkswand rufen Scherverformungen in der Lagerfuge hervor, wenn die vertikale Auflast ein Kippen über die Eckbereiche verhindert. Es kommt dabei zu einer Überschreitung der Haftscherfestigkeit sowie des Reibungswiderstands. Bei einer Betrachtung am Einzelstein wird deutlich, dass der Bruchvorgang bei der geringer belasteten Steinhälfte initiiert wird. Das Mohr-Coulombsche Reibungsgesetz gestaltet sich unter Berücksichtigung der Haftscherfestigkeit wie folgt:

$$\tau \le k_{LF} - \tan\varphi_{LF} \cdot \left(\sigma_y - \Delta\sigma_y\right)$$

3.34

Eine Vereinfachung der Beziehung kann unter Verwendung der mittleren Spannung erfolgen. Das Mohr-Coulombsche Reibungsgesetz liest sich dann:

$$\tau \le \overline{k}_{LF} - \tan\overline{\varphi}_{LF} \cdot \sigma_y$$

3.35

mit der reduzierten Haftscherfestigkeit

$$\overline{k}_{LF} = k_{LF} \cdot \frac{1}{1 + \tan\varphi \cdot \dfrac{d_y}{d_x}}$$

3.36

und dem reduzierten Reibungswinkel

$$\tan\overline{\varphi}_{LF} = \tan\varphi_{LF} \cdot \frac{1}{1 + \tan\varphi_{LF} \cdot \dfrac{d_y}{d_x}}$$

3.37

### 3.4.1.2.4.3 „Überschreiten der Steinzugfestigkeit"

Das Auftreten hoher vertikaler Normalspannungen bedeutet, dass durch den linearen Zusammenhang zwischen Reibungswinkel und Normalspannung sehr hohe Schubspannungen auftreten können. Ein Gleiten durch Überschreiten des Reibungswiderstandes wird unwahrscheinlicher. Bei einer Schubbeanspruchung nehmen jedoch ebenfalls die Hauptspannungen in den Mauersteinen zu. Ein Versagen tritt ein, wenn die schrägen Hauptzugspannungen die Mauerstein-zugfestigkeit überschreiten. Mann/Müller leiten die Versagensbedingung daher aus dem Hauptspannungskriterium ab:

$$\sigma_{I,II} = \frac{1}{2} \cdot \sigma_y \pm \sqrt{\frac{\left(\sigma_y\right)^2}{4} + \tau_{st}^{\,2}}$$

3.38

Die Überschreitung der Mauersteinzugfestigkeit kann mit der Begrenzung der Haupt-spannung auf die Bruchspannung von Mauerstein $\beta_{t,st}$ demnach wie folgt formuliert werden:

$$\tau = \frac{1}{2,3} \cdot \sqrt{\left(\beta_{t,st} - \frac{1}{2} \cdot \sigma_y\right)^2 - \frac{\left(\sigma_y\right)^2}{4}}$$

3.39

FE-Berechnungen älteren Datums in [106] zeigen, dass zur Berechnung $\tau_{st}=2{,}3\tau$ angenommen werden kann. Neuere Untersuchungen unter Verwendung einer feinerer Diskretisierung treffen die Aussage, dass der von Mann/Müller ermittelte Wert eine konservative Annahme darstellt [117]. Die genaueren Untersuchungen zeigen, dass in der Steinmitte ein Maximum von $\tau_{st}=2{,}13\tau$ angenommen werden kann.

### 3.4.1.2.4.4 „Überschreiten der Mauerwerksdruckfestigkeit"

Das Kräftegleichgewicht am Einzelstein macht eine wachsende Druckkraft normal zur Steinober- und Unterfläche zur Kompensierung des durch die Scherspannung entstehenden Moments notwendig. Überschreiten die dadurch entstehenden Druckkräfte die Druckfestigkeit des Mauerwerks entsteht ein Versagen.

Die Berücksichtigung des Einflusses des Mörtels auf die Druckfestigkeit von Mauerwerk erfolgt durch Verwendung der Mauerwerksdruckfestigkeit statt der Mauersteindruckfestigkeit. Das so angenommene Druckfestigkeitsversagen von Mann/Müller ergibt sich zu:

$$\tau \le \left( \beta_{c,mw,y} - \sigma_y \right) \cdot \frac{d_x}{2 \cdot d_y} \qquad\qquad 3.40$$

## 3.4.1.2.5   Schneider/Wiegand/Jucht

Der innere Spannungszustand von Mauerwerk mit unvermörtelten Stoßfugen wurde von Schneider et al. in [152] untersucht. Die Nichtberücksichtigung der Spannungen an den Stoßfugen führte zu einer Gleichgewichtsbetrachtung analog zu Mann/Müller [106]. Ausgehend von der Annahme, dass die Zusatzspannung $\Delta\sigma_y$ nicht auf analytischem Weg berechnet werden kann, verwendeten die Autoren die Methode der Finiten Elemente. Die Untersuchungen wurden getrennt für Normalbeanspruchung und Schubbeanspruchung an Wandelementen mit einer Seitenlänge von 150 cm durchgeführt. Schneider et al. konnten eine Symmetrie der Zusatzspannungen bei der reinen Schubbeanspruchung feststellen. Im Gegensatz zu der linear angenommenen Spannungsverteilung der Zusatzspannungen von Mann/Müller, stellten Schneider et al. einen von der Lagerfugendicke abhängigen Spannungsverlauf fest, der im Bereich der Stossfuge und der Randbereiche extreme Spannungsspitzen aufweist.

### 3.4.1.2.6    Erweitertes Modell von Mann/Müller

Eine Erweiterung der Versagenstheorie nach Mann/Müller erfolgt in [93]. Bei der erweiterten Formulierung wird eine Kraftübertragung in der Stoßfuge zugelassen.

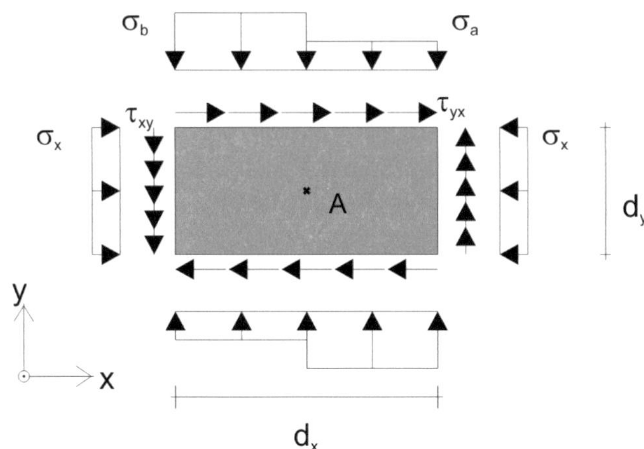


**Abbildung 3.18: erweitertes Gleichgewicht am Einzelstein nach Mann/Müller [93]**

Das Momentengleichgewicht um den Steinmittelpunkt A führt unter Verwendung von:

$$\sigma_y = \frac{1}{2}\cdot\left(\sigma_a + \sigma_b\right)$$

3.41

und dem Verhältnis zwischen Normalspannung in x- und y-Richtung

$$\sigma_x = X \cdot \sigma_y$$

3.42

sowie der Definition der Schubspannungen

$$\tau_{xy} = k_{LF} - \tan\overline{\varphi}_{LF} \cdot \sigma_x$$

$$\tau_{yx} = k_{SF} - \tan\overline{\varphi}_{SF} \cdot \sigma_y$$

3.43

zu dem Momentengleichgewicht um den Steinmittelpunkt A:

$$\Sigma M_A = 0: \left(\sigma_a - \sigma_b\right)\cdot\frac{\left(d_x\right)^2}{4} - \tau_{xy}\cdot d_y \cdot d_x + \tau_{yx}\cdot d_y \cdot d_x = 0$$

3.44

Es lässt sich nach kurzer Umformung die Differenz der Normalspannungsanteile in vertikaler Richtung herleiten:

$$\left(\sigma_a - \sigma_b\right) = \frac{4\cdot d_y}{d_x}\cdot\left(\tau_{xy} - \tau_{yx}\right)$$

3.45

mit

$$\frac{Q_{st}}{d_y} = \tau_{xy} - 2 \cdot \tau_{yx}$$

$$3.46$$

Die erweiterte Versagenstheorie unterscheidet zwei Versagensarten.

### 3.4.1.2.6.1 „Bruchkriterium Fugenversagen":

Ein Fugenversagen tritt ein, wenn die geringer durch Normalbelastung beanspruchte Steinhälfte eine Überschreitung der Grenzscherfestigkeit übersteigt. Die Formulierung des Versagens ergibt sich durch:

$$\tau_{yx} \leq \overline{k}_{LF} - \tan\overline{\varphi} \cdot \sigma_a$$

$$3.47$$

Unter Berücksichtigung der Gleichung

$$\sigma_y = \frac{1}{2} \cdot (\sigma_a + \sigma_b)$$

$$3.48$$

tritt Versagen ein wenn gilt:

$$\tau \leq \frac{k_{LF} - \tan\overline{\varphi}_{LF} \cdot \sigma_y + 2 \cdot \tan\overline{\varphi}_{LF} \cdot \dfrac{d_y}{d_x} \cdot \left(k_{SF} + \tan\overline{\varphi}_{SF} \cdot \sigma_x\right)}{1 + 2 \cdot \tan\overline{\varphi}_{LF} \cdot \dfrac{d_y}{d_x}}$$

$$3.49$$

### 3.4.1.2.6.2 „Bruchkriterium Steinversagen":

Eine Definition des Bruchkriteriums geschieht analog zu den Versagenskriterien ohne Berücksichtigung horizontaler Spannungseinwirkung über die Definition der Hauptspannungen. Eine Näherung der Schubspannung im Mauerstein

$$\tau_{st} \sim 1{,}15 \cdot \frac{Q_{st}}{d_y} = 2{,}3 \cdot \tau_y - 1{,}15 \cdot \left(k_{SF} + \tan\overline{\varphi}_{SF} \cdot \sigma_x\right)$$

$$3.50$$

wird in dem Hauptspannungskriterium eingesetzt

$$\sigma_I = \frac{1}{2} \cdot \left[(\sigma_x + \sigma_y) + \sqrt{(\sigma_x - \sigma_y)^2 + 4 \cdot \tau_{st}^2}\right]$$

$$3.51$$

Der Bruch tritt nun ein, wenn die schiefe Hauptzugspannung $\sigma_I$ größer oder gleich der Steinzugfestigkeit $\beta_{t,st}$ ist:

$$\sigma_I \geq \beta_{t,st,init}$$

$$3.52$$

Längere Umformung ergibt das Versagenskriterium:

$$\tau \leq \frac{1}{2} \cdot \left(k_{SF} - \tan\overline{\varphi}_{SF} \cdot \sigma_x\right) + \frac{\beta_{t,st}}{2{,}3} \cdot \sqrt{\left(1 - \frac{\sigma_x + \sigma_y}{\beta_{t,st}} + \frac{\sigma_x \cdot \sigma_y}{\beta_{t,st}^2}\right)}$$

$$3.53$$

Dialer hat in seiner Arbeit [31] ein weiteres Versagenskriterium zur Beschränkung der Druckspannung hinzugefügt. Dialer begrenzt die auftretenden Druckspannungen auf der stärker belasteten Mauersteinhälfte auf die Mauerwerksdruckfestigkeit.

Die Herleitung ist analog zu den Mann/Müller Versagenskriterien am Gleichgewicht des Einzelsteins zu führen mit:

$$\sigma_b \leq \beta_{c,mw,y} \tag{3.54}$$

Das Versagenskriterium ergibt sich damit zu:

$$\tau \leq k_{SF} + \frac{d_x}{2 \cdot d_y} \cdot \beta_{t,st,init} + \sigma_y \cdot \left( \frac{d_x}{2 \cdot d_y} - \sigma_x \cdot \tan \overline{\varphi}_{SF} \right) \tag{3.55}$$

Für Spannungsverhältnisse von $X = \sigma_x/\sigma_y \geq 0{,}6$ ergeben sich Festigkeiten, die anhand von Versuchen nicht belegt werden können. Eine grobe Abschätzung ist damit laut Dialer jedoch möglich.


## 3.5 Fazit

Unter Berücksichtigung der Zugfestigkeiten lassen sich die Versagenskriterien von Mann/Müller mit denen von Ganz/Thürlimann vergleichen. Beide Theorien liefern gute Übereinstimmungen mit dem in Versuchen zu beobachtenden Verhalten. Dialer führte diesbezüglich umfangreiche experimentell Untersuchungen durch [31]. Die Notwendigkeit, neue Materialformulierungen aufzustellen, sah Dialer aufgrund der überzeugenden Übereinstimmung der Messergebnisse mit den Theorien nach Mann/Müller und Ganz/Thürlimann nicht. Ganz/Thürlimann kommen bei ihrem Ansatz ohne die schwer zu bestimmenden Stoßfugeneigenschaften (Haftscherfestigkeit und Reibungsbeiwert) aus. Die Modellierung von Ganz/Thürlimann geht im Grenzzustand der Tragfähigkeit davon aus, dass keine Zugfestigkeiten rechnerisch vorhanden sind. Die Aufnahme von Schubspannungen ist somit nur bei gleichzeitigem Auftreten einer horizontalen Normalspannung möglich. Für die Modellierung in dieser Arbeit wurde deshalb eine Materialformulierung auf Basis der Mann/Müller Kriterien gewählt.

# 4 Verstärkung von Mauerwerk

Mauerwerk kann horizontale Schubbelastungen nur ungenügend abtragen. Dadurch werden Verstärkungsmaßnahmen erforderlich. Eine Kategorisierung der Verstärkungsmaßnahmen kann neben der unterschiedlichen Wirkungsweise durch Unterscheidung des Zeitpunkts der Applikation erfolgen (Applikation während des Neubaus oder nachträgliche Verstärkung). Die Tabelle 4.1 führt die wichtigsten Verstärkungsarten von Mauerwerk auf:

Tabelle 4.1: Verstärkungsarten von Mauerwerk

| Verstärkung von Mauerwerk | |
| --- | --- |
| Nachträgliche Verstärkungsmaßnahmen | Verstärkungen während der Bauphase |
| -Armierter Spritzbeton | -Stahlbewehrung in Fugen |
| -Ferrozementschichten | -Stahlbewehrung |
| -vorgelagerte, lastaufnehmende Schubwand | -Formsteine mit Betonverfüllung und Stahleinlage |
| -Einbau von Stabstahlbewehrung (Vernadelung, Klammern) | |
| -Verspannanker | |
| -Externe Vorspannung | |
| -Verpressung, Injektion | |
| -Stahl- bzw. Kunststofflamellen | |
| -Nachträgliche Vertikalbewehrung aus Kleinbohrpfählen | |
| -Textile Verstärkung | |

Die verschiedenen Verstärkungsmethoden unterscheiden sich stark in Aufwand und Verstärkungseffekt. Armierschichten aus Spritzbeton, Ferrozementschichten oder vorgelagerte lastaufnehmende Stahlbetonschubwände und auch Kleinbohrpfähle in vertikaler Richtung sind neue Bauteile in einem bestehenden Bauwerk. Daher ist neben der größeren Emission von Lärm und Nebenprodukten (Staub, Materialreste) auch der Aufwand für die Applikation selbst deutlich größer. So werden bei einer Schubwand Schalungen notwendig und Kraftanschlüsse zu den anstehenden Bauteilen müssen gesetzt werden. Zusätzlich ist der erhöhte Platzbedarf zu berücksichtigen. Ein weiter zu berücksichtigender Punkt sind die dem System zugeführten zusätzlichen Lasten. Durch die neuen Bauteile werden nicht unerhebliche Massen dem System zugefügt. Diese rufen Änderung bei der Bauwerksantwort unter dynamischer Beanspruchung hervor. Ein großer Vorteil bei der Einbringung von neuen Wänden oder Schichten aus Ferrozement ist die dadurch wirksame flächige Sicherung vor abstürzenden Bauteilen.

Die vertikale Vorspannung ist durch die Konstruktion zur Lasteinleitung vom Aufwand ähnlich einzuordnen. Zusätzlich wird das Erscheinungsbild durch die zumeist freiliegenden Spannglieder deutlich verändert.

Einen geringeren Aufwand verursachen die Verpressung oder Injektion von Verstärkungsmitteln sowie das Aufbringen von Stahl- oder Kunststofflamellen und das Setzen von Klammern.

Textile flächenhafte Verstärkungen vereinen die Vorteile aus einem geringen Applikationsaufwand mit nur marginalen Änderungen am elastischen Bauwerksverhalten sowie den Dimensionen. In der vorliegenden Arbeit wird die Verwendung von flächigen, hybriden Faserverbundwerkstoffen vertieft, zur Studie der weiteren Verstärkungsmaßnahmen wird auf die Literatur verwiesen [18, 47, 48, 55, 185, 190].

Die Werkstoffeigenschaften von FVW sind wie bei anderen Kompositwerkstoffen (z.B. Mauerwerk, Stahlbeton) stark von den Einzelkomponenten abhängig. Die Effektivität der Verstärkungsmaßnahme hängt somit neben den Verbundeigenschaften und geometrischen Einflussgrößen in erheblichem Maße von der Beschaffenheit und den mechanischen Eigenschaften der verwendeten Komponenten ab. Im weiteren Verlauf werden zunächst die diesbezüglich durchgeführten Forschungsarbeiten vorgestellt. Anforderungen und Eigenschaften der zur Verwendung gekommenen Komponenten des FVW schließen das Kapitel ab.

## 4.1 Laminare, textile Verstärkung von Mauerwerk

Die Verwendung von oberflächennahen, laminar applizierten FVW öffnet durch die systembedingte Gestaltungsfreiheit vielfältige Möglichkeiten der Applikation. Die flexiblen Gestaltungsmöglichkeiten sind jedoch nur ein Aspekt. Aus technischer Sicht wesentlich bedeutungsvoller sind die mechanischen Eigenschaften. Durch das im Vergleich zur Festigkeit geringe Gewicht bleiben die durch die Verstärkungsmaßnahme zusätzlichen Schwerelasten sowie die dadurch bei dynamischer Beanspruchung entstehenden Lasten in vertretbarem Maße.

### 4.1.1 Forschungsarbeiten zur FVW Verstärkung von Mauerwerk

Während CFK- und Stahl-Lamellen seit 1967 bei der Verstärkung von Stahlbetontragwerken zum Einsatz kommen, war Schwegler 1990 [167] einer der ersten, der die Verwendung von FVW zur Verstärkung von Mauerwerk untersuchte. Kapitel 4.1.1 führt ausgehend von Schwegler einige der wichtigsten Forschungsarbeiten zu dem Thema der laminaren textilen Verstärkung auf.

## 4.1.1.1  Schwegler

Schwegler [167, 168] untersuchte anhand von geschosshohen Mauerwerkswänden verschiedene Mauerwerksverstärkungen systematisch und bezog dabei CFK-Lamellen, streifenförmige Verstärkungsmaßnahmen und vollflächige, laminare Verstärkungen ein (Abbildung 4.1). Die Applikation erfolgte einseitig, da der Einfluss der Exzentrizitäten gering und somit vernachlässigbar war. Schwegler fand heraus, dass für eine erfolgreiche Überbrückung von Rissen, das Herauslösen der Faser aus der Matrix von Bedeutung ist. Die Verbundeigenschaften sind demnach nicht zu stark zu optimieren. Bei einem sehr guten Verbund konzentriert sich die komplette Verformung zentral auf den Rissbereich. Durch sehr große Dehnungen ist dann ein frühzeitiges, lokales Versagen des FVW zu erwarten. Dies führt zu einem spröderen globalen Verhalten.

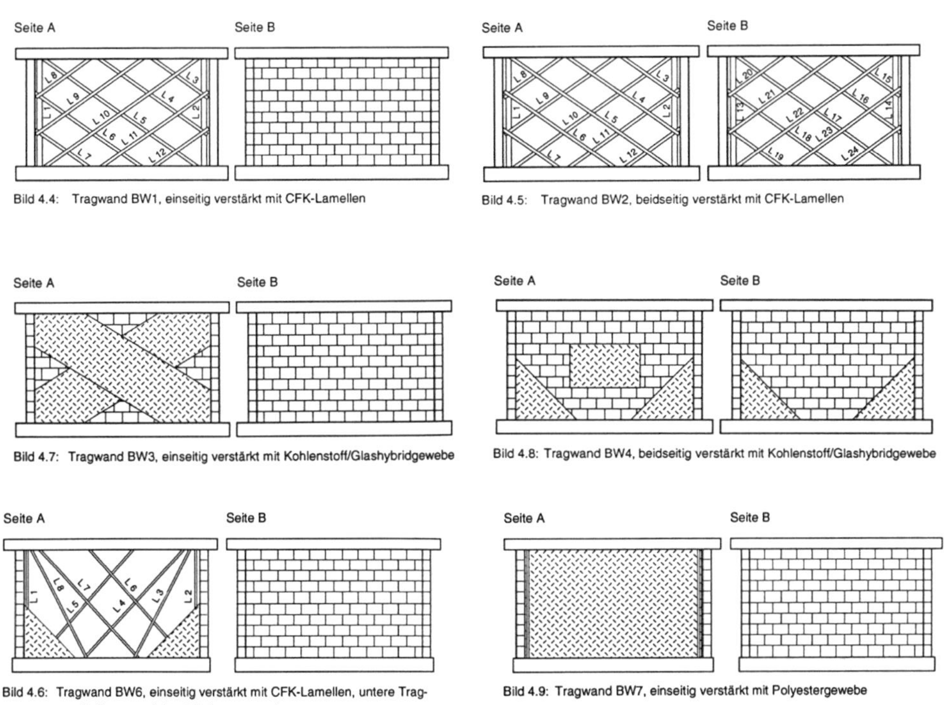



**Abbildung 4.1: Mauerwerksversuche Schwegler [167]**

Die Versuche zeigten weiterhin, dass die konzentrierte Lasteinleitung im Bereich der Lamellen eine Endverankerung in angrenzenden Bauteilen benötigt, um einen frühzeitigen Verlust der Lastabtragung zu verhindern. So verankerte Lamellen ermöglichen eine Verdoppelung der Systemduktilität. Eine weitere Steigerung erscheint dem Autor aufgrund des spröden Mauersteinmaterials schwer realisierbar. Ein gleichmäßiges Rissbild kann erzielt werden, wenn die CFK-Lamellen in regelmäßigen Abständen über die Tragwandoberfläche verteilt werden. Eine noch bessere Rissverteilung erreichte Schwegler bei vollflächig applizierten Verstärkungstextilien. Hier stellte sich ein gleichmäßiges Rissbild ein. Bei teilflächig applizierten Bereichen entstanden durch klaffende Fugen in den direkt anstehenden, nicht verstärkten Bereichen hingegen ungleichmäßige Rissbilder. Der Versuch BW7 von Schwegler kombiniert ein Polyestergewebe mit einer Epoxydharzmatrix. Die Erdbebenresistenz kann somit um den Faktor 1,4 gesteigert werden. Ein Versagen der Fasern tritt nicht auf, allerdings ist die Rissverteilung über die Oberfläche noch nicht optimal. Schwegler empfiehlt aufgrund dessen die Verwendung eines elastischeren Klebers. Somit sind nach Meinung des Autors auch größere Rissweiten sicher zu überbrücken. Durch die Verwendung eines duktileren Klebers mit einer Zugfestigkeit, die so gering ist, dass das Versagen gerade noch in der Oberfläche des Mauersteins auftritt, kann die Attraktivität dieser Methode durch Verbesserung des ökonomische Wirkungsgrades weiter gesteigert werden. Durch die gute und einfache Anwendung sieht Schwegler in der vollflächigen Applikation von FVW die Chancen am größten, früh in der Praxis eingesetzt zu werden.

## 4.1.1.2  El Gawady

El Gawady [49] veröffentlichte 2003 seine Arbeit zu faserbewehrtem Mauerwerk. El Gawady studierte das Verhalten anhand von fünf unbewehrten Versuchskörpern, die als unverstärkte Referenzkörper im Maßstab 1:2 auf dem Rütteltisch der ETH in Zürich dynamisch getestet wurden. Die anschließende Applikation der Faserverstärkung und ein erneutes Durchlaufen des Testprogramms ermöglichte Schlüsse auf die Funktion der Verstärkungsmaßnahme. Bei den zur Verwendung gekommenen Textilien handelt es sich um bi-direktionale Materialien aus Aramid, Glas oder Carbon. Die spezifischen Gewichte lagen dabei zwischen 26 und 410 g/m². Als Matrixmaterial kam Sikadur 330 zum Einsatz. Wie Schwegler zuvor stellte auch El Gawady fest, dass eine einseitige Applikation keine starken Effekte aufgrund der Asymmetrie hervorruft. Des Weiteren stellte El Gawady fest, dass verstärkte Versuchskörper häufig ein Kippen des Versuchskörpers über die Ecken aufweisen („rocking"). Da wesentlich größere Verformungen ohne Versagen aufgebracht werden konnten, nimmt der Autor an, dass „rocking" als stabiler Versagensmechanismus gesehen werden kann. Im Gegensatz zu den ebenfalls getesteten Carbon Platten und Textilstreifen (x-förmig appliziert) wurden mit den vollflächig applizierten Textilien gute Ergebnisse erzielt. Bei Carbon Platten und streifenförmiger Applikation wurde frühzeitiges Versagen festgestellt. Ein robustes und reproduzierbares Versagen konnte hierbei nicht angenommen werden.

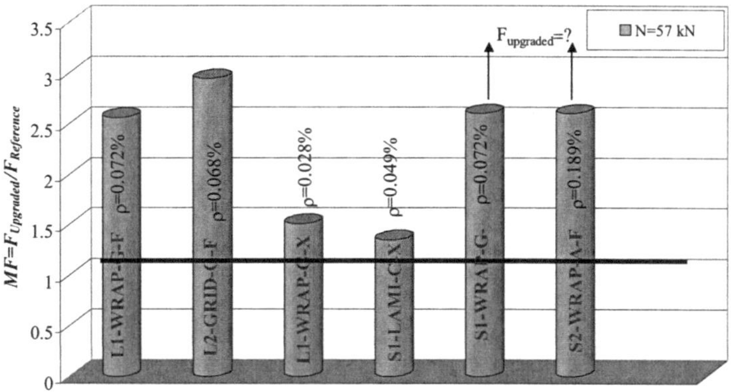


**Abbildung 4.2: Versuchergebnisse [49]**

X-förmige Verstärkungen mit Carbon (L1-WRAP-C-X) und FVW Platten mit Carbon (S1-LAMI-C-X) wurden mit flächigen Verstärkungen (L1-WRAP-G-F, L2-GRID-G-F, S1-WRAP-G, S2-WRAP-a-f) aus Glas verglichen. El Gawady erzielte insbesondere mit Gelegen (L2-GRID-G-F) sehr gute Ergebnisse (Abbildung 4.2). El Gawady stellte wie Schwegler [167] bei den nicht vollflächig verstärkten Versuchskörpern das Auftreten von Schädigungen in den nicht verstärkten Bereichen fest. Er kommt daher zu dem Schluss, dass eine vollflächige Applikation, insbesondere bei stark beschädigtem Mauerwerk, bevorzugt eingesetzt werden sollte.

## 4.1.1.3   Laursen et al.

Laursen, Seible und Hegemeier [96] untersuchten an jeweils zwei Versuchskörpern das Verhalten von faserverstärkten Wandelementen unter Schub- und Plattenbelastung. Zur Untersuchung des Schubversagens wurden zwei bewehrte Mauerwerkswände mit den Abmessungen 1829 mm x 1829 mm und einer Dicke von 152 mm unter zyklischer Last beansprucht. Die Kraft-Verformungshysteresen der unverstärkten Wand sind in Abbildung 4.3 gegeben:

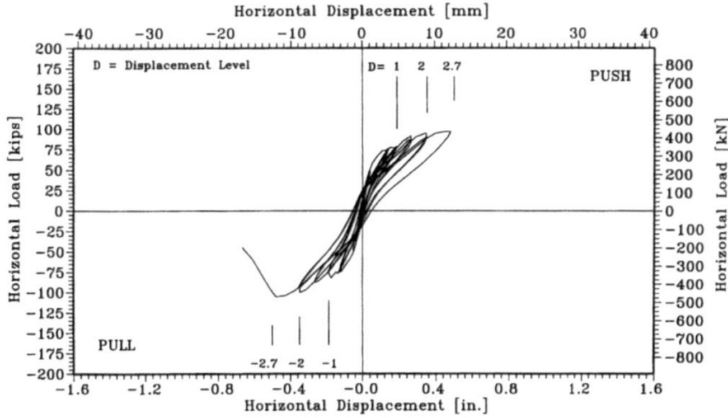


**Abbildung 4.3: Hysterese URM [96]**

Die vorgeschädigte Wand wurde anschließend durch ein Carbon-Overlay verstärkt und dem gleichen Testprocedere unterzogen. Die Aufbringung des Carbon-Overlays erfolgte einseitig durch Verwendung von drei horizontal applizierten Bahnen mit einer Breite von jeweils 310 mm (Abbildung 4.4).

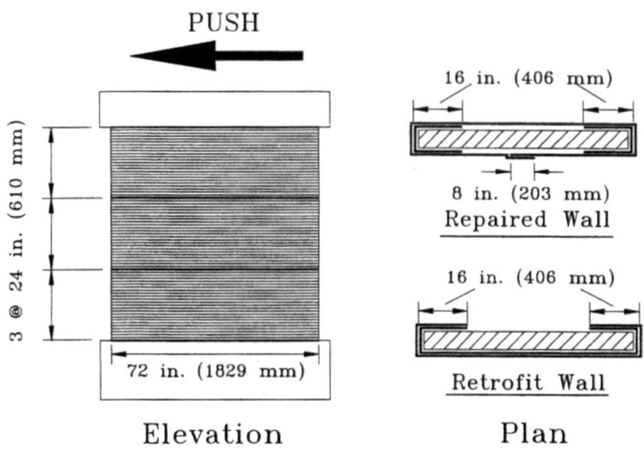


**Abbildung 4.4 Verstärkungsmaßnahme [93]**

Laursen et al. konnten eine deutliche Steigerung der Duktilität feststellen. In direktem Vergleich mit der unverstärkten Wand wiesen die instandgesetzte und die verstärkte Wand eine doppelt so große realisierbare Verschiebung auf. Des Weiteren wurde eine langsamere Entfestigung bei den Wänden mit Carbon-Overlay festgestellt. Die unverstärkte Wand wies einen für den Lastfall Erdbeben deutlich ungünstigeren, plötzlichen Abfall auf, während die verstärkten Wände einen gutmütigen Abfall der Festigkeit aufwiesen. Bei Betrachtung der Steifigkeit und der absoluten Festigkeit wurde lediglich eine geringe Erhöhung festgestellt. Aufgrund der Eigenschaft steifer Wände Lasten anzuziehen ist dieses Verhalten vorteilhaft. Eine Abhängigkeit der Eigenschaften von ein- oder zweiseitiger Applikation konnte lediglich in sehr geringem Umfang beobachtet werden.

### 4.1.1.4   Marshall et al.

2000 haben Marshall et al. [107] in Summe 40 Versuche an Wandausschnitten der Größe 4 ft. x 4 ft. durchgeführt. Ergänzt wurden diese Versuche durch Mauerwerks-prismen und 51 Schubversuchen an drei-Stein-Versuchskörpern. Als Verstärkungs-komposit kamen Glas und Carbon in einer Epoxydharzmatrix zur Anwendung. Es konnte, wie bei den Autoren zuvor, eine Erhöhung der maximal tragbaren Lasten erkannt werden. Die Duktilität konnte auch hier deutlich effektiver gesteigert werden. Die Steigerung der Widerstandsfähigkeit gegenüber Erdbeben konnte daher auch von Marshall et al. belegt werden. Eine Verbesserung im Nachbruchbereich wird nach Marshall et al. insbesondere durch die Fixierung der unter Zugbeanspruchung stehenden Elementteile erreicht. Durch die Verstärkung von benachbarten, unter Zug stehenden Bauteilen konnte ein quasi-duktiles Bauwerksverhalten erreicht werden. Marshall et al. bemerkten eine Verbesserung des Zusammenhalts der Mauerwerkskomponenten durch die vollflächige Applikation. Im Falle dynamischer Belastungen kommt dieser Eigenschaft besondere Bedeutung zuteil. Durch die erfolgreiche Verhinderung des kompletten Herauslösens einzelner Mauerwerkskomponenten können zum einen Verluste durch herunterfallende Bauteile vermieden werden und zum anderen bleibt die Vertikallastragfähigkeit der Wand erhalten. Die Versuchsergebnisse (Abbildung 4.5) zeigen die Last-Verformungskurve für unverstärktes Mauerwerk und für mit Carbon und Epoxydharz verstärktes Mauerwerk:

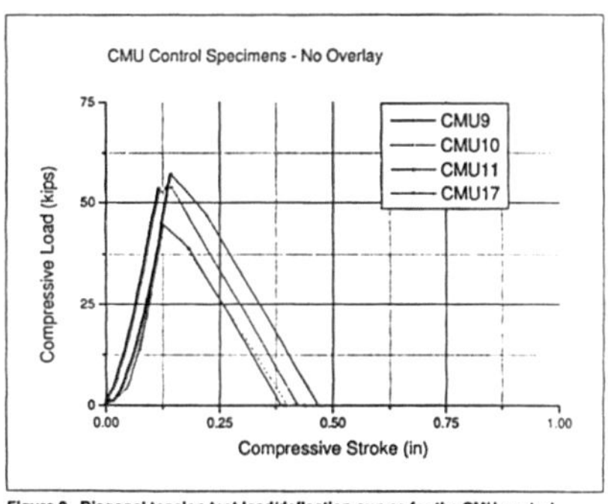

Figure 9. Diagonal tension test load/deflection curves for the CMU control specimens.

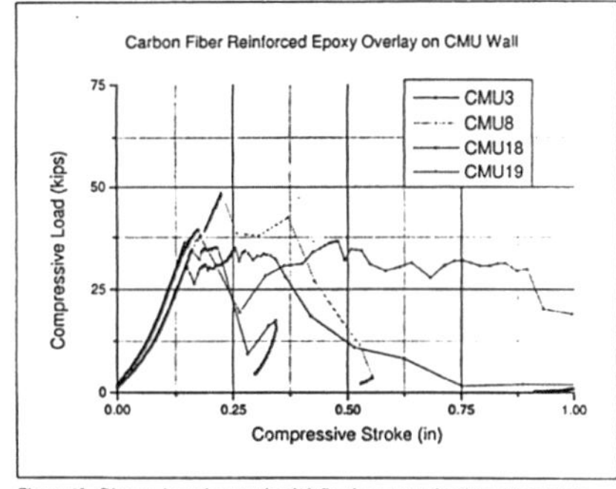

Figure 13. Diagonal tension test load/deflection curves for the carbon-epoxy FRP system on CMU walls.

**Abbildung 4.5: Last-Verformungskurven [107]**

Abbildung 4.5 zeigt die Zuwächse an plastischem Verformungsvermögen deutlich. Bei den verstärkten Mauerwerkskörpern ist dagegen eine Resttragfähigkeit auch bei größeren Verformungen feststellbar.

### 4.1.1.5   Jai et al.

Jai et al. entwickelten in [84] ein Modell, mit dem die Verstärkung von Mauerwerk durch numerische Methoden simuliert werden sollte. Ausgehend von einem unverstärkten Mauerwerksabschnitt wurden unterschiedliche Verstärkungsansätze untersucht (vollflächig und streifenartig). Als Referenz dient ein Mauerwerkssegment, das zwei Türöffnungen sowie zwei Fensteröffnungen aufweist. Die realitätsnahe, zweiachsige Belastung erfolgt durch eine konstante vertikale Last, die gleichverteilt aufgebracht wird, sowie eine Schubbelastung auf dem oberen Wandabschluss.

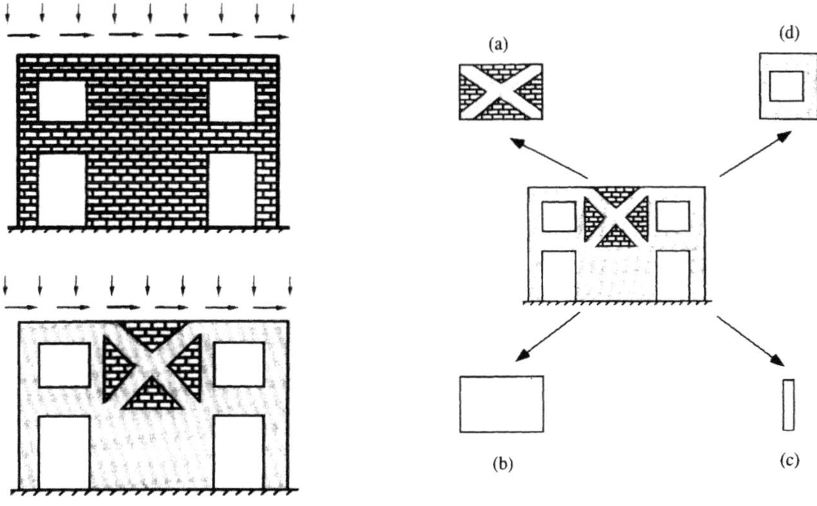

**Abbildung 4.6: Verstärkungsstrategie [84]**

Ziel der Studie war die Bereitstellung einer Berechnungsmethode für verstärktes Mauerwerk. Hierfür unterteilten Jai et al. den Mauerwerksabschnitt in verschiedene Segmente. In Abhängigkeit der Randbedingungen wurden die Segmente vollflächig oder streifenförmig mit FVW verstärkt (Abbildung 4.6). Hauptgrund für die Verwendung streifenförmiger Applikation war nach Jai et al. die hohe Dampfdiffusionszahl von Epoxydharz, die in Verwendung mit der vollflächigen Applikationsmethode eine Dampfdurchlässigkeit nahezu vollständig verhindert und somit Probleme bauphysikalischer Natur generiert. Die Ergebnisse der numerischen Simulation zeigten die Unterschiede für verschiedene Mauerwerksstrukturen auf. Während bei Betrachtung der Verschiebung ähnliche Werte erzielt wurden, zeigte ein Vergleich der horizontalen Lasten einen Vorteil für die gemessenen Werte bei vollflächiger Applikation auf. In beiden Fällen jedoch wurden Deformationen und Lasten erreicht, die einem Vielfachen der Werte bei unverstärktem Mauerwerk entsprachen (Abbildung 4.7 und Abbildung 4.8). Die Ergebnisse der numerischen Analyse wurden durch Versuche von Kiss et al. [89] ergänzt und bestätigt.

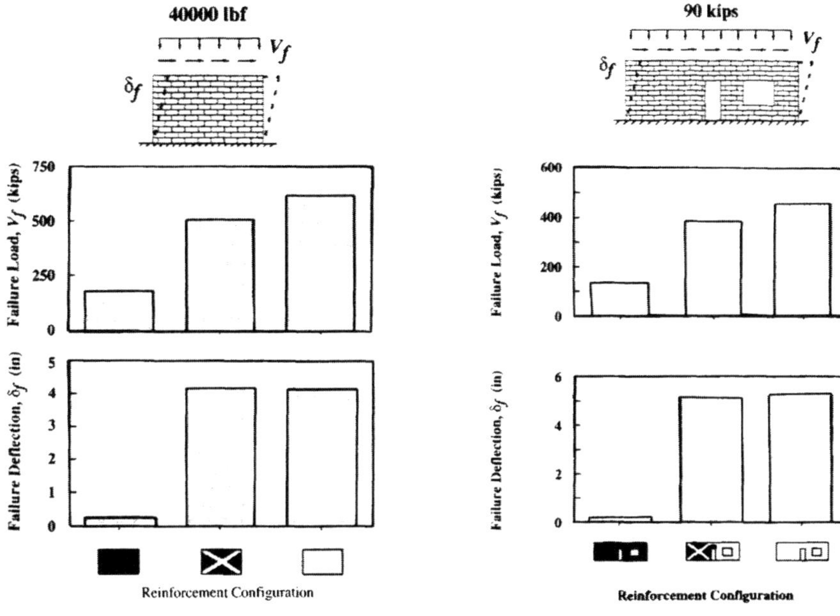



Abbildung 4.8: Versuchsergebnisse - Wand ohne Öffnung [84]

Abbildung 4.7: Versuchsergebnisse - Wand mit Öffnung [84]

## 4.1.1.6 Kolsch et al.

Kolsch et al. [92] untersuchten in mehreren Versuchsreihen statisch und zyklisch die horizontale Flächenbelastung an Mauerwerkskörpern. Zur Anwendung kamen dabei zementgebundene Matrixwerkstoffe, als auch Epoxydharz. Hintergrund der Studie ist die Entwicklung möglicher Verstärkungsmaßnahmen von plattenförmig belasteten Mauerwerkselementen. Es soll eine Erhöhung der Biegetragfähigkeit erreicht und ein Herauslösen von Mauerwerksteilen aus dem Verbund verhindert werden.

Kolsch et al. untersuchten in Vorversuchen an Stahlbetonbalken im drei-Punkt Biegeversuch sowie im vier-Punkt Biegeversuch die grundsätzliche Verarbeitbarkeit der FVW und analysierten verschiedene Matrix/Textil Kombinationen. Die Materialkombinationen Zementleim/Glasfasergewebe, Zementleim/ Kohlenstoffgewebe und Epoxydharz/Glasfasergewebe führten zu deutlichen Vergrößerungen der Versagenslast unter guter Verformbarkeit. Die Applikation dieser Materialkombinationen erfolgte auf Mauerwerkswänden der Größe 3,0 m x 3,0 m x 0,24 m und 2,0 m x 2,0 m x 0,24 m.

Auch unter zyklischen Lasten konnten Kolsch et al. zeigen, dass eine sinnvolle Verstärkung anhand der Faserverbundwerkstoffe möglich ist. Die Autoren benutzten zur Aufbringung der Last ein flächiges Druckluftkissen. Bei den zyklischen Versuchen kam zusätzlich noch ein mit Sand gefüllter Aufbau zum Einsatz.

### 4.1.1.7 Wallner

Wallner [189] untersuchte in seiner Arbeit ausführlich die Verstärkung von biaxial belasteten Mauerwerkselementen, die in der Wandebene belastet werden. Zur Anwendung kamen dabei eine zementöse Matrix und eine Epoxydharzmatrix. Neben zahlreichen Kleinversuchen zur Analyse des Materialverhaltens bei Riss Mode I und Riss Mode II wurden insgesamt acht Großversuche an geschosshohen Mauerwerkswänden mit der Abmessung 2,5 m x 2,5 m durchgeführt. Eine Variation der Fasermaterialien, der Wandgeometrie sowie des Matrixmaterials ergab folgende Versuchsreihe:

**Tabelle 4.2: Versuchsprogramm von Wallner [189]**

| WPK | Öffnung | Fasermaterial | Struktur | Flächen-gewicht [g/m²] | Matrix | Applikation (beidseitig) | Skalierungs-stufen [%] |
|---|---|---|---|---|---|---|---|
| 1 | nein | Referenz (unverstärkt) | | | | | 25 - 150 |
| 2 | | E-Glas | Gewebe | 395 | Epoxidharz | Diagonalstreifen (45°) | 25 - 225 |
| 3 | | Kohlenstoff | Gewebe | 375 | mod. Zement-mörtel | vollflächig (0°/90°) | 25 - 225 |
| 4 | | Polyester | Gewebe | 130 | | | 25 - 225 |
| 5 | | Kohlenstoff | Gitter | 2x159 | | | 25 - 400 |
| 6 | nein | Kohlenstoff | Gewebe | 375 | mod. ZM | einseitig (0°/90°) | 25 - 200 |
| 7 | ja | Referenz (unverstärkt) | | | | | 25 - 250 |
| 8 | | Kohlenstoff | Gewebe | 375 | mod. ZM | beidseitig (0°/90°) | 25 - 250 |

Der Versuchsaufbau von Wallner wird in Kapitel 5.1.2.4 ausführlich erklärt. Die Einhüllenden der Wandausschnitte ohne Öffnung zeigen sich wie folgt (Abbildung 4.9):

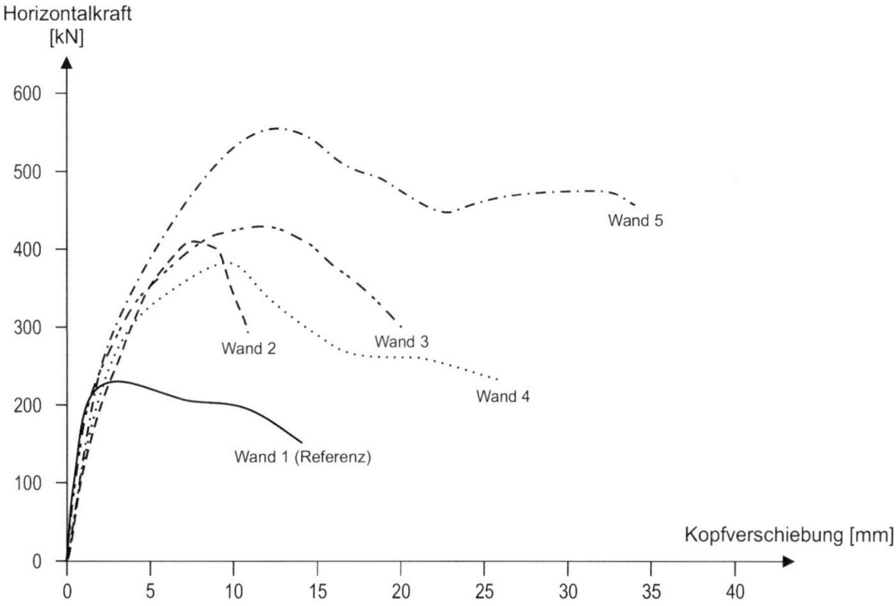


**Abbildung 4.9: Versuchsergebnisse der Materialvariation [189]**

Wallner konnte durch Variation der Parameter feststellen, dass die Wandtragfähigkeit proportional zu der Größe der mit Komposit verstärkten Fläche ist. Einflüsse der unsymmetrisch bewehrten Wandausschnitte waren, wie auch teilweise in den vorhergehenden Studien erwähnt, nicht zu bemerken. Wand 2, verstärkt mit Glas und Epoxydharz, versagte spröde und bietet somit lediglich geringe Möglichkeiten die Duktilität und somit die Energiedissipation zu verbessern. Aufgrund des Aufwands bei der Applikation von zwei Lagen Textil bei Wand 3 wählte Wallner als Ausgangspunkt für weitere Untersuchungen (Wände 6-8) das System Carbon Gewebe und modifizierte Zementmatrix trotz besserer Ergebnisse des Systems Carbon Gitter und modifizierte Zementmatrix (Abbildung 4.10). Wallner untersuchte in dem Wandversuch 6 die Auswirkungen, die bei einer einseitigen Applikation auftreten können. Die Ergebnisse hierzu konnten die Erkenntnisse von El Gawady [49] und Schwegler [167] stützen und bestätigen, dass keine Effekte aufgrund der Asymmetrie zu erwarten sind.

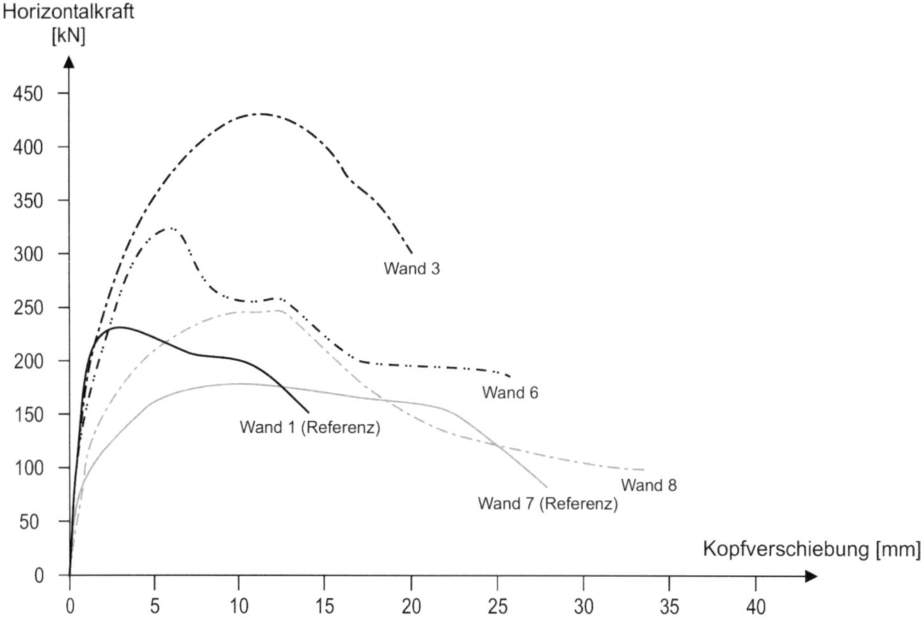


**Abbildung 4.10: Versuchsergebnisse für Carbon-Gewebe und PCC Mörtel [189]**

Bei der Untersuchung des Einflusses der Verstärkung auf eine Wand, die durch eine Öffnung in Steifigkeit und Tragfähigkeit reduziert ist (Versuch 7 und 8), stellte Wallner ebenfalls ein Steigerungspotential fest. Die Tragfähigkeit konnte in diesem Fall auf das 1,5-fache gesteigert werden. Abschließend konnte Wallner feststellen, dass die Verwendung einer Zementmatrix bei einem von Fugenversagen dominierten Mauerwerksverhalten eine gute Möglichkeit zur Erhöhung der Duktilität darstellt, während sich die Verwendung von Epoxydharzmatrizen zur Steigerung der Tragfähigkeit eignet. Eine Energiedissipation durch große Verformungen im Nachbruchbereich wird hingegen durch Verwendung von Epoxydharz weitgehend verhindert.

Wie in Absatz 4.1.1 deutlich wurde, fanden zahlreiche Studien zu mit FVW bewehrten Mauerwerksstrukturen statt. Laminar applizierte Faserverbundwerkstoffe zeigen - bestätigt durch zahlreiche Versuchsergebnisse - ihren fördernden Einfluss auf die mechanischen Materialeigenschaften von Mauerwerksteilen. Die Verwendung von zementösen Matrizen bietet darüber hinaus die Möglichkeit, auch bauphysikalisch vollflächig applizierbare Laminate einzusetzen. Im weiteren Verlauf wird aufgrund dessen das Hauptaugenmerk auf Zementmatrizen in Verbindung mit vollflächiger Textilbewehrung gelegt, wobei der Schwerpunkt der Arbeit auf der Entwicklung hybrider, multidirektionaler Textilien liegt.

Weitere experimentelle Untersuchungen von Textilverstärkungen existieren von Abrams [3], Reinhorn [142], Holberg [75] und Mosalam [122, 123, 124]

## 4.1.2 Versagensmechanismen von Textilverstärkungen auf Mauerwerk

Die Forschungsergebnisse der in Kapitel 4.1.1 vorgestellten Studien belegen das Potential, das durch Verwendung von faserverstärkten Kompositen zur Verbesserung des Verhaltens von Mauerwerk gegeben ist. Im Folgenden werden in Kapitel 4.1.2 die Versagensmechanismen von FVW auf Mauerwerk aufgezeigt. Die möglichen Versagensfälle werden kategorisiert und fließen in die Konzeptionierung des Textiles (Kapitel 4.2.2) ein.

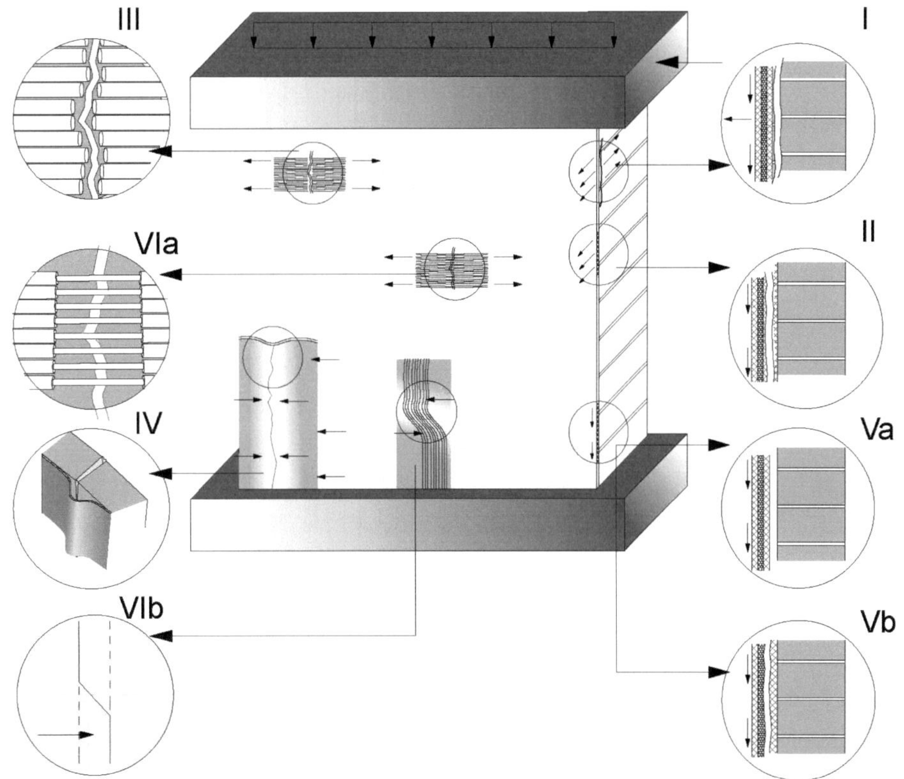


Abbildung 4.11: Versagensmechanismen FVW auf Mauerwerk

Die Versagensfälle von Laminat lassen sich im Allgemeinen in Intramaterial- und Verbindungsversagen unterteilen [110]. Für Verbundwerkstoffe zur Verstärkung von Mauerwerk kann eine Kategorisierung wie folgt vorgenommen werden:

- I. Verbindungsversagen zwischen Mauerwerk und Matrix aufgrund Steinhautversagen
- II. Matrixversagen

- III. Faserbruch
- IV. Faserbiegung und Matrixversagen
- V. Delamination
- VI. Lösen der Fasern aus dem Verbund

### 4.1.2.1 Versagen der Verbindung Mauerwerk-Matrix aufgrund Steinhautversagen (I)

Das Verbindungsversagen zwischen Matrix und Mauerwerk entsteht bei Einwirkung von Zug- oder Schubspannungen im Bereich der Materialgrenze Mauerwerk-Matrix. Ein Versagen wird hierbei primär durch unzureichende Steinfestigkeiten herbeigeführt. Ein Steinhautversagen weist im Allgemeinen ein sprödes Versagen auf und wirkt sich somit ungünstig auf das globale strukturelle Verhalten aus. Der Bruch tritt plötzlich und ohne optische bzw. akustische Vorankündigung auf. Dieses Versagen kann verhindert werden, wenn eine Begrenzung der Haftscherfestigkeit, der Haftzugfestigkeit sowie der Faserfestigkeiten erfolgt. Dafür erfolgt eine Festlegung der Obergrenze der Verbundfestigkeiten auf die Festigkeit der Steinhaut. Die Steinhautfestigkeit stellt somit eine globale Obergrenze der Verstärkungsmaßnahme dar. Eine Verbesserung der Versagenskriterien darüber hinaus ist durch die hier vorgestellten FVW nicht ohne weiteres möglich.

### 4.1.2.2 Matrixversagen aufgrund Querdruck und Schub (II)

Dieser Versagenstyp beschreibt ein Versagen der Matrix durch Querdruckeinwirkung oder Schubeinwirkung. Es beinhaltet Variationen, bei denen jeweils ein Spannungsanteil den Wert Null annehmen kann (reine Schub- oder reine Druckbeanspruchung senkrecht zur Faser bei unidirektionalen Verstärkungstextilien).

Eine reine Druckbeanspruchung tritt bei den hier vorwiegend betrachteten, faserverstärkten Mauerwerken häufig im Bereich der Fugen auf. Dabei wirkt eine Druck-Normalspannung senkrecht zu der Fugenebene und staucht den FVW über der Fuge. Bei einer Druckbeanspruchung kann eine Verstärkungsmaßnahme nur bedingt wirken, da der FVW bis auf die Matrixdruckfestigkeit als druckschlaff anzusehen ist.

Eine reine Schubbelastung der Matrix ist über Fugen zu beobachten, bei denen ein Abgleiten auf der Lagerfuge stattfindet (Mauerwerksrisstyp a1, b1 oder c). Eine Zusammenwirkung mit dem Versagenstyp VI kann hier zur Wahrung der plastischen Verformbarkeit beitragen und das Verhalten bei einer Schubbeanspruchung im Nachbruchbereich stabilisieren.

Der Versagenstyp wird durch die Wahl der Matrix beeinflusst, das Verstärkungstextil wird als druckschlaff angenommen.

### 4.1.2.3 Faserriss aufgrund Zugbelastung in der Faser (III)

Der Faserriss aufgrund Zugeinwirkung wird durch ein Zerstören der Matrix im Bereich von Rissen initiiert. Durch die geringe Zugfestigkeit der Matrizen erfolgt dabei frühzeitig ein Versagen über dem Bereich der Rissöffnung. Ein Transfer der Lasten von dem Mauerwerk findet über die Matrix auf die Fasern statt. Bei zementösen Matrizen ist die Entstehung von Rissen zur Aktivierung der Fasern (in Abhängigkeit der E-Moduln) erforderlich, da die Fasern nicht vorgespannt sind und somit erst nach einer gewissen Rissöffnung Kräfte übernehmen können. Die aufnehmbaren Lasten werden dabei komplett durch die Fasern aufgenommen.

Diese Art des Versagens tritt vorwiegend im Bereich der Stossfugen auf. Dort entstehen bei dynamischen Belastungen von Mauerwerk Rissöffnungen (Mauerwerksrisstypen a1 und b1), die bei größeren Belastungen Rissweiten von mehr als 15 mm aufweisen können. Eine Rissüberbrückung ist durch die geringe Dehnungsfähigkeit der Matrix nur durch die Fasern möglich. Damit die Risse zuverlässig überbückt werden können, sind zwei Punkte wichtig. Zum einen garantiert eine schrittweise Herauslösung der Faser aus der Matrix (Versagenstyp VIa) eine Verteilung der Dehnung auf eine größere Bezugslänge. Der zweite, wichtige Punkt ist die Dehnfähigkeit der Faser selbst.

Unter den Annahmen, dass ein idealer Verbund zwischen Mauerwerk und Komposit existiert und sich eine Rissöffnung unter Zug vorwiegend in den Fugen ausbildet, kann dadurch eine Berechnung der FVW Kräfte bei einer Rissüberbrückung erfolgen.

Ein Versagen nach diesem Typ wird maßgeblich durch die Verstärkungstextilie beeinflusst.

## 4.1.2.4   Druckversagen in Faserrichtung (IV)

Aufgrund starker Druckbelastungen in Faserrichtung entstehen Faserstauchungen und ein Matrixversagen. Voraussetzung hierfür ist ein bestehender Verbund mit dem Mauerwerkskörper und eine starke elastische oder auch plastische Verformbarkeit desselbigen ohne Schädigung.

Ein Auftreten dieses Versagenstyps kann bei Betrachtung eines Mauerwerkskörpers im Bereich zum einen durch die Kontaktschädigung durch anstehende Strukturen generiert werden. Aufgrund der dann in diesem Fall nicht mehr tragfähigen Grundstruktur ist die Stauchung der Matrix nicht mehr an das Verhalten des Mauerwerkskörpers gebunden, eine äußere Belastung direkt auf den FVW erzeugt ein Druckversagen. Des Weiteren tritt bei einer fortgeschrittenen Schädigung des Mauerwerks auch eine Stauchung des FVWs im Mauerwerksbereich auf. So konnte dieses Versagen im Zusammenhang mit einer Materialdegradation im Lagerfugenbereich bei zyklischer Schubbelastung beobachtet werden. In diesem Fall kann eine Reduktion der Lagerfugendicke experimentell bestätigt werden.

Das Druckversagen des FVW in Faserrichtung beeinträchtigt das Gesamtverhalten nur gering, da im Druckbereich bei einer laminaren textilen Mauerwerksverstärkung ohnehin nur von einem geringen Verstärkungseffekt ausgegangen wird. Wie bei einem reinen Druckversagen nach Versagenstyp II wird hier nur die Druckfestigkeit der Matrix angesetzt.

Das Versagen richtet sich maßgeblich nach den Eigenschaften der Matrix, das Verstärkungstextil wird druckschlaff angenommen.

### 4.1.2.5  Delamination (V)

Unter der Delamination wird in dieser Arbeit eine Trennung der Schichten verstanden. Eine Delamination entsteht, wenn die Haftscher- oder die Haftzugfestigkeiten innerhalb des Übergangs zweier Materialschichten geringer sind als die Schichtfestigkeiten.

Unterschieden wird das Delaminationsversagen in dieser Arbeit in zwei unterschiedliche Versagensformen.

Typ Va: Typ Va ist eine flächige Ablösung der Komponente Textil von der Komponente Matrix. Eine Optimierung kann hier durch Verbesserung der Verbundeigenschaften erreicht werden. Dafür existieren zwei Möglichkeiten. Entweder die Verwendung einer Matrix mit besseren Verbundeigenschaften oder einer Oberflächenbeschichtung der Textilien.

Typ Vb: Dieser Typ ist eine Delamination aufgrund zu geringer Adhäsionskräfte zwischen Mauerwerk und FVW, also dem Ablösen des FVW von der Mauerwerksoberfläche. Die Bezeichnung Delamination für diesen Versagenstyp wurde im Gegensatz zu anderen Veröffentlichungen gewählt, da es sich bei dem hier betrachteten verschmierten Makromodellansatz um eine integrierte Materialdefinition für das Bauteil und die Verstärkung handelt. Ein Versagen nach diesem Versagenstyp wird durch Grundierung des Mauerwerks oder verbesserten Matrixeigenschaften vermindert.

### 4.1.2.6  Faserherauslösung (VI)

Eine Herauslösung der Faser aus dem Verbundwerkstoff geschieht, wenn Fasern aus der Matrix durch Zerstörung des Verbunds gelöst werden. Unterschieden wird in dieser Arbeit zwischen zwei Typen.

Typ VIa: Zum einen des Herausziehens der Faser aus dem Verbundwerkstoff („fibre pullout"). Technisch gesehen ist die Faserherauslösung ein „gutmütiges Versagen", da unter Gültigkeit der Reibungsgesetze ein Herausziehen der Fasern unter Kraftaufwand und großer Energiedissipation geschieht Ein plötzliches Versagen ist nicht zu erwarten.

Typ VIb: Eine zweite Art der Faserherauslösung geschieht senkrecht zur Faserrichtung. Dies tritt bei einer Scherverformung in der Rissebene auf, die sich senkrecht zur Faser befindet. Dieses Versagen konnte oft bei einem Schubversagen in der Lagerfuge von Mauerwerk (Mauerwerksriss a1, b1 und c) beobachtet werden. Die senkrecht zur Schubverformung liegenden Fasern werden dabei aus der Matrix herausgelöst. Hier ist die Gutmütigkeit des Verhaltens stark von den zur Verwendung gekommenen Materialien abhängig, da eine Schädigung der Fasern durch die Matrix die Faserfestigkeit deutlich herabsetzen kann. Bei beiden Versagenstypen ist eine

Vorschädigung der Matrix notwendig, um die Kraftübertragung in die Fasern zu ermöglichen.

Zur Verbesserung des Verhaltens bei einem Versagenstyp VI ist ein Zusammenspiel aus verbesserten Verbund- und Fasereigenschaften notwendig.


Die angegebenen Versagensmechanismen erlauben eine Zuordnung der Schadensbilder zu den Beanspruchungen von Faserverstärkungen auf Mauerwerkskörpern. Im weiteren Verlauf und insbesondere während der experimentellen Untersuchungen (Kapitel 1) werden die hier dargestellten Versagensmechanismen verwendet um das Verhalten zu beschreiben und um einen Rückschluss auf die Verwendung der Materialien zu erlauben.

## 4.2 Komponenten des Verbundwerkstoffs

Die Komponenten der hier verwendeten Komposite sind:

Matrizen

- Sikadur 331
- Sikagard 720 EpoCem
- BGP Matrix

Textilien

- Bidirektional
  - Hybrid (Material: AR-Glas, PP, Carbon)
  - Nichthybrid (Material: AR-Glas, Carbon)
- Tridirektional
  - Hybrid (Material: AR-Glas, PP, Carbon)
  - Nichthybrid (Material: AR-Glas)
- Quaddirektional
  - Hybrid (Material: E-Glas, AR-Glas, PP)
  - Nicht hybrid (Material: E-Glas, AR-Glas)

Im Folgenden werden die Materialien anhand ihrer Eigenschaften beschrieben. Eine abschließende Beurteilung hinsichtlich ihrer Verwendung zur Verstärkung von Mauerwerk erfolgt in Kapitel 1 durch Auswertung der experimentellen Untersuchungen. Hauptaugenmerk der Arbeit liegt dabei auf der Beschreibung neuartiger textiler Werkstoffe zur Verwendung für Mauerwerksverstärkungen.

### 4.2.1 Matrix

Zur Gewährleistung der grundlegenden Funktion des Kompositwerkstoffs ist die Matrix so auszulegen, dass neben den lastverteilenden und schutzgebenden Eigenschaften auch eine Kompatibilität der Materialien untereinander sowie im Falle der Mauerwerksverstärkung zu dem Mauerwerk besteht. Eine Zusammenfassung der dadurch zu fordernden Eigenschaften ist:

- Sicherung des Verbunds zwischen Matrix und Mauerwerk sowie Faser und Matrix
- Kraftübertragung zwischen Mauerwerk und Faser
- Schutz der Fasern vor mechanischem und chemischem Angriff
- Dampfdurchlässigkeit
- Temperaturausdehnungskoeffizient in der Größenordnung von Mauerwerk und Fasern zur Vermeidung von Zwangsbeanspruchung
- gute Verarbeitbarkeit
- Temperaturbeständigkeit in den für die Anwendung erforderlichen Bereichen.

Die Matrix gewährleistet die Kraftübertragung von dem tragenden Bauteil – in diesem Fall dem Mauerwerk – auf die das Textil (stabilitätsgebender Teil des Komposits). Zur Wahrung der Funktionalität des Komposits sind durch die Matrix der Verbund von Mauerwerk zu Komposit, die Lastübertragung in der Matrix selbst und der Verbund zu der textilen Verstärkung zu bewerkstelligen. Andernfalls ist eine durchgängige mechanische Beanspruchbarkeit des Komposits nicht möglich und ein lokaler Fehler würde ein frühzeitiges globales Versagen herbeiführen.

Die zweite, wichtige Funktion der Matrix ist der Schutz der Fasern vor mechanischen oder chemischen Angriffen. So weist zum Beispiel Carbon eine hohe Sensibilität gegenüber UV-Einwirkung auf. Ein Schutz vor Sonneneinwirkung kann durch eine vollflächige Bedeckung der Fasern durch die Matrix erreicht werden. Eine hohe Beständigkeit der Matrix gegenüber chemischen und mechanischen Angriffen ist somit für die Haltbarkeit des Komposits von nicht zu vernachlässigender Wichtigkeit.

Die Dampfdurchlässigkeit ist insbesondere für die vollflächige Applikation wichtig, da ansonsten keine Wasserdampfdiffusion möglich ist und bauphysikalische Probleme zu erwarten wären.

Ein dem Mauerwerk ähnlicher Temperaturausdehnungskoeffizient soll temperatur-bedingte Zwangsverformungen minimieren und dadurch die Ein-schränkung des Gebrauchszustands durch Rissbildung aufgrund von Temperatur-einwirkung verhindern.

Im Zuge der experimentellen Untersuchungen wurden verschiedene Matrizen getestet, denen allesamt eine geringe Steifigkeit gemein ist. Es wird hierdurch den Empfehlungen von Wallner [189] und Schwegler [167] Folge geleistet, die eine geringe Steifigkeit für eine hohe Bauteilduktilität nahe legen. Die Haftscherfestigkeiten und die Haftzugfestigkeiten wurden dabei auf dem Niveau von Epoxydharzmatrizen gehalten. Dies bedeutet im Allgemeinen, dass ein Versagen in der Steinhaut eintritt, bevor ein Delaminationsvorgang beobachtet werden kann.

Es kamen verschiedene Matrizen zum Einsatz, deren Zusammensetzungen werden ebenso wie die Materialtestergebnisse in Absatz 4.2.1 erläutert. Auf die Verwendung von reinen Epoxydharzmatrizen wurde bewusst verzichtet, da diese mit vielen Nachteilen behaftet sind (Arbeitsschutz bei Verarbeitung, dampfsperrende Wirkung, toxische Dämpfe, Abfall des Schubmoduls im Brandfall und problematische Entsorgung).

## 4.2.1.1 Bauphysikalisch optimierte Epoxydharzmatrix:

Im Zuge der Experimente in dieser Arbeit, wurde unter anderem eine 2-Komponenten Spachtelmasse auf Epoxydharzbasis verwendet. Es handelt sich dabei um eine von Sika (Schweiz) entwickelte wässrige 2-Komponenten Spachtel-masse, die unter dem Namen Sikadur®-331W vertrieben wird. Im Vergleich zu anderen Epoxydharzmatrizen, weist diese für flächige Applikationen optimierte bau-physikalische Eigenschaften auf. Die Verarbeitbarkeit ist durch die Viskosität von 8100 mPa´s (23° C/50 % LF) gut und eine Applikation auf vertikalen Flächen ist problemlos möglich. Bei größeren Flächen ist eine maschinelle Auftragung realisierbar.

Die Matrix weist mittlere Festigkeiten und Steifigkeiten auf. Zur Sicherung des Verbunds befinden sich die Haftscher- und Haftzugfestigkeiten auf einem ähnlichen Niveau wie bei der Zementmatrix. Die wässrige Epoxydharzmatrix weist eine schnelle Durchhärtung auf. Versuche haben gezeigt, dass eine Weiterverarbeitung nach sieben Tagen unproblematisch ist, da die Matrix dann ihre Nenndruckfestigkeit erreicht hat.

Tabelle 4.3: Eigenschaften Epoxydharz-Matrix

| | | | |
|---|---|---|---|
| E-Modul | statisch | 3500 | N/mm² |
| Haftzugfestigkeit | EN 1542 | 3 | N/mm² |
| Druckfestigkeit | EN 196-1 | 14 | N/mm² |
| Viskosität | bei 23°C/50% LF | 8100 | mPa´s |
| Wasserdampfdiffusionswiderstand | EN ISO 7783-2 | ~630 | |

In eigenen Versuchen nach DIN EN ISO 604 [44] ergaben sich durchweg höhere Werte für die Druckfestigkeit als vom Hersteller angegeben. Nach sieben Tagen betrug die Festigkeit bereits 21,86 N/mm². Die Festigkeit konnte sich in Prüfungen zu späteren Zeitpunkten nicht mehr nennenswert steigern.

Die Epoxydharzmatrix erlaubt eine Gebrauchstemperatur von -20°C bis +40°C in ausgehärtetem Zustand.

## 4.2.1.2 Polymermatrix mit Zementanteil:

Des Weiteren wurde eine Polymermatrix mit Zementbeimischung getestet. Diese wurde speziell von der Firma BGP Polymers in Israel zur Verwendung auf Mauerwerk hergestellt. Die Anforderungen richteten sich dabei nach der von Sika produzierten Matrix Sikagard® 720 EpoCem. Die Matrix ist jedoch wesentlich flexibler als die Sika Matrizen und weist eine deutlich geringere Druckfestigkeit auf (2,4 N/mm² statt 36,54 N/mm²). Die für die Applikation in Verbindung mit Textilien wichtige Eigenschaft der Haftscherfestigkeit wies nur geringfügig geringere Werte auf

(Herstellerangabe). Vorteil der Matrix ist der geringfügig günstigere Produktionspreis sowie die erwähnte, hohe Flexibilität. Eine qualitative, manuelle Prüfung brachte ein sprödes Verhalten bei Temperaturen unterhalb von 20 °C zu Tage. Genauere Materialeigenschaftswerte seitens des Herstellers liegen nicht vor.

## 4.2.1.3  Zementmatrix mit Epoxydharzveredelung:

Als dritte Matrixvariante wurde eine 3-Komponenten Matrix von Sika verwendet. Diese weist ähnliche Eigenschaften wie die von [189] Verwendete auf. Hauptunterschied ist die Körnung der Bestandteile. Da in [189] flächenhafte Gewebe mit einer geringen Maschenweite benutzt wurden, war eine geringe Körnung notwendig, um die vollständige Penetration der Textilien durch die Matrix zu ermöglichen. Diese Einschränkung bestand im Zuge dieser Ausarbeitung nicht, da durchweg speziell für den Mauerwerksbereich entwickelte Textilien eingesetzt wurden. Die zumeist gitterartigen, textilen Gebilde (Gelege/Gewirke) stellten dabei keine besonderen Anforderungen an die Körnung der Matrix, da die Maschenweiten stets über 5 mm lagen.

**Tabelle 4.4: Eigenschaften Zement-Matrix**

| E-Modul | statisch | 12600 | N/mm² |
|---|---|---|---|
| Haftzugfestigkeit | EN 1542 | 3-4 | N/mm² |
| Druckfestigkeit | DIN 53454 | 40 | N/mm² |
| Viskosität | bei 23°C/50% LF | - | mPa´s |
| Wasserdampfdiffusionswiderstand | EN ISO 7783-2 | ~257 | |
| therm. Ausdehnungskoeffizient | | 1,69E-05 | 1/°C |

Die Zementmatrix ist beständig gegenüber Feuchtigkeit und Tausalz sowie anderen chemischen Stoffen. Die mechanische Beständigkeit gegenüber Temperaturwechsel ist gegeben. Die Matrix kann zwischen -30°C und +80°C eingesetzt werden. Wie in [189] gezeigt, ist die Rauchentwicklung bei Hitzeeinwirkung deutlich geringer als bei reinen Epoxydharzmatrizen und es ist von einem geringeren Brandrisiko auszugehen.

Die zeitlichen Entwicklungen der Druckfestigkeit aller Matrizen finden sich in der Abbildung 4.12 wieder. Die Mauerwerksprüfkörper in dieser Arbeit werden bei einem Alter von 28 Tagen getestet. Die Applikation und Aushärtung muss in diesem Zeitraum stattfinden. Durch die ausreichend kurzen Aushärtezeiten der Matrizen ist dies gewährleistet.

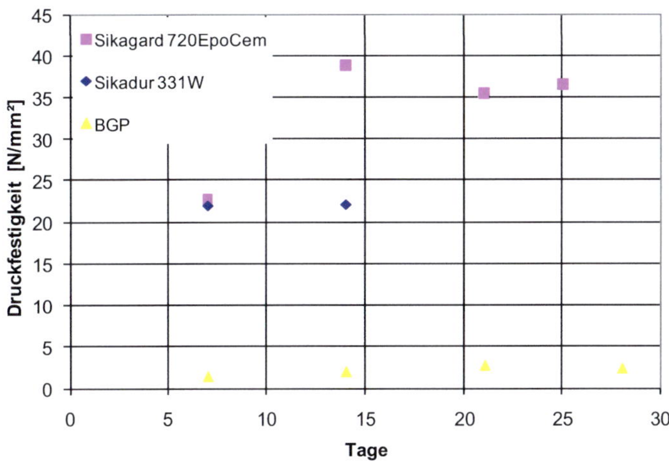


**Abbildung 4.12: zeitliche Entwicklung der Druckfestigkeit der Matrices**

## 4.2.2 Textilien

In früheren Studien wurden deutliche Unterschiede im Verhalten von FVW-verstärktem Mauerwerk festgestellt, wenn die Applikationsrichtung der Verstärkungstextilie geändert wird [189]. Grund hierfür liegt in der starken Richtungsabhängigkeit von Mauerwerk und der faserabhängigen Kraftübertragung von FVW.

FVW ist vorwiegend in Faserrichtung belastbar. Die Verwendung mehrdirektionaler Textilien zu Verstärkungszwecken bietet sich aufgrund der direkten Kraftübernahme durch die Fasern bei mehraxial belastetem Mauerwerk an. Mehrdirektional bedeutet dabei, dass die Fasern in mehr als einer Richtung im Textil eingearbeitet sind. Belegt wird dies durch die Netztheorie, die wissenschaftlich heutzutage bei der Erforschung des Verhaltens von Kompositen nur noch selten im Einsatz ist, zu Bemessungszwecken aber durchaus noch ihre Berechtigung hat [139]. Demnach werden mindestens drei unterschiedliche Faserrichtungen erforderlich, um jeden ebenen Belastungszustand direkt durch Faserkräfte aufnehmen zu können (Formel 5.1). Bedingt wird dies durch die alleinige Berücksichtigung der faserparallelen E-Moduln. Dieser für allgemeine FVW dargelegte Planungsgrundsatz zur Sicherung des Materialverhaltens kann prinzipiell auch bei der Verstärkung von orthotropem Mauerwerk angewandt werden.

Nicht nur die mehrdirektionalen Eigenschaften der Textilien beeinflussen das Verhalten des mit FVW verstärkten Mauerwerkskörpers maßgebend. Durch die spröden Materialeigenschaften von Mauerwerk und dem daraus folgenden plötzlichen Versagen wird für eine erhöhte Duktilität eine Stabilisierung im Nachbruchbereich notwendig. Diese kann nur durch eine hochdehnbare Faser-struktur erreicht werden. Die Verstärkung von Mauerwerk erfordert jedoch eine hochfeste Faser, die eine Lastübernahme ermöglicht und somit die Festigkeitswerte verbessert. Eine optimierte Faserverstärkung muss somit hochfeste Fasern für die Verstärkung und hochdehnbare Fasern für die Stabilisierung im Nachbruchbereich vereinen. Dann wird die Verstärkungsmaßnahme in ein Verstärken zur Verbesserung der Festigkeitseigenschaften und in eine Erhöhung der plastischen Verformbarkeit geteilt. Fasern mit stark unterschiedlichen mechanischen Merkmalen müssen für jede Richtung miteinander kombiniert werden. Das Vorhandensein von Fasern mit unterschiedlichen Eigenschaften in einer Richtung wird als hybrid bezeichnet.

Durch technische Neuerungen in der Textilherstellung ist die Produktion von hybriden, mehrdirektionalen Textilien möglich. Mit solchen Textilien kann direkt Einfluss auf die anisotropen Eigenschaften des Mauerwerkkörpers genommen werden. Es eröffnet sich die Möglichkeit, richtungsspezifische Verstärkungs-maßnahmen zur Verbesserung der Duktilität und der Festigkeit speziell für Mauerwerk zu entwickeln.

In den bisherigen Studien fanden vorwiegend einfache Textilien Eingang (bidirektionale Gelege oder Gewebe). Die Kombination hochfester Fasern für die eigentliche Verstärkungsmaßnahme und hochdehnbarer Fasern für den Zusammen-halt der Komponenten im Nachbruchbereich ist Kernthema dieser Arbeit.

### 4.2.2.1 Herstellung von Kunstfasern

Im Baubereich kommen neben anorganischen Kunstfasern wie Basaltfasern, Glasfasern und Carbonfasern vorwiegend organische Fasern, zum Großteil aus synthetischen Polymeren(PE, PP), zum Einsatz. Vereinzelt wurden Studien mit Naturfasern zur Verstärkung von Strukturteilen durchgeführt [50]. Kunstfasern bieten jedoch den Vorteil, in Zusammensetzung und Aufbau sehr individuell gestaltet werden zu können.

Die Herstellung von Kunstfasern basiert auf zähen, fadenziehenden Spinnmassen. Diese werden durch Polymerisation, Polykondensation oder Polyaddition gewonnen und anschließend zu einem spinnbaren Material (Polymer) aufbereitet. Das spinnbare Material wird zu Filamenten (Endlosgarnen) weiterverarbeitet, der Prozess wird Spinnverfahren genannt. Man unterscheidet hierbei Trocken-, Nass- und Schmelzspinnverfahren. Gemein ist allen Spinnverfahren die Verpressung der Spinnmasse durch die feinen Öffnungen der Spinndüsen. Die Gewinnung der Spinnmasse sowie die notwendige Aushärtung nach dem Verpressen werden je nach Verfahren unterschiedlich behandelt. Das Nassspinn- und das Trockenspinnverfahren unterscheiden sich prinzipiell in der Methode der Verfestigung. Das Nassspinnverfahren setzt eine Spinndüse ein, die sich in einer

Flüssigkeit befindet. Durch die umgebende Flüssigkeit wird nach dem Verpressen das Lösungsmittel durch Auswaschen entzogen. Beim Trockenspinnverfahren hingegen befindet sich die Spinndüse vor einem Luftkanal, der nach dem Verpressen eine Trennung von dem Lösungsmittel durch Ausdunstung im warmen Luftstrom herbeiführt. Beim Schmelzspinnverfahren werden die Konsistenzänderungen durch Zuführung von Wärme oder Kälte generiert. So werden vor dem Verpressen die Spinnmassen auf 20-30 K über der Schmelztemperatur des Materials erhitzt, verpresst und abschließend zur Verfestigung gekühlt (vorwiegend benutzt bei thermoplastischen Fasern wie Polyamid, Polyester und Polypropylen).

Die Lage der Moleküle ist nach dem Spinnverfahren noch nicht optimal ausgerichtet. Eine Ausrichtung zur Bestimmung der endgültigen Eigenschaften geschieht durch die Verstreckung. Die Verstreckung passt neben weiteren Nachbearbeitungsmethoden (verstrecken, texturieren, schlichten etc.) die Materialparameter an. Die Verstreckung beeinflusst die Festigkeit maßgebend durch unterschiedliche Verstreckungsgrade des Materials. Somit können die Materialeigenschaften speziell an die entsprechende technische Anwendung angepasst werden. Je nach Applikationsrichtung der Textilien sind für die Anwendung bei Mauerwerk unterschiedliche Verstreckungsgrade wichtig zur Schaffung richtungsabhängiger Verstärkungsmaßnahmen.

Ein weiterer wichtiger Prozess ist die Modifikation der Faseroberfläche. Beim sogenannten Schlichten wird durch Besprühen oder Tauchen eine Imprägnierflüssigkeit auf den Faden oder das Filament aufgebracht. Der beschlichtete Faden weist eine höhere Widerstandsfähigkeit gegenüber mechanischer Belastung und eine höhere Geschmeidigkeit auf. Durch das Texturieren kann den sehr glatten Kunstfasern eine Kräuselung verliehen werden, wodurch die elastische Dehnfähigkeit der Garne erheblich gesteigert werden kann.

### 4.2.2.2 Filamente, Garne, Rovings

In weiteren Arbeitsprozessen werden Filamente zu Garnen oder Rovings verarbeitet. Während Garne zur Festigkeitssteigerung eine Drehung der Filamente um den Längskern aufweisen, ist dies bei Rovings meist nicht der Fall. Es existieren jedoch auch leicht gedrehte Rovings, die im Gegensatz zu normalen Rovings einen leicht rundlichen Querschnitt aufweisen. Durch das Fehlen der Verzwirnung werden Rovings bei technischen Kompositen bevorzugt eingesetzt. Sie verleihen dem Verbundwerkstoff höchste Festigkeit und Steifigkeit durch die geordnete, parallele und gestreckte Lage der Filamente.

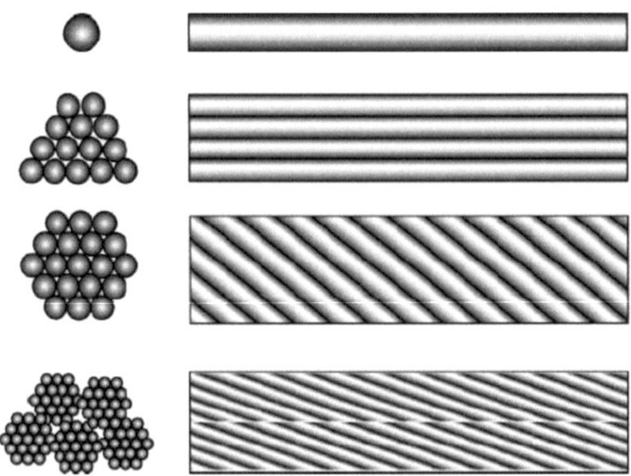

**Abbildung 4.13: Filament, Roving, Garn, gedrehtes Multifilament (v.o.n.u.)**

Linienförmige Gebilde wie Rovings, Filamente oder Garne werden zu sogenannten textilen Flächengebilden weiterverarbeitet (Kapitel 4.2.2.5).

Im Folgenden werden die verwendeten Fasern dargestellt und die daraus entstandenen Textilien spezifiziert. An dieser Stelle sei nochmals die sehr gute Zusammenarbeit mit dem STFI erwähnt, die erst das Gelingen ermöglichte. Am STFI wurden die Textilkonzeption sowie die anschließende Produktion realisiert.

### 4.2.2.3 Fasermaterial

Die textile Verstärkung von Mauerwerk ist ein komplexes Thema. Um den Richtungsabhängigkeiten von Mauerwerk ebenfalls bei der Verstärkung nachzukommen, müssen je nach Orientierung der Fasern unterschiedliche Eigenschaften gefördert werden. Daher sind unterschiedlichste Fasern, insbesondere für die hybriden Textilien, von besonderem Interesse. Die Vorauswahl des Fadens wurde anhand folgender Gesichtspunkte durchgeführt [114]:

- Alkalibeständigkeit: Die Alkalibeständigkeit ist insbesondere für die hier untersuchte Anwendung von besonderer Wichtigkeit, da die Matrix aus einer modifizierten Zementmatrix besteht. Die pH-Werte sind somit erhöht, eine Lauge liegt vor (pH-Wert für Sikagard 720 EpoCem: 10,5 bei 10 g /100 ml und 20°C)

- Kombination der Eigenschaften: hohe Duktilität undmaximal möglicher Bruchkraft

- Witterungsbeständigkeit (UV, Temperatur, Langzeit)

- Formbeständigkeit

- Verfügbarkeit

- Kosten

- Verarbeitbarkeit auf Textilmaschinen

Aufgrund der oben genannten, erforderlichen Eigenschaften kamen Naturfasern nicht zum Einsatz. Für die hier betrachtete Anwendung wurde die Verwendung der folgenden Fasern untersucht:

- AR-Glas: Glas wird thermodynamisch als unterkühlte Flüssigkeit bezeichnet und stellt somit einen Zustand dar, der ausgehend von einer Schmelze bei einem zu schnellen Abkühlen erreicht werden kann. Die Zeit ist dabei zu kurz, um ein vollständiges Auskristallisieren zu ermöglichen. Eine weitere Festlegung für das hier verwendete Glas entsteht durch Bestimmung der Ausgangsmaterialien: Quarz und Oxidzusätzen. E-Glas besteht z.B. aus Siliciumdioxid, Aluminiumoxid, Magnesiumoxid, Calciumoxid und Bortrioxid. AR-Glas ist ein Sondertypus des Glases und wird durch einen erhöhten Zirkoniumdioxidgehalt gewonnen (ca.17 Gew. %). Zirkoniumdioxid ist im pH-Wertbereich von 1 bis 14 nahezu unlöslich, somit kann ein Schutz vor Auslaugung in alkalischen Lösungen theoretisch erreicht werden. Jedoch ist auch hier ein Gewichts- und Festigkeitsverlust primär durch den in [57] beschriebenen Vorgang der Auflösung in alkalischen Lösungen zu bemerken, da aufgrund der geringen Anlagerung von Zirkoniumdioxid in der Glasoberfläche erst relativ spät eine verlangsamende Wirkung zu verzeichnen ist [138]. Durch die Auflösungsvorgänge entsteht Lochfraß an der Glasoberfläche. Glas wird nach dem Schmelzspinnverfahren hergestellt. Zur weiteren, tiefergehenden Lektüre sei auf [199] verwiesen. AR-Glas wurde vorwiegend für den Gebrauch in faserverstärkten Betonen verwendet.

- Carbon: Carbonfasern sind anorganische Kunstfasern, die durch thermischen Abbau von Nichtkohlenstoffatomen (Carbonisieren – Erhitzen auf ca. 1200°C bis 1700°C) aus dem Polymer Polyacrylnitril (PAN) hergestellt werden. Carbonfasern weisen sehr hohe feinheitsbezogene Höchstzugkräfte bei geringem Gewicht und hoher Steifigkeit auf. Des Weiteren kann eine sehr hohe Ermüdungsresistenz sowie eine gute chemische Beständigkeit bemerkt werden. Die ohnehin schon hohen E-Moduln von 200-250.000 N/mm² können durch eine nachgelagerte Graphitierung (Erhitzen unter Luftabschluss bei ca. 1800°C bis 3000°C) noch erhöht werden. Carbon bietet einen hohen Widerstand in alkalischen Lösungen und eignet sich dadurch zur Verwendung in zementösen Matrizen.

- PE/PP: Polyethylen (PE) ist ein thermoplastischer Kunststoff, der der Gruppe der Polyoelfine zuzurechnen ist. PE weist eine hohe Zähigkeit und Bruchdehnung auf. Die hier zur Anwendung gekommenen PE-Folienbändchen weisen eine hohe Beständigkeit gegenüber Säuren und Laugen auf und eignen sich somit für eine Verwendung in Verbindung mit zementösen Matrizen. PE lässt sich somit von der Widerstandsseite problemlos für die hier untersuchten Maßnahmen einsetzen. Polypropylen (PP) gehört zur gleichen Familie wie PE. PP ist wie PE sehr widerstandsfähig gegenüber alkalihaltiger

Umgebung, weist jedoch eine höhere Steifigkeit sowie Festigkeit auf. Verstreckung von PP kann zu deutlich höheren Festigkeiten führen.

**Abbildung 4.14: PP Multifilament 600 tex [114]**

Die mechanischen Eigenschaften der Fasern sind in Tabelle 4.5 zusammengefasst dargestellt:

**Tabelle 4.5: Mechanische Eigenschaften der Fasern**

| | Zugfestigkeit | E-Modul | Bruchdehnung | Dichte | Temp. Dehnungskoeffizient |
|---|---|---|---|---|---|
| | [N/mm²] | [N/mm²] | [%] | [g/cm³] | $[10^{-06}/K]$ |
| AR-Glas | 1700 | 72000 | 2,4 | 2,5 | 9,1 |
| Carbon | 2000 | 140000 | ~1,5 | 1,8 | -0,1 |
| PP (Rifil) | - | 1520 | 15-20 | 0,91 | - |

## 4.2.2.4　Nachbearbeitung der Fasern

Im Zuge dieser Arbeit wurde eine weitere Bearbeitung der Fäden erstmals für den Fall der Verstärkung von Mauerwerkskörper angewendet – das Kemafilieren der Fasern. Unter der Kemafil-Technologie versteht man die Ummantelung von Kernmaterial zur Herstellung von Kordel- oder Banderzeugnissen. Die Anwendung der Kemafil-Technologie bietet zwei Verbesserungen in Vergleich zu einer nicht ummantelten Faser:

- Ein energiedissipierendes Gleiten in der Ummantelung wird ermöglicht [33], die Konzentration von Dehnungen an Bruchstellen wird vermieden
- Die Faser wird durch die Ummantelung vor mechanischen Einflüssen geschützt

Der Schlupf der Faser innerhalb der Ummantelung wird durch Reibung gesteuert. Durch Variation des Kemafilierprozesses kann die Größe der Mantelreibung kontrolliert werden und dadurch die Gleitung in der Ummantelung steuern. Die Kemafil-Technologie wurde von Mitarbeitern des Sächsischen Textilforschungsinstitut e.V. (STFI) erfunden.

## 4.2.2.5 Hybride Flächengebilde

Textile Flächengebilde werden unterschieden in Gewebe, Gewirke, Gelege, Gestricke, Flechtwaren und Vliese (Abbildung 4.15).

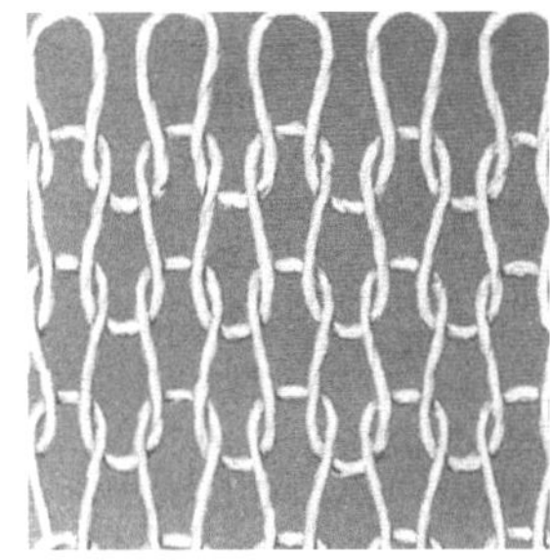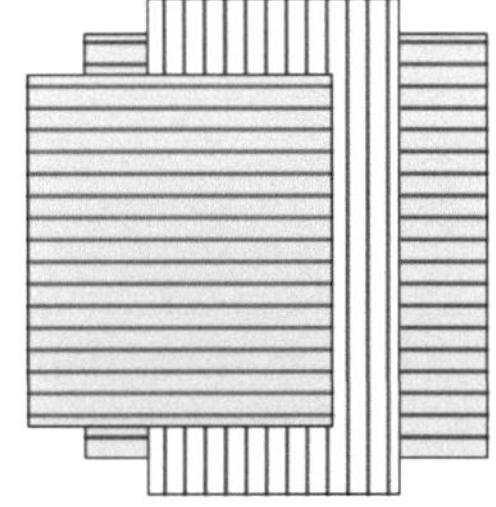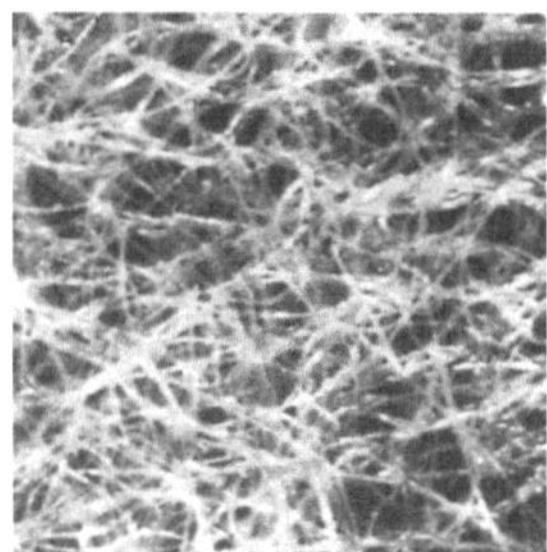

**Abbildung 4.15: Flächige Textilgebilde: Gewebe, Gewirke, Gelege, Vlies (v.l.n.r.) [87]**

Nach der Schaffung des textilen Gebildes kann eine Veredelung erfolgen. Unter dem Prozess des Veredelns versteht man die physikalische Behandlung (Wärme, Druck etc.) oder die chemische Behandlung (Fixierung, Kaschieren, Färben, Flammfestausrüstung, wasserabstoßende oder -anziehende Appretur etc.).

Da für die mauerwerksbezogene Anwendung eine Verschiebung der Fasern untereinander oftmals nicht erwünscht ist, erfolgt für die hier verwendeten Textilflächen eine form- und fadenlagestabilisierende Ausrüstung (Appretur) unmittelbar bei dem Herstellungsprozess in der Textilmaschine. Durch die Appretur werden sowohl die einzelnen Filamente der AR-Glas-Filamentgarne verbunden, als auch die Anordnung der gesamten Fadenscharen in der Fläche schiebefest miteinander fixiert. Ein homogener Lastabtrag innerhalb der Multifilamentstruktur ist damit gewährleistet. Ein weiterer Vorteil ist die wesentlich verbesserte Handhabbarkeit der Textilflächen bei der Applikation auf der Baustelle und der verbesserte Schutz vor den hohen pH-Werten des Mörtels. Zur weiterführenden Studie der Textilverarbeitung sei die Literatur [29] und [68] nahe gelegt.

Die Verwendung zweier unterschiedlicher Fasern in einer Geweberichtung ist das Grundprinzip hybrider Textilien. Die Kombination von Fasern mit stark unterschiedlichen Eigenschaften kann so Textilien entstehen lassen, die stark differierende Eigenschaften, wie einen großen E-Modul zur frühzeitigen Kraftübernahme bei Applikation auf steifen Materialien und dennoch eine große plastische Verformung vor dem Faserbruch zur Energiedissipation miteinander verbinden.

Durch den Einsatz textiler Hybrid-Bewehrungen, die aus einer Kombination von

- einer kettengewirkten, gitterartigen Bewehrungsgrundstruktur aus statisch tragenden, dehnungsarmen Fadenmaterialien (AR-Glas, Carbon) und

- integrierten starken Fäden und/oder seilartigen Verstärkungen aus hochdehnbaren und hochfesten Materialien (z.B. Polypropylen)

bestehen, kann ein abgestuftes Bruchverhalten erreicht werden. In den der vorliegenden Arbeit zugrundeliegenden Experimenten wurden zahlreiche bi-, tri- und quaddirektionale Verstärkungstextilien in hybrider Ausführung getestet. Im folgenden Absatz wird die Bandbreite der verwendeten Textilien mit den Kennwerten der textilen Strukturen dargestellt.

## 4.2.2.6  Bewehrungs-Grundstrukturen, Verstärkungsfasern

Die Bewehrungsgrundstruktur besteht aus den statisch tragenden, dehnarmen Fadenmaterialien sowie den Garnen, die diese fixieren. Die Entwicklung der Grundstrukturen orientierte sich am Stand der Technik. Da für Mauerwerksstrukturen lediglich eine geringe Anzahl an Arbeiten zur Entwicklung von textilen Verstärkungen für Mauerwerk existiert wurde für die Vorbemessung auf Studien zu textilbewehrtem Beton zurückgegriffen [25, 27, 26].

Grundlegende Überlegungen zur Gestaltung der Grundstruktur betrafen die Maschenweite, das zu verwendende Material (Kapitel 4.2.2.3) sowie die Materialfeinheit. Bei der Festlegung der Maschenweite sind ähnliche Grund-überlegungen zu treffen, wie dies im Bereich des Stahlbetonbaus praktiziert wird [149]. Es wird im Rahmen dieser Arbeit von einer Mindest-Maschenweite ausgegangen, die direkt mit der Kornzusammensetzung der Matrix zusammenhängt. Eine ausreichende Penetration der Textilien mit dem Matrixmaterial kann erreicht werden, wenn die Maschenweite eine Mindestgröße aufweist, die dem zwei- bis dreifachen des Matrix-Größtkorns entspricht [200]. Die hier verwendeten Matrizen weisen ein Größtkorn von weniger als 1 mm auf. Die Matrizen können jedoch mit Quarzsand gestreckt werden, um eine bessere Durchlüftung zu erhalten, auch dies sollte berücksichtigt werden. Auf Basis einer konservativen Annahme wurde ein Größtkorn von 2-4 mm angenommen und daraus eine Maschenweite von 6-10 mm abgeleitet. Somit ist ein Einsatz auch mit anderen Matrixmaterialien gesichert. Eine weitere Grundsatzfrage war die Festlegung des Materials. AR-Glas der Firma Vetrotex wird in den Feinheiten 600 tex, 1200 tex und 2400 tex hergestellt. Da aufgrund der zu berücksichtigenden Erdbebenbeanspruchung mit einem hohen Lasteintrag zu rechnen ist, wurde ein AR-Glas Multifilamentgarn mit einer Feinheit von 1200 tex bei den bi-, tri- und quaddirektionalen Strukturen als hochfeste Faser verwendet. Alternativ wurde eine Carbonfaser mit einer Feinheit von 1600 tex bei den tridirektionalen Gewirken zum Vergleich hinzugezogen.

### 4.2.2.7  Textile Materialien für den hochdehnbaren Materialanteil

Die Wahl bei den hochdehnbaren Fasern wurde durch zahlreiche Kleinversuche am STFI gestützt. Nach einer Vorauswahl anhand einer Orientierungsprüfung an sechs unterschiedlichen Fäden aus PE und PP wurden vier aufgrund ihrer guten Zugfestigkeit und ihrer großen Bruchdehnung für weitere Tests ausgewählt.

Die in Tabelle 4.6 aufgeführten Werte sind Ergebnis der textiltechnischen Orientierungsprüfung nach DIN EN ISO 2062 [43]:

Tabelle 4.6: Prüfergebnisse am Fadenmaterial (PP) [114]

| Muster-Nr. | Material und Bezeichnung | Feinheit [tex] (Herstellerangabe) | Feinheit [tex] (Messung) | Höchstzugkraft [cN/tex] | Dehnung [%] |
|---|---|---|---|---|---|
| 1 | PE Folienband | 500 | 714 | 3,9 | 17,06 |
| 2 | PE Folienband | 2000 | 1632 | 2,23 | 31,62 |
| 3 | PP Multifilament | 600 | 639 | 6,27 | 17,81 |
| 4 | PP Spleißfolie | 500 | 505 | 3,29 | 3,89 |
| 5 | PP Spleißfolie grün | 4500 | 4434 | 2,39 | 6,02 |
| 6 | PP Multifilament | 66 | 65 | 3,22 | 72,56 |

Die Auswahl der zur Anwendung gekommenen hochdehnbaren Fasern basiert zum einen auf den durchgeführten Orientierungsprüfungen und andererseits auf einer anschließend durchgeführten Verarbeitbarkeitsstudie. Die in den hybriden Textilien für den hochdehnbaren Anteil benutzten Fasern sind:

- PP Multifilament 600 tex
- PP Multifilament 66 tex

Das PP-Multifilament 600 tex (Firma Sächsische Netzwerke Huck GmbH) ist ein Produkt, das vor dem Aufwinden verstreckt wird, so dass eine hohe Festigkeit mit dem Nachteil der geringeren Dehnbarkeit erreicht wird. Das PP Multifilament 66 tex (Firma Chemosvit Fibrochem A.S.) wird nach dem Herstellungsprozess nicht verstreckt, hat eine geringe Festigkeit und ein höheres Dehnungsvermögen. Diese Fasern wurden für die Verwendung bei den bi- und tridirektionalen Gewirken durch Kemafilieren weiterverarbeitet.

**Abbildung 4.16: Kemafiliertes Kernmaterial, PP3x600 tex (weiß) und Spleißfolie 4500 tex (grün) [114]**

In den folgenden Kapitel 4.2.2.8, 4.2.2.9 und 4.2.2.10 werden die verschiedenen Textilstrukturen aufgelistet und anhand der Anzahl der Faserorientierungen kategorisiert. Die Angaben werden durch Ergebnisse aus der Orientierungs- und Textilprüfung ergänzt.

## 4.2.2.8  Bidirektionale Bewehrungen

Für die bidirektionalen Flächenstrukturen wurde die nachfolgend skizzierte Gewirkebindungsart (Franse – Teilschuss „unter2 / unter5" – Stehschuss – Durchschuss) benutzt:

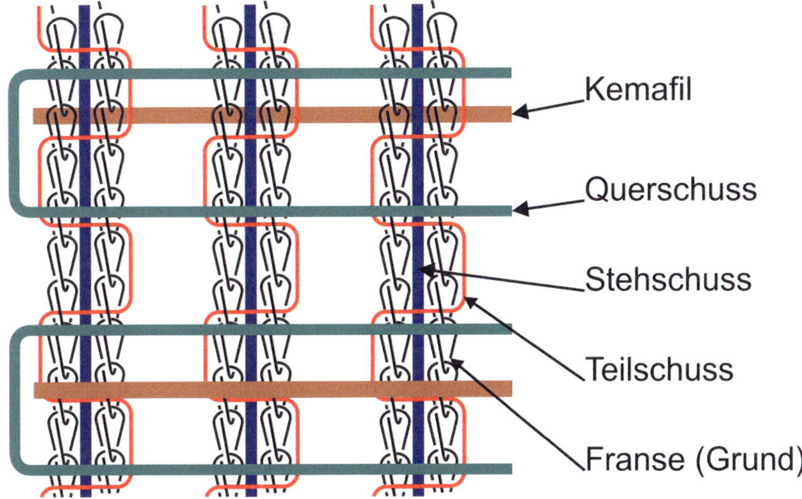


**Abbildung 4.17: Bindungsart bei bidirektionalen Textilien**

Im Zuge der experimentellen Untersuchung wurden die Änderungen des Verhaltens bei einer Variation bestimmter Parameter analysiert. Dies dient der Identifikation verhaltensbestimmender Parameter für die Verstärkungsmaßnahme. Folgende Parameter sind betroffen:

- Fasernachbearbeitung (z. Bsp. Kemafilierung)
- Finish (Fixierung oder ohne Finish)
- Hochdehnbare Faser (30 x 66 tex oder 3 x 600 tex)
- Einsatz von integrierten optischen Sensoren
- Hybrid oder nicht-hybrid
- Hochfeste Fasern (Carbon oder AR-Glas)

Um einen Vergleich mit marktüblichen Systemen zu erlauben, wurden darüber hinaus zwei zusätzliche Systeme in die Versuchsreihe aufgenommen. Die Textilien sind der Vollständigkeit halber in der nachfolgenden Tabelle unter Nr. 14 und 15 aufgeführt. Es handelt sich dabei um ein reines Carbon Flächengebilde (Gewebe) mit einem Gewicht von 375 g/m² sowie einem AR-Glas Gelege mit einem Gewicht von 225 g/m². Das AR-Glas Gelege wird unter dem Namen Mapegrid G220 von Mapei vermarktet.

**Tabelle 4.7: Bidirektionale Textilien**

| Nr. | Name | Typ | Hybrid | Finish | Material | | | Gewicht | Sensor |
|---|---|---|---|---|---|---|---|---|---|
| | | | | | 0° | 90° | +/-45° (+/-60°) | | |
| | | | | | | | | [g/m²] | |
| 1 | BIAX_1 | Biax & Kemafil | ja | unfixiert | AR-Glas 1200 tex / PP 600 tex | AR-Glas 1200 tex / PP 600 tex | | 301,4 | nein |
| 2 | BIAX_2 | Biax & Kemafil | ja | fixiert | AR-Glas 1200 tex / PP 600 tex | AR-Glas 1200 tex / PP 600 tex | | 339,0 | nein |
| 3 | BIAX_3 | Biax & Kemafil | ja | fixiert | AR-Glas 1200 tex / PP 66 tex | AR-Glas 1200 tex / PP 66 tex | | 329,2 | nein |
| 4 | BIAX_4 | Biax & Kemafil | ja | unfixiert | AR-Glas 1200 tex / PP 66 tex | AR-Glas 1200 tex / PP 66 tex | | 284,1 | nein |
| 5 | BIAX_5 | Biax & Kemafil | ja | fixiert | AR-Glas 1200 tex / PP 600 tex | AR-Glas 1200 tex / PP 600 tex | | 490,7 | nein |
| 6 | BIAX_6 | Biax | nein | fixiert | AR-Glas 1200 tex | AR-Glas 1200 tex | | 372,4 | POF |
| 7 | BIAX_7 | Biax | nein | fixiert | AR-Glas 1200 tex | AR-Glas 1200 tex | | 415,6 | POF |
| 8 | BIAX_8 | Biax | ja | fixiert | AR-Glas 1200 tex / PP 1320 tex | AR-Glas 1200 tex | | 345,2 | POF |
| 9 | BIAX_9 | Biax | ja | fixiert | AR-Glas 1200 tex / GRP Sticks 1 mm with distance | AR-Glas 1200 tex | | 285,1 | POF |
| 10 | BIAX_10 | Biax | ja | fixiert | AR-Glas 1200 tex / GRP Sticks 1 mm without distance | AR-Glas 1200 tex | | 297,7 | POF |
| 11 | BIAX_11 | Biax | ja | fixiert | AR-Glas 1200 tex / 20 GRP Sticks 1 mm with distance | AR-Glas 1200 tex | | 373,3 | POF |
| 12 | BIAX_12 | Biax | nein | fixiert | AR-Glas 1200 tex | AR-Glas 1200 tex | | 289,0 | POF |
| 13 | BIAX_13 | Biax | nein | fixiert | AR-Glas 1200 tex | AR-Glas 1200 tex | | 361,9 | FBG |
| 14 | BIAX_14 | Biax | nein | unfixiert | Carbon | Carbon | | 375,0 | nein |
| 15 | BIAX_15 | Biax | nein | fixiert | AR -Glas | AR-Glas | | 225,0 | nein |

## 4.2.2.9   Tridirektionale Bewehrungen

Durch die drei, aus unterschiedlichen Materialien bestehenden Faserrichtungen der tridirektionalen Bewehrung kann eine diagonale Verstärkung gesondert berücksichtigt werden. Der Einfluss der diagonalen Verstärkung wurde auch von Wallner in seiner Arbeit [189] bemerkt. Unterschiede beim Ansprechverhalten des Laminats wurden in Abhängigkeit der Faserrichtung des Verstärkungstextils (0°, 45°, 90°) festgestellt.

Der Bindungstyp der tridirektionalen Textilien (Bindungssystem: „Franse – „Teilschuss unter 2" - Stehschuss - Diagonalschuss") ist der folgenden Skizze zu entnehmen:

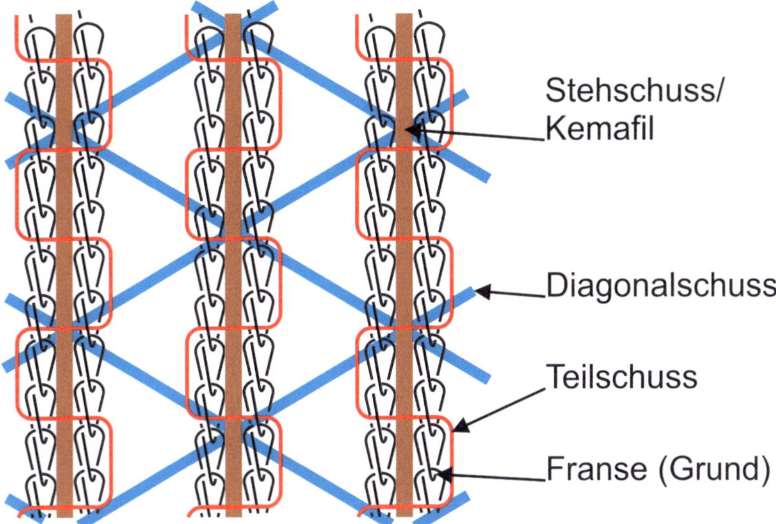


**Abbildung 4.18: Bindungsart bei tridirektionalen Textilien**

Vorteil dieser Bindungsart sind die ideal gestreckten Lagen des Diagonal- als auch des Stehschusses. Zur experimentellen Analyse wurden die folgenden Textilien für eine weiterführende Untersuchung ausgewählt:

**Tabelle 4.8: Tridirektionale Textilien**

| Nr. | Name | Typ | Hybrid | Finish | Material | | | Gewicht | Sensor |
|---|---|---|---|---|---|---|---|---|---|
| | | | | | 0° | 90° | +/-45° (+/-60°) | | |
| | | | | | | | | [g/m²] | |
| 16 | TRIAX_1 | Triax& Kemafil | ja | fixiert | AR-Glas 1200 tex / PP 600 tex | | AR-Glas 1200 tex | 364,1 | nein |
| 17 | TRIAX_2 | Triax& Kemafil | ja | fixiert | AR-Glas 1200 tex / PP 66 tex | | AR-Glas 1200 tex | 356,3 | nein |
| 18 | TRIAX_3 | Triax& Kemafil | ja | fixiert | AR-Glas 1200 tex / PP 600 tex | | AR-Glas 1200 tex | 438,1 | nein |
| 19 | TRIAX_4 | Triax& Kemafil | ja | fixiert | AR-Glas 1200 tex / PP 66 tex | | AR-Glas 1200 tex | 398,8 | nein |
| 20 | TRIAX_5 | Triax& Kemafil | ja | fixiert | Carbon 1600 tex / PP 600 tex | | PP 600 tex | 253,9 | nein |
| 21 | TRIAX_6 | Triax& Kemafil | ja | fixiert | Carbon 1600 tex / PP 600 tex | | AR-Glas 1200 tex | 299,1 | nein |

Bei der Herstellung der tridirektionalen Bewehrungen wurde eine Variation der Materialien vorgenommen, um den Einfluss eines höheren E-Moduls (Carbon) im Stehschuss festzustellen.

## 4.2.2.10  Quaddirektionale Bewehrungen

Tridirektionale Textilien weisen den Nachteil auf, dass entweder die horizontale Richtung oder die vertikale Richtung nicht verstärkt werden kann, wenn gleichzeitig eine symmetrische Bewehrung der Diagonalrichtungen erfolgt. Dieser Nachteil wird bei der Verwendung von Textilien mit mehr als drei Materialrichtungen aufgehoben.

Die hier zur Anwendung gekommene Bindungsart lässt sich der Abbildung entnehmen:

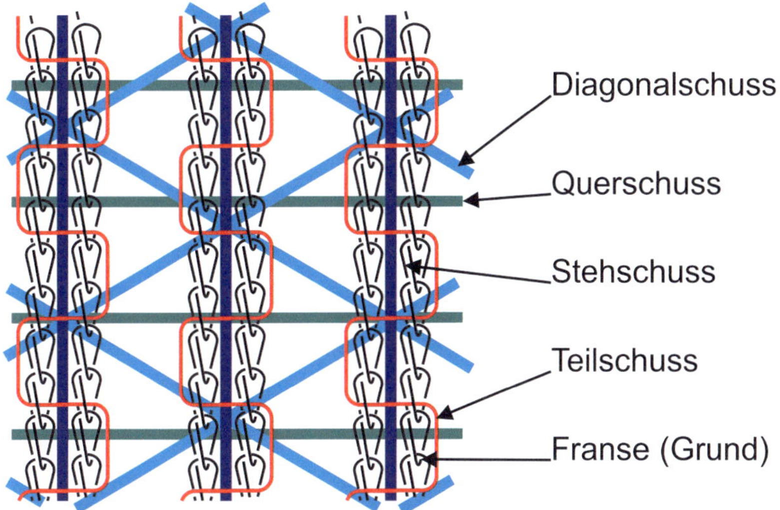


**Abbildung 4.19: Bindungsart quaddirektionale Textilien**

Eine Verstärkung aller zu berücksichtigenden Materialachsen kann explizit durch reine Zugkräfte in den Fasern bewerkstelligt werden. Durch die individuelle Belegung der 0° und 90° sowie der +/-45° Richtungen können unterschiedlichste Eigenschaften des Laminats erreicht werden. Bei identischer Belegung aller Materialachsen ergibt sich ein weitestgehend isotropes Verhalten. Andererseits kann auf die Grundstruktur des Mauerwerks und der prinzipiellen Unterschiede zwischen Stoss- und Lagerfugenüberbrückung explizit eingegangen werden. Durch die unabhängige Wahl der Verstärkungsfasern in jeder Materialachse kann eine Anpassung für jede Richtung des anisotropen Verhaltens von Mauerwerk erfolgen. Eine ideale, richtungsspezifische Verstärkung ist möglich. Im Zuge der experimentellen Unter-suchungen wurden die folgenden, quaddirektionalen, flächigen Textilien untersucht:

**Tabelle 4.9: Quaddirektionale Textilien**

| Nr. | Name | Typ | Hybrid | Finish | Material 0° | 90° | +/-45° (+/-60°) | Gewicht [g/m²] | Sensor |
|---|---|---|---|---|---|---|---|---|---|
| 22 | QUAD_1 | Quadrax | nein | fixiert | AR-Glas 1200 tex | AR-Glas 1200 tex | AR-Glas 1200 tex | 373,2 | POF |
| 23 | QUAD_2 | Quadrax | ja | fixiert | AR_glass 1200 tex / 2 GRP profiles ("wide openings") / POF | AR-Glas 1200 tex | AR-Glas 1200 tex | 347,0 | POF |
| 24 | QUAD_3 | Quadrax | ja | fixiert | AR_glass 1200 tex / 1 GRP profiles ("dense openings") /POF | AR-Glas 1200 tex | AR-Glas 1200 tex | 306,7 | POF |
| 25 | QUAD_4 | Quadrax | nein | fixiert | AR-Glas 1200 tex | AR-Glas 1200 tex | AR-Glas 1200 tex | 586,2 | FBG |
| 26 | QUAD_5 | Quadrax | nein | fixiert | AR-Glas 1200 tex | AR-Glas 1200 tex | AR-Glas 1200 tex | 587,7 | POF |
| 27 | QUAD_6 | Quadrax | ja | fixiert | AR-Glas 1200 tex / PP 600 tex | AR-Glas 1200 tex | PP 600 tex | 425,6 | POF |
| 28 | QUAD_7 | Quadrax | nein | unfixiert | AR-Glas 1200 tex | AR-Glas 1200 tex | AR-Glas 1200 tex | 373,2 | POF/FBG |
| 29 | QUAD_8 | Quadrax | nein | unfixiert | AR-Glas 1200 tex | AR-Glas 1200 tex | AR-Glas 1200 tex | 586,2 | POF/FBG |
| 30 | QUAD_9 | Quadrax | nein | unfixiert | AR-Glas 1200 tex | AR-Glas 1200 tex | AR-Glas 1200 tex | 587,7 | POF/FBG |
| 31 | QUAD_10 | Quadrax | ja | unfixiert | AR-Glas 1200 tex / PP 600 tex | AR-Glas 1200 tex | PP 600 tex | 425,6 | POF/FBG |

Eine textilphysikalische Untersuchung zur Analyse der mechanischen Parameter erfolgte in Orientierungsproben an allen Textilien (bi-, tri- und quaddirektional). Die Messungen wurden unter Anlehnung an die DIN EN 10319-1 [39] durchgeführt. Die Prüfung erfolgte normgerecht an Prüfkörpern der Breite 150-200 mm (je nach Rapport). Eine Umrechnung auf die Einheitsbreite von einem Meter erfolgte in den Protokollen, um die Vergleichbarkeit zu wahren. Exemplarisch sind hier die

Prüfergebnisse der tridirektionalen Strukturen gegeben. Besonders die hohen Längszugkräfte der Carbonfasern fallen auf. Dabei wird auch die deutlich geringere Dehnung bei einem Erstbruch sichtbar:

**Tabelle 4.10: Prüfergebnisse tridirektionale Textilien**

| Name | Materialprüfungen | | | | | |
|---|---|---|---|---|---|---|
| | Bruchkraft Längsfaser 1 (Carbon/Glas) | Dehnung Erstbruch längs | Bruchkraft Längsfaser 2 (PP) | Dehnung Zweitbruch längs | Bruchkraft Querfaser 1 oder Diagonalfaser | Dehnung quer 1 |
| | [kN/m] | [%] | [kN/m] | [%] | [kN/m] | [%] |
| TRIAX_1 | 70,00 (G) | 3,4 | 30 | 12 | 30,76 (G) | 2,9 |
| TRIAX_2 | 73,00 (G) | 2,9 | 18 | 9 | 30,76 (G) | 2,9 |
| TRIAX_3 | 83,50 (G) | 2,5 | 60 | 12 | 23,60 (G) | 4,4 |
| TRIAX_4 | 51,00 (G) | 3,3 | 30 | 16 | 23,60 (G) | 4,4 |
| TRIAX_5 | 118,00 (C) | 1,9 | 30 | 7 | 16,00 (PP) | 14 |
| TRIAX_6 | 112,00 (C) | 2,1 | 32 | 7 | 24 (G) | 3 |

Das Versagen der zwei Fasertypen lässt sich eindeutig zuordnen. Nach dem Erstbruch des Bewehrungsmaterials Glas oder Carbon (erstes lokales Maximum) kommt es im weiteren Belastungsverlauf zu erneuten, kleineren Kraftanstiegen und schließlich zu einer Plateaubildung. Die Kraft befindet sich dort auf einem nahezu konstanten Niveau bis zu einer Dehnung von ca. 16 %. Der Graph (Abbildung 4.20) verdeutlicht die Funktionsweise des hybriden Textiles. Es wird deutlich, dass durch weiteren Verformungseintrag nach dem Erstbruch die erwünschten Effekte Dehnung und Gleiten in den Kemafilsträngen stattfinden. Diese Effekte sind jedoch messtechnisch nur schwer abzubilden. Die Angabe „Dehnung bei Zweitbruch" ist durch die langgestreckte Plateaubildung, bei der es kaum Kraftabfall oder -anstieg gibt, schwer zu ermitteln. Die Messtechniksoftware gibt hier nur einen Zahlenwert als Maximalpunkt aus. Die Dehnung musste manuell anhand der grafischen Auswertung ermittelt werden. Dazu wurde die Länge des Plateaus gemittelt und die dazugehörige Dehnung abgelesen. Diese Angaben weisen aufgrund dessen lediglich Orientierungscharakter auf. Die Zweistufigkeit im Bruchverhalten zur Generierung des pseudoduktilen Verhaltens wird bei allen abgebildeten Bruch-Dehnungs-Diagrammen deutlich. Dabei ist die Höhe der Bruchkraft-Maxima von der Materialwahl abhängig (Art und Feinheit sowie Anteile der jeweiligen Materialien).

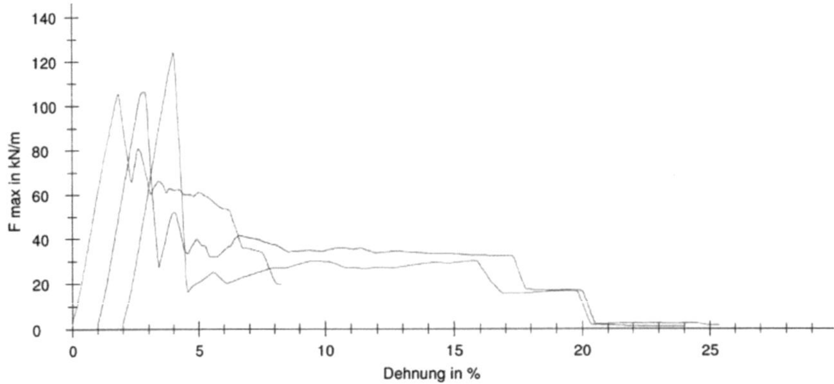


**Abbildung 4.20 Prüfergebnis TRIAX_05 [114]**

Erwartungsgemäß haben die Muster mit Carbon als Bewehrungsmaterial trotz geringerer Gewichtsanteile an hochfesten Fasern mit Abstand die höchste Bruchkraft bei den Tests erreicht.

## 4.3 Verbundwerkstoff textilverstärkter PCC-Mörtel

Verbundwerkstoffe sind Materialien, die aus mindestens zwei unterschiedlichen Phasen oder Komponenten bestehen. Man unterscheidet künstliche oder natürliche Verbundwerkstoffe. Die Verbindung zweier unterschiedlicher Materialien zu einem Verbundwerkstoff soll ein Materialverhalten hervorbringen, das im Gegensatz zu den Einzelmaterialien ein verbessertes Verhalten aufweist. So wird durch Zugabe von Stahl in Stahlbeton die Schwäche von Beton, Zugspannungen schlecht aufnehmen zu können, ausgeglichen. Im folgenden Absatz wird die technische Modellbildung von Kompositwerkstoffen dargestellt und die entsprechenden Werkzeuge bereitgestellt.

Das mechanische Verhalten von textilverstärkten PCC-Mörteln als Verbundwerkstoff richtet sich stark nach deren Komponenten. Verschiedene Ansätze zur Berechnung des Gesamtverhaltens existieren. Auf die klassische Laminattheorie sowie weiter entwickelter Bruch- und Versagensmodelle von Laminaten soll im Rahmen dieser Arbeit nicht vertiefend eingegangen werden. Hinreichend Literatur besteht mit [139, 5, 140, 56, 28, 141; 22].

Im Folgenden werden die für die Herleitung der Materialparameter notwendigen Grundlagen gegeben.

Die Materialparameter von Laminaten lassen sich ohne Berücksichtigung des Nachbruchverhaltens anhand der Klassischen Laminattheorie (CLT) gut beschreiben.

Neben den Platten- und Schubsteifigkeiten lassen sich die Spannungen von einem ebenen Verbundwerkstoff berechnen. Dabei bleibt zu berücksichtigen, dass die CLT keine Randeffekte oder lokale Diskontinuitäten bei den Lasteinleitungsstellen berücksichtigt. Vor dem Hintergrund der laminaren Applikation der hier verwendeten Verstärkungsmaßnahmen, scheint dies jedoch nicht notwendig. Die Anwendung der CLT setzt die folgenden Annahmen voraus:

- Theorie 1. Ordnung
- Geringe Verformungen
- Gültigkeit der Bernoullischen Annahmen
- Laminatdicke sehr klein im Vergleich mit den Abmessungen in den beiden Materialachsen in der Laminatebene
- Idealer Verbund zwischen den Komponenten
- Ebener Spannungszustand

Die Berechnung, der für die Laminatbeschreibung benötigten Ingenieurskonstanten, basiert auf den schichtweisen Scheibensteifigkeitsmatrizen, Plattensteifigkeitsmatrizen sowie einer Koppelsteifigkeitsmatrix, die in das globale Koordinatensystem transformiert wurden.

Die Scheiben- und Plattensteifigkeitsmatrizen lassen sich unter Verwendung einer Summation der Eigenschaften der Faser- und Matrixanteile erreichen. Im Folgenden wird beispielhaft die für diese Anwendung wichtige Berechnung der E-Moduln in Faserlängsrichtung dargestellt:

Der Berechnung liegt ein idealer Verbund zugrunde. Dies resultiert in einer gleichen Dehnung aller Querschnittsteile.

$$\varepsilon_{Faser} = \varepsilon_{Matrix} = \varepsilon_{total} \tag{4.1}$$

Aufgrund der unterschiedlichen E-Moduln ist die Kraft, die aufgrund der Dehnung aufgenommen wird, unterschiedlich. So erfahren die Faserquerschnitte (insbesondere Carbon und AR-Glas) aufgrund des größeren E-Moduls höhere Spannungen als die Matrixanteile.

Es wird ein linear elastisches Verhalten nach Hooke zur Berechnung des Gesamt E-Moduls angenommen.

$$\sigma_{Faser} = E_{Faser} \cdot \varepsilon_{total}$$
$$\sigma_{Matrix} = E_{Matrix} \cdot \varepsilon_{total} \tag{4.2}$$

Die Berechnung der Komponentenkräfte berücksichtigt die jeweiligen Querschnittsflächenanteile und ermöglicht dadurch die Berechnung der Gesamtkraft

$$F_{Verbund} = F_{Matrix} + F_{Faser} = \sigma_{Matrix} \cdot A_{Matrix} + \sigma_{Faser} \cdot A_{Faser} \tag{4.3}$$

Der effektive E-Modul des Verbundwerkstoffs lässt sich somit für unidirektionale Schichten mit

$$E_{eff} = \frac{E_{Matrix} \cdot A_{Matrix} + E_{Faser} \cdot A_{Faser}}{A} \tag{4.4}$$

berechnen. Die Ingenieurskonstanten ergeben sich anschließend aus der Bildung der Inversen. Die unmodifizierte CLT wird heutzutage als bekannt vorausgesetzt, berücksichtigt jedoch nichtlineare Einflüsse von Spannungs-Verzerrungs-Zusammenhängen nicht [139]. Anhand der Ingenieurskonstanten kann eine Analyse des globalen Verhaltens des Verbundwerkstoffs direkt berücksichtigt werden. Sollen hingegen die interlaminaren Spannungen berücksichtigt werden, sind weitere Rechenschritte notwendig.

# 5 Experimentelle Untersuchung

Die experimentellen Untersuchungen zu textilverstärktem Mauerwerk stellen den Hauptteil der Arbeit dar. Die durchgeführten Versuche dienen dem Verständnis zwischen Ursache (Applikation der textilen Verstärkungsschichten) und Wirkung (Änderungen im Nachbruchverhalten, Erhöhung der maximalen Scheibenbelastung) der Verstärkungseffekte durch FVW auf Mauerwerkskörpern. Aufgrund der Komplexität des Werkstoffs „textilverstärktes Mauerwerk" sind Untersuchungen anhand experimentell abgebildeter Modellsituationen unerlässlich.

Durch Erdbeben werden horizontale und vertikale Bodenbeschleunigungen hervorgerufen (Kapitel 2). Gebäude sind aufgrund der bei der Bemessung vorwiegend berücksichtigten Schwerelasten und ausreichender normativer Berücksichtigung in vertikaler Richtung meist hinreichend dimensioniert. Schäden an den Strukturen werden deshalb unter Erdbebenbelastung hauptsächlich durch horizontale Beanspruchungen hervorgerufen. Horizontale Beschleunigungen bewirken in Mauerwerkswänden zweierlei Beanspruchungen: zum einen Platten- und Biegebelastungen, zum anderen eine Scheibenbelastung in Richtung der Wandmittelebene.

Inhalt dieser Arbeit ist in erster Linie die Erhöhung der Systemduktilität von schubbelasteten Mauerwerkswänden auf Bauteilebene (Kapitel 2.3). Dadurch kann im Falle eines Erdbebens gegebenenfalls ein Versagen des Bauteils und somit des Gesamtsystems vermieden werden (Erhöhung der lokalen Duktilität).

Die Erhöhung der aufnehmbaren, horizontalen Lasten wird durch Verwendung hybrider Textilien mit multidirektionalen Faserrichtungen erreicht (Kapitel 4.2.2). Eine Analyse der unterschiedlichen Textilien erfordert Versuchsaufbauten unterschiedlicher Größe, die in der Lage sind, die Situation realitätsnah abzubilden. Während Kleinversuche an Mauerwerksausschnitten primär der Untersuchung der Materialeigenschaften des verstärkten Mauerwerks dienen, wird an Versuchsaufbauten mit einer Wandhöhe von 1,25 m das Verhalten der verstärkten Mauerwerksscheiben im Gesamten betrachtet. Der Einfluss unterschiedlicher Normalspannungszustände in vertikaler Richtung wird anhand von geschosshohen Mauerwerkswänden untersucht (2,5 m x 2,5 m x 0,24 m). Zur Konzeptionierung der Versuchsaufbauten, der Durchführung sowie der beobachteten Ergebnisse wird das folgende Kapitel Aufschluss geben.

Das Kapitel beginnt mit einer Übersicht der durchgeführten Forschungsarbeiten zur experimentellen Untersuchung von verstärkten und unverstärkten, geschosshohen Mauerwerksscheiben und kleinformatigen Mauerwerksausschnitten. Im weiteren Verlauf werden die im Zuge dieser Arbeit verwendeten und konzipierten Versuchsaufbauten vorgestellt. Abgeschlossen wird dieses Kapitel mit einer Zusammenfassung der Versuchsergebnisse.

# 5.1 Stand der Technik

Zur Analyse des Materialverhaltens von bewehrtem und unbewehrtem Mauerwerk wurden in früheren Studien experimentelle Untersuchungen an biaxial belastetem Mauerwerk unter Schubbeanspruchung durchgeführt. Die Erkenntnisse und Ergebnisse der Forschungen auf diesem Gebiet fließen in die Gestaltung der eigenen Versuchsaufbauten ein. Diese werden im weiteren Verlauf in Kapitel 5.2 vorgestellt.

Die detaillierte Darstellung der Versuchsergebnisse vorheriger Untersuchungen ist nicht Bestandteil dieses Kapitels. Ergebnisse dazu finden explizit in Kapitel 4.1.1 Erwähnung. In Kapitel 5.1 steht der mechanische Aufbau der Versuchsaufbauten und die zu erwartenden Verformungen und Belastungen durch das Mauerwerk im Vordergrund.

## 5.1.1 Unbewehrtes Mauerwerk

### 5.1.1.1   König/Mann/Ötes

König/Mann/Ötes [93] untersuchten 1988 das Verhalten von biaxial beanspruchten Wandscheiben anhand von zehn Versuchskörpern. Die realmaßstäblichen Wände hatten die Abmessungen 1,25 m x 1,14 m x 0,115 m. Die während der Versuche veränderten Parameter waren: a) Variation der Mauersteine, b) Variation der vertikalen Auflast, c) statische/dynamische Versuchsdurchführung. Die zur Anwendung gekommenen Mauersteine waren KSV 2DF mit einer Rohdichte von 1,8 kg/dm³ mit und ohne Grifflöcher (Steindruckfestigkeiten 12 und 28 N/mm²) sowie einem Poroton-Ziegel der Rohdichte 0,9 kg/dm³ (Steindruckfestigkeit 12 N/mm²). Die vertikalen Auflasten bewegten sich dabei im Rahmen von 0,3 N/mm² bis 1,5 N/mm². Der Versuchsaufbau ist Abbildung 5.1 zu entnehmen

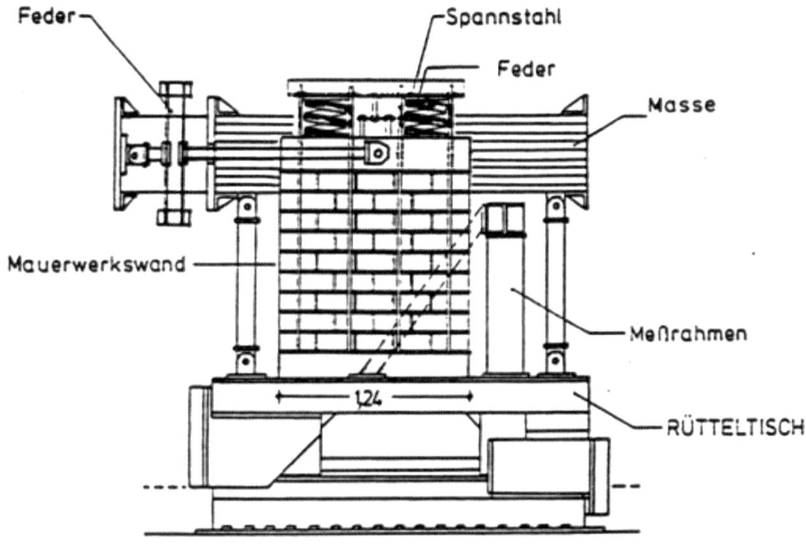


**Abbildung 5.1: Versuchsaufbau nach König [93]**

Die zyklischen Versuche wurden in der Zusammenfassung statisch genannt. Ein direkter Vergleich der statischen mit den dynamischen Versuchsergebnissen der Rütteltischversuche ergab, dass während des ungerissenen Zustands und der Biegerissbildung ein ähnliches Trag- und Verformungsverhalten erreicht werden konnte. Unterschiede waren vorwiegend in der vermehrten Rissbildung bei dem statischen Versuch zu bemerken. Nach Ansicht der Autoren finden diese ihren Ursprung in der durch den langsameren zeitlichen Ablauf begünstigten stärkeren Umverteilung der inneren Kräfte. Des Weiteren stellten die Autoren fest, dass neben der vertikalen Auflast ein entscheidender Faktor für die Versagensart das Verhältnis zwischen Mauersteinfestigkeit und Mörtelfestigkeit ist. Eine Beeinflussung der Versagensart kann sich während der Bemessungsphase durch diese Parameter realisieren lassen. Die Autoren stellten Verhaltensfaktoren (q) von 1,0 bis 1,3 fest. So konnten bei Steinrissen lediglich Verhaltensfaktoren von 1,0 festgestellt werden, während bei Versagen der Fugen eine Erhöhung des Verhaltensfaktors auf bis zu 1,3 feststellbar war.

## 5.1.1.2  Löring

Löring untersuchte in seiner Arbeit [99] elf Mauerwerkswände an einem Versuchsaufbau mit variablem Kopfmoment. Während die Normalkraft durch Spannglieder mit weicher Federlagerung aufgebracht wurde, kontrollierten und steuerten zwei Vertikalzylinder die Größe des Kopfmomentes.

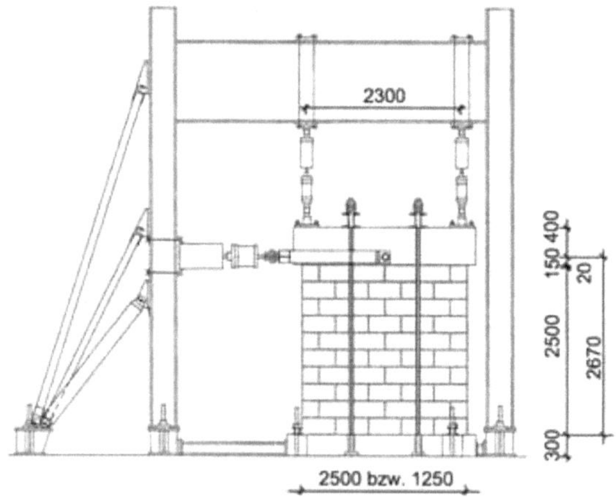


**Abbildung 5.2: Versuchsstand Universität Dortmund [99**

Die Simulation der Erdbebeneinwirkung erfolgte quasi-statisch über den Kopfbalken (Abbildung 5.2). Eine Normalkraft wurde in Höhe von 120 bis 220 kN aufgebracht. Eine Fixierung der horizontalen Lage erfolgte zusätzlich durch Spannstangen.

### 5.1.1.3 Schermer

Ziel der Arbeit von Schermer [147] war das Trag- und Verformungsverhalten von unbewehrtem Mauerwerk realitätsnah zu untersuchen. Schermer untersuchte das Mauerwerksverhalten anhand zahlreicher Kleinversuche zur Quantifizierung der Materialeigenschaften. Des Weiteren führte Schermer experimentelle Versuche an geschosshohen Schubwänden aus Mauerwerk durch. Die Belastung erfolgte dabei horizontal und vertikal. Die Steuerung der horizontalen Belastung wurde durch einen pseudodynamischen Algorithmus realisiert, während die vertikale Belastung je nach Versuch unterschiedlich behandelt wurde. Zur Simulation von Einmassenschwingersystemen brachte Schermer eine Gleichlast in vertikaler Richtung auf (Abbildung 5.4). Bei Mehrmassenschwingersystemen erfolgte eine getrennte Ansteuerung zweier vertikaler Zylinder zur Lastaufbringung und Kontrolle des Kopfmoments (Abbildung 5.3). Schermer untersuchte zehn geschosshohe Mauerwerkswände und variierte dabei die Materialien ebenso wie den Versuchsaufbau selbst. Betrachtet wurden dabei ein dreigeschossiges Reihenmittelhaus sowie ein Wohngebäude mit vier oberirdischen Stockwerken als repräsentative Bauwerke.

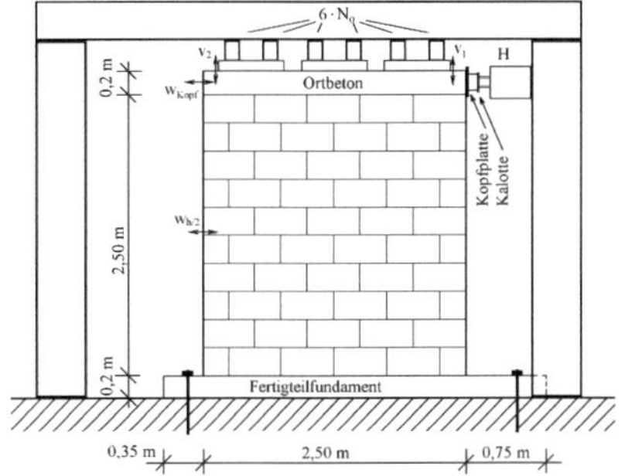

**Abbildung 5.4: Versuchsstand für Einmassenschwingersystem [147]**

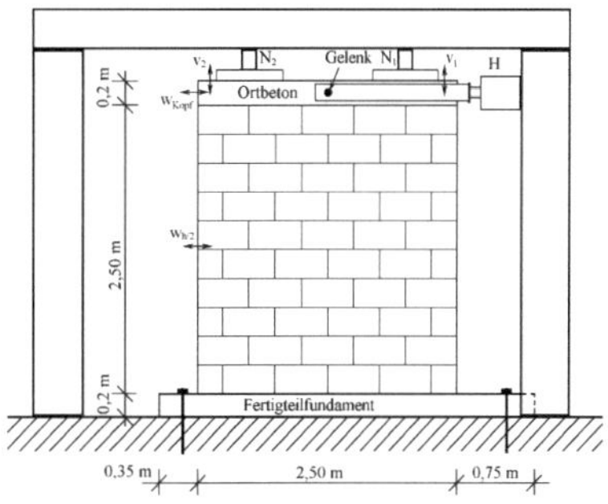

**Abbildung 5.3: Versuchsstand für Mehrmassenschwingersystem [147]**

Die oberen Geschosse wurden hierbei lediglich als Substruktur numerisch berücksichtigt.

Schermer stellte in seinen Versuchen fest, dass die Beschreibung mit isotropen Eigenschaften und E-Moduln (Werte aus der Beanspruchungsrichtung senkrecht zu den Lagerfugen) selbst bei ungerissenem Querschnitt ein deutlich zu steifes Verhalten lieferte. So konnte eine Halbierung der ersten Eigenfrequenz bei Kragscheibensystemen festgestellt werden.

Des Weiteren verglich Schermer die anhand der gemessenen Wandsteifigkeiten zu erwartenden Horizontalkräfte mit denen, die tatsächlich gemessen wurden. Er stellte dabei fest, dass die tatsächlich auf eine Wand wirkenden Kräfte deutlich geringer sind, als man durch deren Steifigkeit vermutet hätte (Faktor im Mittelwert 1,5 bis 2,8).

### 5.1.1.4  ESECMaSE

ESECMaSE war ein Forschungsprojekt im 6. Rahmenprogramm der EU. Ziel des Forschungsprojekts war die umfassende Untersuchung der aktuellen Schubbemessung, die im Zuge der neuen Normierung zu Schwierigkeiten bei der Nachweisführung führte, da durch die neue Normierung eine Erhöhung der Bemessungslasten für den Belastungsfall Erdbeben erfolgte. Berücksichtigt wurden dabei Wind- sowie Erdbebenlasten (EC1 und EC8).

Die grundlegende Untersuchung des Schubverhaltens von Mauerwerkswänden erstreckte sich über mehrere Teilprojekte. Das für diesen Teil der Arbeit interessante Kapitel ist über die Entwicklung von Prüfverfahren zur Ermittlung der Schubtragfähigkeit von Mauerwerkswänden. Hauptaugenmerk wurde dabei auf die tatsächlichen Spannungszustände im Gebäude gelegt.

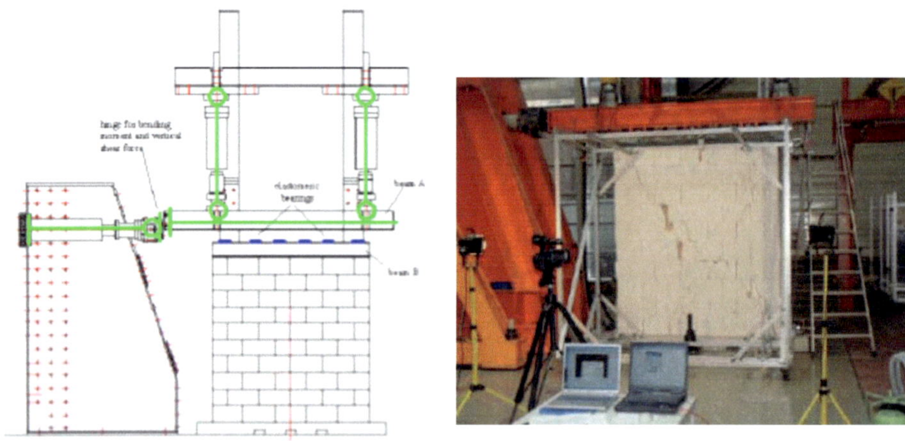

**Abbildung 5.5: Versuchsaufbau nach ESECMaSE**

**[197]**

Zur Gewährleistung der Vergleichbarkeit wurde im Zuge des ESECMaSE Projekts ein Versuchsaufbau verwendet, der ein veränderbares Kopfmoment aufbringen kann (Abbildung 5.5). Ein sich ähnelnder Aufbau wurde an allen beteiligten Forschungsstellen benutzt. Grundprinzip besteht in der Generierung des Momentennullpunkts im Bereich des Wandmittelpunkts [197]. Das neue Prüfverfahren wurde an 100 statisch zyklischen Schubversuchen an geschosshohen Schubwänden durchgeführt. Dabei wurden die folgenden Parameter variiert:

- Wandlänge
- Auflast
- Steinart und Steineigenschaften sowie Mörtelart
- Exzentrizität der Vertikallast

Die Großversuche zeigten, dass sich durch Berücksichtigung der Interaktionen mit benachbarten Bauteilen (Decken) höhere Tragfähigkeiten für die Gesamtstruktur nachweisen lassen, als sich dies bei Betrachtung einer Einzelwand ergeben würde. Der Ursprung liegt dabei in der erhöhten Normallast. Der Zusammenhang ist jedoch nicht proportional. Der im EC8 definierte Verhaltensfaktor q wurde bestätigt. Des Weiteren enthalten die Dokumente zu dem Projekt (www.esecmase.org) umfangreiche Literatursichtungen zu weiteren Versuchen und Versuchsaufbauten an Mauerwerkswänden oder Wandausschnitten.

## 5.1.2 Verstärktes Mauerwerk

### 5.1.2.1   Schwegler

Schwegler [167] untersuchte das Verhalten von textilverstärktem Mauerwerk anhand von Mauerwerksausschnitten der Dimension 3,60 m x 2,01 m x 0,15 m.

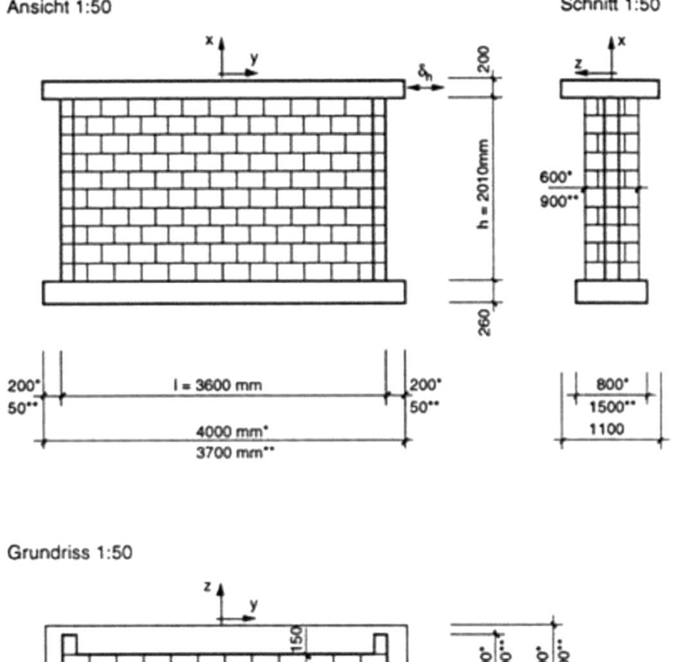


**Abbildung 5.6: Versuchsaufbau nach Schwegler [167]**

Schwegler belastete die Mauerwerksausschnitte durch eine konstante vertikale Auflast (Abbildung 5.6). Die Aufbringung der Schublasten erfolgt durch eine weggesteuerte Verformung des oberen Stahlbetonbalkens. Eine Prüfung erfolgte dabei mit fünf bis neun Verformungsstufen, wobei jede Stufe aus zehn

Verformungszyklen besteht. Schwegler ging aufgrund der großen Anzahl an Verformungszyklen von einer im Vergleich mit einem realen Erdbeben deutlich größeren Belastung aus. Eine Zusammenfassung der Ergebnisse der Versuche an verstärkten Mauerwerkskörpern findet sich in Kapitel 4.1.1.1.

### 5.1.2.2   Laursen

Laursen et al. [96] führten ihre Versuche an einem Versuchsstand durch, der in der Lage war beliebige Kopfmomente aufzubringen.

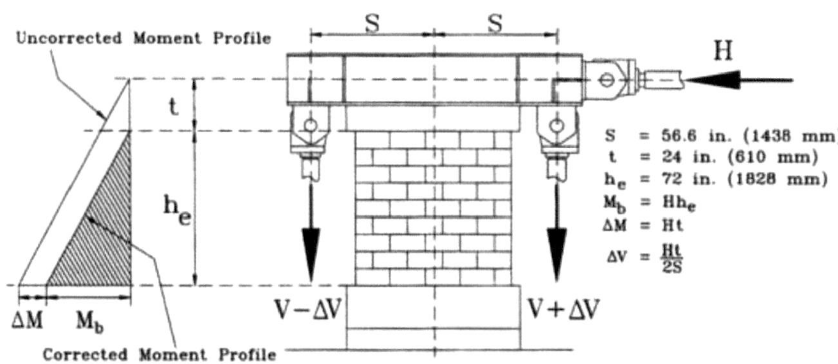


**Abbildung 5.7: Versuchsaufbau und Momentenkorrektur nach Laursen [96]**

Dabei verwendeten Laursen et al. für die Aufbringung der Vertikallast zwei 165 kipf Zylinder (~2 x 733 KN) sowie einen 150 kipf Zylinder zur Applikation der horizontalen Verschiebung (Abbildung 5.7). Die Steuerung der Vertikallast fand ebenso wie bei dem ESECMaSE Projekt in Abhängigkeit der horizontalen Verschiebung statt. Die Fixierung des Moments zu Null wurde bei diesem Aufbau jedoch an der Oberkante des Mauerwerkskörpers vollzogen, statt in der Mauerwerkskörpermitte.

### 5.1.2.3   El Gawady

El Gawady führte im Zuge seiner Dissertation [47] Versuche an einem Versuchsstand auf, der horizontale Lasten über zwei seitlich liegende Zylinder in den Stahlbetonbalkenoberbau einleitet. Die Versuchskörper wiesen eine Breite von 1,57 m auf. Die Höhe variierte zwischen 0,84 m und 1,055 m. Eine Fixierung der horizontalen Lage des oberen Kopfbalkens wurde bei den statischen Versuchen durch einen darüber liegenden Stahlträger durch direkten Kontakt realisiert (Abbildung 5.8).

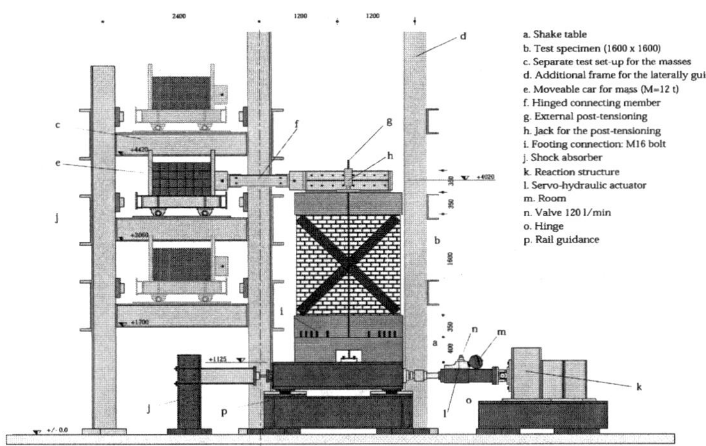



*Figure 2.1:    Test Set-Up*

**Abbildung 5.8: Versuchsaufbau nach El Gawady [47]**

## 5.1.2.4   Wallner

Wallner [189] untersuchte das Verhalten von Mauerwerk anhand von Kleinversuchen und an geschosshohen Wänden. Die Abmessungen der Wandversuchskörper betrugen 2,5 m x 2,5 m. Der Mauerwerksversuchskörper wurde unten sowie oben durch Stahlbetonbalken flankiert. Eine realitätsnahe Simulation der anstehenden Bauteile wurde somit gewährleistet. Zur Aufbringung der vertikalen Lasten wählte Wallner hydraulische Zylinder, die eine konstante vertikale Auflast aufbringen. Einem Kippen des oberen Stahlbetonbalkens wirkte Wallner durch seitlich angebrachte Stahlstäbe entgegen (Abbildung 5.9).

Der Aufbau von Wallner ermöglichte des Weiteren eine zyklische, horizontale Belastung unter Berücksichtigung der dynamischen Beanspruchung durch Verwendung eines impliziten pseudodynamischen Algorithmus.

Eine übersichtliche Darstellung der umfangreichen Versuchsergebnisse befindet sich in Kapitel 4.1.1.7.

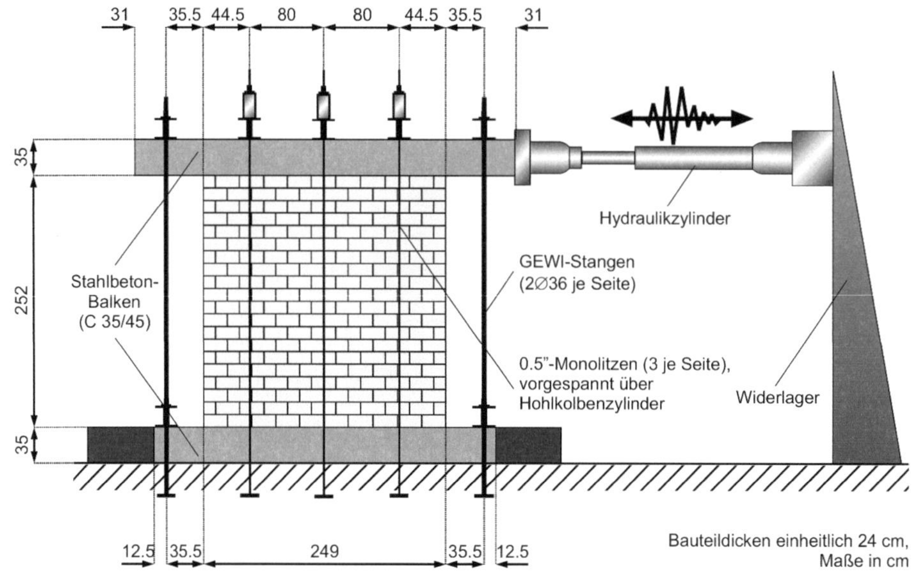


**Abbildung 5.9: Versuchsaufbau [189]**

# 5.2 Aufbauten eigener experimenteller Untersuchungen

Die Übersicht der Versuchsaufbauten aus Kapitel 5.1 wird als Grundlage zur Konzeptionierung der eigenen Versuche gewählt.

Die experimentellen Untersuchungen im Rahmen dieser Arbeit wurden anhand unterschiedlicher, verschieden großer Versuchsaufbauten durchgeführt. Durch Kleinversuche an ein- und drei-Stein-Versuchskörpern wurden ergänzend zahlreiche Versuche zur Analyse der Materialeigenschaften durchgeführt. Die Kleinversuche untersuchten das Mode I und Mode II Rissverhalten. Dabei stand weniger die Ermittlung materialspezifischer Kennwerte der Mauerwerkskomponenten im Vordergrund. Vielmehr erfolgte eine Optimierung der FVW-Eigenschaften. Die Kleinversuchsstände orientierten sich neben der Normung auch an der von Wallner durchgeführten Studie.

Anhand der mittelgroßen und großen Versuchsstände wird das Verhalten eines Mauerwerkwandausschnitts als Ganzes betrachtet.

Der Winkel der Textilrichtung auf dem Mauerwerk wird wie folgt eingeführt: eine 0°-Applikation steht für eine horizontale Ausrichtung der Maschinenrichtung des Textil auf der Mauerwerksoberfläche. Die Unterscheidung in Diagonal- und Orthogonal-verband ergibt sich dann direkt aus der Definition der 0° Richtung (Abbildung 5.10) und einem Anwachsen des Winkels gegen den Uhrzeigersinn.

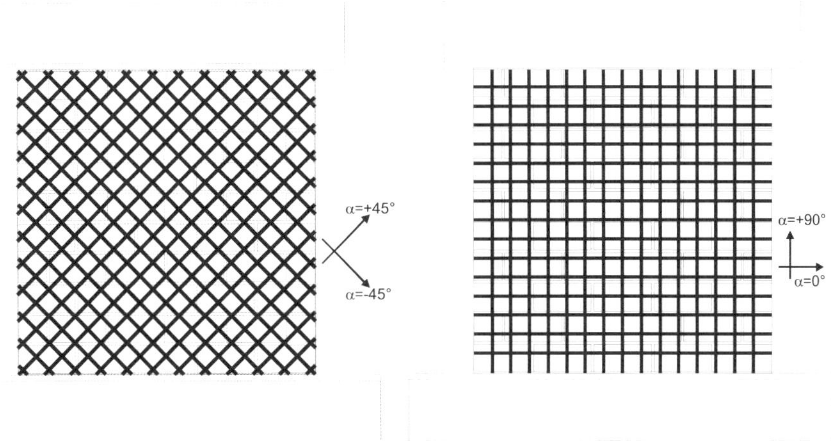


**Abbildung 5.10: Diagonal- und Orthogonalverband bei textilverstärktem Mauerwerk**

Im Folgenden werden die eigenen Versuchsaufbauten dargestellt.

## 5.2.1 Kleinversuche

Zur Ermittlung der Eigenschaftswerte der Mauerwerkskomponenten wurden unter Anderem DIN konforme Versuche durchgeführt. Wie schon in Kapitel 1 erwähnt, wurden Versuche zur Bestimmung der Mauersteindruckfestigkeit und der Mörteldruckfestigkeit ebenso durchgeführt, wie Versuche zur Bestimmung der E-Moduln der Mauerwerkskomponenten. Auf diese DIN-Versuchsaufbauten soll im Weiteren nicht eingegangen werden. Die Versuchsaufbauten sowie die Gestaltung der Durchführung können der Normung [42, 38, 35] entnommen werden. In weiteren Versuchen wurde das Mode I und Mode II Rissverhalten (Abbildung 5.11) an Mauerwerkskleinkörpern untersucht.

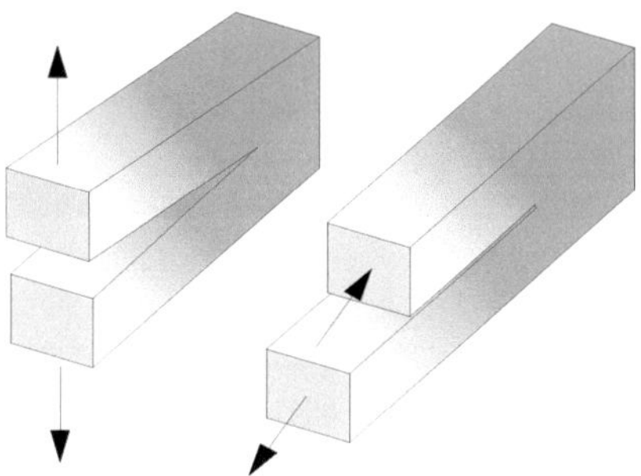

**Abbildung 5.11: Mode I und Mode II**

### 5.2.1.1  Mode I

Mode I Risse entstehen bei Mauerwerk durch Öffnen eines Risses in der Stossfuge, der Lagerfuge oder innerhalb eines Mauersteins. Dabei erfolgt eine Rissöffnung rechtwinklig zur Rissebene.

Der Versuchskörper besteht aus zwei Steinhälften, deren Seiten symmetrisch mit Laminat verstärkt wurden. Die Lasteinleitung erfolgt über die an den Versuchskörper geklebten Stahlplatten (Abbildung 5.12). Zur Anwendung sind Kalksandvollsteine (KSV) des Formats 2DF mit einer Druckfestigkeit von 20 N/mm² (Herstellerangabe) gekommen.

Der Versuchsaufbau ermöglicht die Quantifizierung des rissüberbrückenden Einflusses der Verstärkung mit dem FVW beim Auftreten eines Mode I Risses. Die Fugen zwischen den Mauersteinhälften waren unvermörtelt, die gemessene Kraft ist dadurch allein durch das Textil aufgenommen worden.

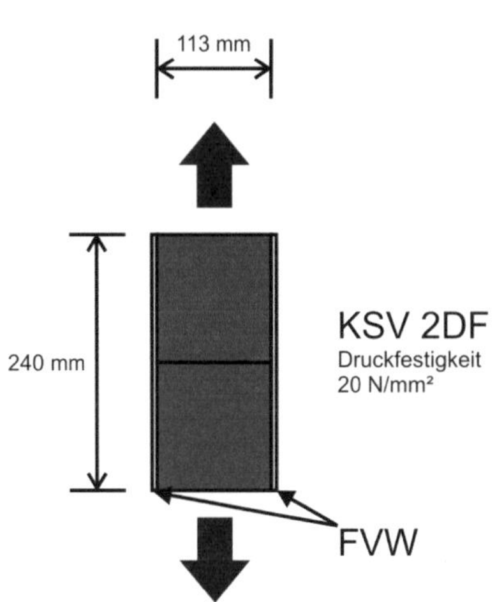


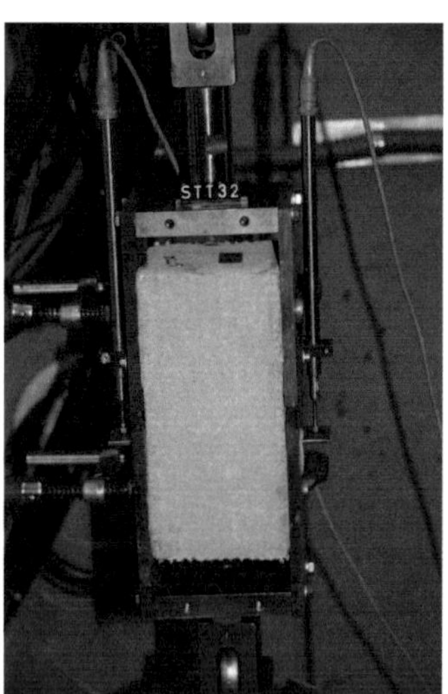


**Abbildung 5.12: Zugversuchsaufbau**

Der Versuchsstand zur Untersuchung für die Mode I Analyse wurde am Institut für Massivbau und Baustofftechnologie konzipiert [189]. Die Belastung erfolgte weggesteuert mit einer Geschwindigkeit von 1,0 bis 4,0 mm/min. Die aufgezeichneten Messdaten sind dabei:

- Zylinderkraft

- Zylinderweg

- Werte aus unabhängigen induktiven Wegaufnehmern.

Die Mode I Versuche dienen der Analyse der Verstärkungswirkung. Parameter des unverstärkten Mauerwerks können damit nur begrenzt untersucht werden.

## 5.2.1.2   Mode II

Das Mode II Rissversagen wurde in einem Versuchsstand analysiert, der in Anlehnung an die DIN 1052-3 konzipiert wurde. Die Abbildung 5.13 zeigt neben dem Systemaufbau die geometrischen Abmessungen des hier verwendeten Versuchskörpers:

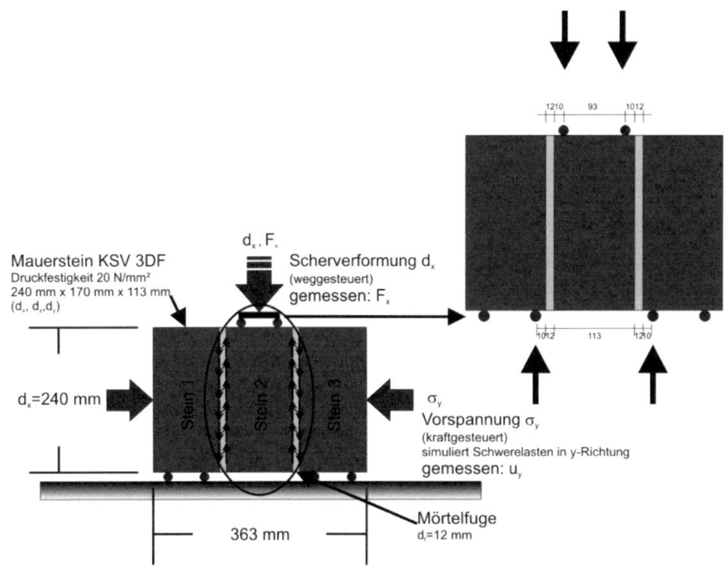


**Abbildung 5.13: Schubversuchsaufbau**

Prinzipiell zu unterscheiden sind bei dem Versuchsaufbau die Vertikal- und Horizontallaststeuerung. Dabei ist zu berücksichtigen, dass der verwendete Aufbau einen um 90° gedrehten Wandausschnitt darstellt. Die horizontale Last im Versuch ($\sigma_y$) steht somit für eine vertikale Belastung eines realen Mauerwerkkörpers. Die Schubverformung $d_x$ wird weggesteuert aufgebracht. Nur so ist eine Analyse des

Nachbruchverhaltens möglich. Durch die Kraftsteuerung von $\sigma_y$ werden konstante vertikale Auflasten (Schwerelasten) simuliert.

Der Versuchsaufbau weist des Weiteren fest definierte Krafteinleitungspunkte auf. Dadurch werden fest definierte Momente in den Fugen erzeugt. Das Resultat sind stets gleiche Bedingungen während der Versuchsdurchführung - eine gute Vergleichbarkeit ist gegeben.

Wie von Wallner [189] und Brameshuber [16] angemerkt, sind die Werte nicht direkt mit denen nach der alten Norm DIN 18555-5 [36] zu vergleichen. Wallner stellte einen Faktor von bis zu 4,7 fest, während Brameshuber et al. einen Wert von 2 angeben, um den die ermittelten Werte nach [36] höher liegen.

Der Versuchsaufbau wurde mit drei induktiven Wegaufnehmern ausgestattet. Eine Messung der vertikalen Verformung auf der Vor- und Rückseite sowie der horizontalen Verformung (senkrecht zur Lagerfugenebene) ist somit möglich. Die Verformungsgeschwindigkeit wurde zwischen 1 und 4 mm/min eingestellt. Wobei zu Beginn des Versuchs mit einer Geschwindigkeit von 1 mm/min gefahren wurde. Nach Überschreiten der maximalen Schubkraft und anschließendem Abfall der gemessenen Schubkraft stellte sich eine Plateaubildung ein. Die Geschwindigkeit wurde dann schrittweise auf 4 mm/min erhöht.

Zu Vergleichszwecken werden in dieser Arbeit die Kraft-Verformungsdiagramme ausgewertet. Die Diagramme zeigen die Schubkraft $F_x$ über der Schubverformung $d_x$ auf. Zur Beurteilung des plastischen Verformungsvermögens im Nachbruchbereich wurde die aufnehmbare Schubkraft $F_{20mm}$ bei einer Verformung von 20 mm als absoluter Wert herangezogen. Ein absoluter Wert wurde gewählt, da es sich bei der Verstärkung mit FVW um eine nachträgliche Maßnahme handelt. Eine Aussage über die Effektivität kann dadurch nur in Relation zu dem Ausgangswert – dem von unverstärktem Mauerwerk - erfolgen. Deshalb wurde bewusst ein Vergleichswert hinzugezogen, der nicht in Abhängigkeit der jeweiligen, versuchskörperspezifischen Maximalschubkraft steht.

## 5.2.2 Versuche an Wandausschnitten

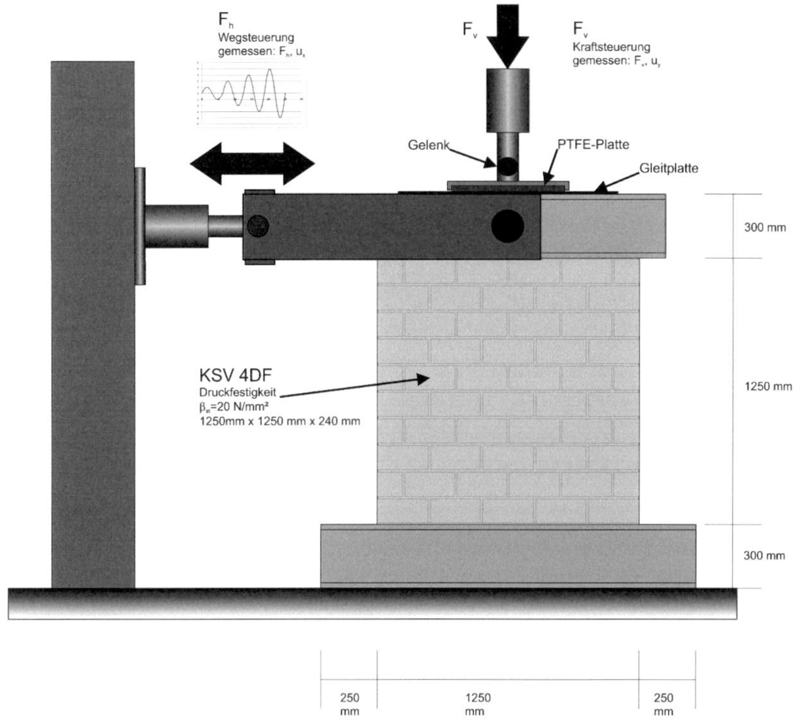


**Abbildung 5.14: Versuchsaufbau für Wandausschnitte**

Wandversuche an geschosshohen Mauerwerkswänden sind aufwändig. Zur Ermittlung von mauerwerkstypischen Parametern bieten sich aufgrund dessen Versuche an Wandausschnitten an [128, 129]. Der skizzierte Versuchsaufbau wurde im Zuge der Tätigkeit am Institut für Massivbau und Baustofftechnologie in Karlsruhe konstruiert und ermöglicht die biaxiale Belastung von Mauerwerksscheiben (Abbildung 5.14).

Die Vertikalkraft wird bei der Versuchsdurchführung unabhängig von der Größe der Horizontalkraft und der Verformung gesteuert, um eine konstante Last applizieren zu können. Daher ist eine getrennte Steuerung der Vertikal- und Horizontalzylinder realisiert worden. Unterschiedlichste Kombination aus Normalbelastung senkrecht zur Lagerfuge sowie Schubbelastung sind möglich. Die zur Verwendung gekommenen Zylinder sind in der Lage, vertikale Lasten bis zu 500 kN aufzubringen, dies entspricht einer Normalspannung von $\sigma_{v,max}$=1,67 MN/m² in der Mauerwerksscheibe. Beispielsberechnungen ergaben eine vertikale Belastung von Mauerwerkswänden in zwei- bis dreigeschossigen Bauwerken von ~0,59 MN/m². Es sind somit ausreichend Reserven vorhanden, um auch stärker belastete Mauerwerksscheiben testen zu können.

Die Vertikallasteinleitung erfolgt über eine lastverteilende Platte in den oberen Kopfbalken - eine gleichverteilte Normalspannung im Mauerwerkskörper wird ermöglicht. Die Entkopplung der Einleitung der vertikalen Lasteinleitung von der horizontalen Balkenbewegung wird durch PTFE-Platten erreicht. Die Regelung erfolgt kraftgesteuert, mögliche Änderungen der Versuchskörperhöhe wie Dilatanz und reibungsinduzierte Dickenänderung der Fugen durch Materialabtrag werden dadurch kompensiert.

Tastversuche mit unterschiedlichen, nicht zentralen Ausbildungen der horizontalen Lasteinleitung weisen eine Abhängigkeit der Kolbenkraft von der Belastungsrichtung auf. Hervorgerufen wird dies durch die unterschiedlichen Steifigkeiten des Versuchsaufbaus bei Zug- und Druckbelastung. Eine Möglichkeit diese Asymmetrie zu eliminieren, besteht in der Steuerung der Verformung über einen induktiven Wegaufnehmer, der die Schubverformung der Wand misst und die Verformungsanteile des Aufbaus nicht berücksichtigt. Eine zweite Möglichkeit ist eine zentrale Einleitung der Schubverformung in der Mitte des Kopfbalkens mit gleichen Steifigkeiten in Zug- und Druckrichtung.

Die horizontale Verschiebung wird über einen Stempel direkt und zentral in den oberen Stahlbalken eingeleitet. Die Verformung wird über einen Stahlbolzen mittig in den Stahlkopfbalken eingeleitet. Dieser Aufbau ermöglicht ein symmetrisches Verhalten der Wegsteuerung im Druck- wie im Zugbereich. Vorteil dieser Methode ist, dass bei einer Schiefstellung des Kopfbalkens kein Moment bezüglich der Kopfbalkenmitte bei einer Lasteinleitung auf die Stirnplatte des Balkens auftritt.

Die Weiterleitung der Verformung in den Mauerwerksschubkörper erfolgt über Reibung. Weitere unterstützende Maßnahmen, wie eine mechanische Befestigung des Mauerwerks an den Kopfbalken, wurden nicht benötigt.

Während aller Untersuchungen und Experimente wird eine Dehnratenabhängigkeit der Materialien vernachlässigt, dies ist aufgrund der vergleichsweise geringen Dehngeschwindigkeiten bei seismisch induzierten Belastungen möglich [189, 147]. Die Belastung erfolgt zyklisch mit einem sinusförmigen Verlauf. Die Periodendauer ist zwischen 0,2 und 40 s.

Gemessen werden die Verformungen sowie die Kräfte jeweils an den Zylindern. Anhand ergänzender, induktiver Wegaufnehmer kann die Verformung des Versuchsaufbaus gemessen und bei der Auswertung der Versuchsdaten berücksichtigt werden. Die Aufzeichnung der Messdaten erfolgte über einen 6 Kanal Messverstärker der Firma HBM mit KWS 6 Einschüben. Komplettiert wurden die Ergebnisse durch photogrammetrische Aufzeichnungen, die eine Messung der dreidimensionalen Verformung der Scheibenoberfläche durch Kontrolle von mehr als 100 Messpunkten erlaubt.

Eine Übersicht über die an Wandausschnitten durchgeführten Versuche wird in der folgenden Tabelle 5.1 gegeben.

**Tabelle 5.1: Übersicht über die Versuche an Wandausschnitten**

|  | Name | Vorlast | Mauerwerk | Gewirke | Matrix |
|---|---|---|---|---|---|
|  |  | [MN/m²] |  | [-] | [-] |
| Referenzkörper unverstärktes Mauerwerk | SW_01 | 0,2 | KSV, NMIIa | - | - |
|  | SW_02 | 0,4 | KSV, NMIIa | - | - |
|  | SW_03 | 0,6 | KSV, NMIIa | - | - |
|  | SW_04 | 0,8 | KSV, NMIIa | - | - |
|  | SW_13 | 0,4 | KSV, NMIIa | - | - |
|  | SW_14 | 0,4 | KSV, NMIIa | - | - |
| Biaxiale Versuchskörperverstärkung | SW_05 | 0,4 | KSV, NMIIa | BIAX_07 | 720 EpoCem |
|  | SW_18 | 0,4 | KSV, NMIIa | BIAX_08 | BGP |
|  | SW_19 | 0,4 | KSV, NMIIa | BIAX_08 | 720 EpoCem |
| Triaxiale Versuchskörperverstärkung | SW_20 | 0,4 | KSV, NMIIa | TRIAX_06 | 720 EpoCem |
| Quadraxiale Versuchskörperverstärkung | SW_07 | 0,4 | KSV, NMIIa | QUAD_04 | 720 EpoCem |
|  | SW_06 | 0,4 | KSV, NMIIa | QUAD_04 | BGP |
|  | SW_09 | 0,4 | KSV, NMIIa | QUAD_07 | 720 EpoCem |
|  | SW_11 | 0,4 | KSV, NMIIa | QUAD_08 | 720 EpoCem |
|  | SW_12 | 0,4 | KSV, NMIIa | QUAD_08 | BGP |
|  | SW_10 | 0,4 | KSV, NMIIa | QUAD_09 | 720 EpoCem |
| Referenzkörper für verstärktes Mauerwerk | SW_08 | 0,4 | KSV, NMIIa | QUAD_06 | 720 EpoCem |
|  | SW_15 | 0,2 | KSV, NMIIa | QUAD_10 | 720 EpoCem |
|  | SW_16 | 0,6 | KSV, NMIIa | QUAD_10 | 720 EpoCem |
|  | SW_17 | 0,4 | KSV, NMIIa | QUAD_10 | BGP |

## 5.2.3 Wandversuche

Wände, die in das Gesamtverhalten einer Struktur eingebunden sind, besitzen je nach Konstruktionsart unterschiedliche Einspanngrade an Wandkopf und -fuß (Abbildung 5.15). Versuche an kleinen Wänden werden unter einer konstanten Vertikallast durchgeführt. Soll der Einfluss der Spannungsverteilung in der Wand auf die Verstärkungsmaßnahme überprüft werden, sind variierende Kopfmomente notwendig. Das ist an dem Kleinwandversuchsstand aufgrund der konstanten Vertikallast nicht möglich. Ein angepasster Versuchsaufbau wird vorgestellt:

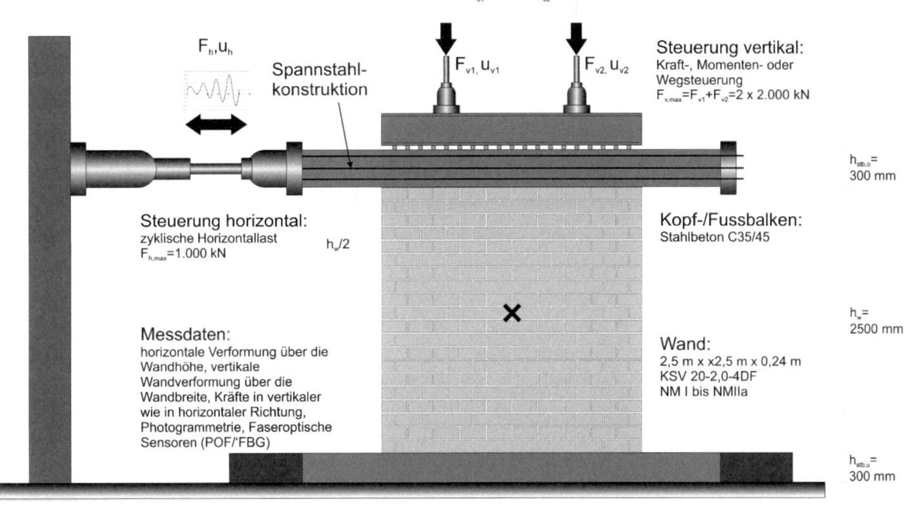


**Abbildung 5.15: Versuchsaufbau Wandversuche**

Eine einfache Modellbildung von einem Bauteil, das in ein komplexes, globales Bauwerkverhalten eingebunden ist, erscheint aufgrund der Randbedingungen nicht möglich. Die hier verwendete Modellierung vereint die Interaktionen mit den angrenzenden Bauteilen im Kleinen und dem Zusammenhang zwischen Bauteil und dem Gesamtverhalten des Bauwerks im Großen auf einer möglichst realitätsnahen Ebene. Die Voraussetzungen dafür lassen sich wie folgt zusammenfassen:

- Realitätsnahe Ausgestaltung der begrenzenden Kopf- und Fussbalken
- Hohe Flexibilität bei den Versuchskörperabmessungen
- Aufbringung großer Lasten möglich, in vertikaler wie auch in horizontaler Richtung
- Flexible Gestaltung der vertikalen Lastaufbringung
- Möglichkeit unterschiedlichste Kopfmomente aufbringen zu können

Die aufgelisteten Punkte bilden die Grundlage für die Konzeptionierung des Versuchsaufbaus. Besonders hervorgehoben werden die mechanische Konstruktion des vertikalen Lasteinleitungsbereichs und die Steuerung des Kopfmoments sowie der Vertikallast.

## 5.2.3.1 Horizontale Lasteinleitung

Die horizontale Komponente der Belastung dient der Simulation der horizontalen Erdbebeneinwirkung. Bei dem Aufbau wurde, wie bei den kleinen Wandversuchen, eine Konstruktion zur Einleitung der horizontalen Last in den Kopfbalken als Ersatzmechanismus einer Fußpunkterregung verwendet. Die von der Vertikallast getrennte Beaufschlagung erfordert dabei eine querkraftfreie Horizontallasteintragung, die durch Verwendung von zwei in Serie geschalteten und horizontal zentrierten Kalottenlagern realisiert wird. Die Krafteintragung erfolgt in Druckrichtung direkt durch Kontakt zu dem Stahlbetonkopfbalken. In Zugrichtung ermöglicht eine Spannstahlkonstruktion die Lasteintragung auf der gegen-überliegenden Stirnseite des Kopfbalkens des Kopfbalkens. Die Krafteinleitung erfolgt nahezu ohne Spiel durch eine Vorspannung in der Spannstahlkonstruktion. Geringe Asymmetrien ergeben sich lediglich zwischen Druck- und Zugbereich. Hervorgerufen werden diese durch die unterschiedlichen Steifigkeiten von Stahl- und Stahlbetonkonstruktion.

Die Steuerung der Horizontallast erfolgt bei den geschosshohen Wänden sinusförmig. Die Horizontalverschiebung $u_h$ wird mit einer Frequenz von 0,025 Hz aufgebracht.

## 5.2.3.2 Vertikale Lasteinleitung

Während die horizontale Lasteinleitung bei den meisten Forschungsprojekten ähnlich ausgeführt wurde - Unterschiede sind hier zumeist in der Verwendung von pseudodynamischen Algorithmen oder sinusförmiger Ansteuerung der Zylinder zu finden - sind bei dem mechanischen Aufbau zur Aufbringung der Vertikallast erhebliche Unterschiede feststellbar. Durch den direkten Einfluss der Lasteinleitung auf die Normalspannungsverteilung in der Wand und somit auf die Tragfähigkeit der Mauerwerksscheibe fallen die Unterschiede der Ergebnisse entsprechend deutlich aus. Eine erste Unterscheidung betrifft das mechanische System. Frühere Forschungsarbeiten lassen sich grundsätzlich in drei verschiedene Arten der Vertikallastapplikation unterteilen:

- die lineare Gleichverteilung der Belastung,
- die Aufbringung durch zwei getrennt steuerbare Zylinder sowie
- einer Kombination der beiden vorgenannten Methoden.

Bei kombinierten Aufbauten ist eine Ermittlung der durch die stabilisierenden Elemente eingebrachten Kräfte häufig nicht direkt möglich. Eine Angabe der genauen Zusammensetzung der gesamt eingetragenen Lasten ist dann nicht möglich. Ein absolut linearer Federkraftlinienverlauf bei den stabilisierenden Elementen würde eine gleichbleibende Lasteintragung durch die stabilisierenden Elemente garantieren und dadurch die exakte Ermittlung der Kräfte ermöglichen. Dies ist technisch jedoch schwierig zu realisieren und eine Rotation wird dadurch nur verringert, jedoch nicht kontrolliert. Bei Verwendung von zwei getrennt anzusteuernden Hydraulikzylindern ist hingegen ein Kontrolle der gesamten, eingetragenen Last möglich. Des Weiteren ist dadurch eine Kontrolle der Kopfmomente möglich.

Im Zuge der Versuche wurden daher zwei getrennt anzusteuernde Zylinder verwendet. Damit ist die Steuerung von Kopfmomenten, Rotationen oder Belastungszuständen möglich. Dabei wurden unterschiedliche Algorithmen zur Vertikallaststeuerung analysiert:

- konstante Auflast: Bei einer konstanten Auflast während der Versuchsdurchführung gilt: $F_{v1}+F_{v2}=F_{vges}$ und als zweite Bedingung $F_{v1}=F_{v2}$. Es wird dabei davon ausgegangen, dass die Deckenplatten zu geringe Biegesteifigkeiten aufweisen, um die Verdrehung der Wandscheibe zu verhindern. Eine Rotation des Wandkopfs ist möglich, da lediglich die Kräfte kontrolliert werden. Das Kopfmoment der Schubwand ist nicht konstant, da die Schubverformung des Wandkopfes und die feststehenden Vertikalkraftzylinder eine gegenseitige Verschiebung erfahren, die ein variierendes Kopfmoment entstehen lassen. Eine Berücksichtigung der Änderung und Kontrolle des Kopfmoments erfolgt bei dieser Steuerung nicht.
- kombinierte Weg-Kraft-Steuerung: Die kombinierte Weg-Kraft Steuerung bindet die Kontrolle der vertikalen Verschiebungen der Zylinder an die aufgebrachte Last. Ziel ist eine Minimierung der Kopfverdrehung. Die aufgebrachte Vertikallast bleibt konstant. Die horizontale Fixierung des oberen Kopfbalkens hat Priorität. Der Rotation des Kopfbalkens wirkt ein Moment entgegen. Das Moment wird durch die unterschiedliche Belastung des Kopfbalkens durch die vertikalen Hydraulikzylinder ($F_{v1}$ und $F_{v2}$) generiert. Mit

jeder Seite können bis zu 2.000 kN ($F_{vi,max}$=2000 kN, i=1,2) aufgebracht werden. Daraus leitet sich das maximale, resultierende Moment ab, das zur Kontrolle der Wandrotation aufgebracht werden kann. Im Unterschied zu der „Fixierung des Moments in der Wand" wird bei dieser Steuerungsmethodik keine Kontrolle und somit auch keine Steuerung des Wandkopfmoments vorgenommen. Die Rotation des Kopfbalkens wird direkt durch Messung der Vertikalverformung des Kopfbalkens ermittelt. Als Eingangsgrößen für den Algorithmus dienen diese Messwerte der Feststellung der horizontalen Lage des Kopfbalkens. Des Weiteren werden die vertikalen Kräfte gemessen und an den Algorithmus weitergegeben. Der Feststellung der „Nulllage" vor dem Versuchsbeginn kommt besondere Bedeutung zuteil, da eine Korrektur während des Testdurchlaufs nicht vorgenommen werden kann. Ein exakter Abgleich der tatsächlichen, horizontalen Ausrichtung des Kopfbalkens mit den gemessenen Werten ist somit Voraussetzung für eine erfolgreiche Steuerung. Die Methodik ist aufgrund dessen anfällig gegenüber einem unzureichenden Nullstellenabgleich.

Der Algorithmus kontrolliert den vertikalen Versatz der Zylinder und regelt bei Abweichung die Zylinder getrennt nach, um iterativ eine ausgeglichene, horizontale Ausrichtung zu erreichen: $u_{v1}$=$u_{v2}$. Zur Simulation von Mauerwerkswänden, die in ein System eingebettet sind, ist des Weiteren die Änderung der Vertikallast für eine realitätsnahe Betrachtung zu berücksichtigen: $F_{v1}$+$F_{v2}$=$F_{vges}$. Dabei werden die Kräfte in den Zylindern gemessen und die Summe konstant gehalten. Aus diesen beiden Bedingungen ergibt sich der Aufbau der Steuerung. Zur Realisierung der Steuerung wird eine getrennte Aufzeichnung der Werte und Steuerung der einzelnen Zylinder benötigt. Die Steuerung der Zylinder erfolgt kraft- oder weggesteuert. Zur Minimierung von numerischen Problemen bei der Steuerung sind bei einer Wegsteuerung aufgrund der Steifigkeit des Aufbaus und des Versuchskörpers selbst auf kleinste Verformungen $\Delta_{uvi}$ zu achten. Bei größeren Verformungen kann eine einseitige Separation des oberen Stahlbalkens vom Mauerwerkskörper beobachtet werden.

- Fixierung des Moments in der Wand: Die kombinierte Weg-Kraftsteuerung fixiert den Momentennullpunkt in der Wandfläche, ein reproduzierbarer Zustand des Versuchskörpers wird erreicht und die Vergleichbarkeit ist gegeben. Im Rahmen des ESECMaSE Projekts [146] wurde die Standardisierung einer solchen Steuerung vorangetrieben. Anstoß und Zielsetzung hierbei war primär die Vergleichbarkeit der Versuchsergebnisse unterschiedlicher Forschungseinrichtungen. Eine Vergleichbarkeit der Ergebnisse ist nur möglich, wenn der gleiche Aufbau verwendet wird und somit von einer vergleichbaren Spannungsverteilung bei der Versuchsdurchführung ausgegangen werden kann. Dabei wird das Moment in der Wandmitte zu Null gesetzt. Ein vergleichbares System wurde auch von Matsumura verwendet [108]. Die Kontrolle des Kopfmoments ist direkt von der horizontalen Last abhängig. Im Zuge dieser Arbeit wurde eine horizontale

Lasteinleitung in den oberen Stahlbetonbalken gewählt. Die Stirnfläche des Kopfbalkens wird flächig belastet. Die Resultierende greift somit in der Mitte der Stirnfläche des Kopfbalkens an. Es ergibt sich ein Moment in der Mitte der Wandfläche in Höhe von $M_{Wandmitte,Fh}=F_h(h_w+0,5h_{stb,o})$. Diesem Moment wirkt ein durch die Vertikalzylinder generiertes Moment entgegen: $M_{Wandmitte,Fv}=F_{v1}e_{01}-F_{v1}e_{01}$. $M_{Wandmitte,Fv}$ wird so gesteuert, dass die Summe der Momente im Wandmittelpunkt null ist. Dies gilt in dieser Form jedoch nur für Mauerwerksversuchskörper, die weder einer horizontalen Wandkopfverschiebung noch einer vertikalen Kopfbalkenverschiebung ausgesetzt sind. Die durch die Erdbebenersatzlast hervorgerufene horizontale Verformung des oberen Balkens $u_h$ und der darunter liegenden Wand verursacht einen Versatz zwischen den feststehenden vertikalen Hydraulikzylindern und dem darunter gleitenden Kopfbalken. Dadurch entsteht ein zusätzliches Moment, das in der Steuerung berücksichtigt werden muss. Die Änderung des Moments ist proportional zu der Verschiebung $u_h$ der Wand. Ausgehend von einer linearen Verteilung der Schubverformung über die Mauerwerkswandhöhe ergibt sich für den Versuchsaufbau eine Änderung des Moment in Höhe von: $\Delta M_v=u_h/2(F_{v1}-F_{v2})$. Ein weiterer, zu berücksichtigender Effekt wird durch die Höhenänderung $\Delta h$ des Versuchskörpers hervorgerufen. Die Höhenänderung wird durch Dilatanz oder einer Materialabtragung hervorgerufen. Aufgrund der Höhenänderungen des Versuchskörpers erfährt das Kopfmoment durch den Versatz des Kopfbalkens relativ zum Wandmittelpunkt eine Änderung um: $\Delta M_h=\Delta h/2F_h$. Bei der Berechnung des Moments wurde eine gleichmäßige Dehnungsverteilung im Wandkörper angenommen. Des Weiteren erfolgt die Annahme, dass die komplette vertikale Streckung/Stauchung in vertikaler Richtung in der Wand stattfindet, da der Stahlbetonbalken eine wesentlich höhere Steifigkeit aufweist.

Eine Gegenüberstellung der verschiedenen Methoden führt zu den Vor- und Nachteilen der unterschiedlichen Ansteuerungen. Diese werden im folgenden Absatz diskutiert.

Der Rotation des Kopfbalkens kommt bei der Betrachtung der experimentellen Untersuchungen besondere Bedeutung zu. Sie wird durch die Randbedingungen in realen Systemen bestimmt. Biegesteife Decken lassen nur eine geringe Rotation der Rahmenecken zu. Der Wandkopf und der Wandfuss erfahren nur eine geringe Verdrehung. Nach Löring [99] kann somit je nach Deckensteifigkeit von einem kragscheibenartigen Modell (geringe Deckensteifigkeiten), einem Scherbandmodell (hohe Deckensteifigkeit) oder einem Zustand zwischen diesen beiden Grenzmodellen ausgegangen werden (Abbildung 5.16 und Abbildung 5.17).

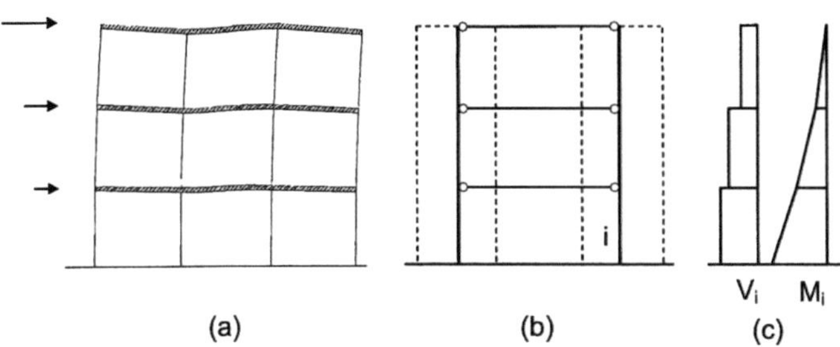

**Abbildung 5.16: Kragscheibe a: verformte Struktur, b Modell, c Wandschnittgrößen [99]**

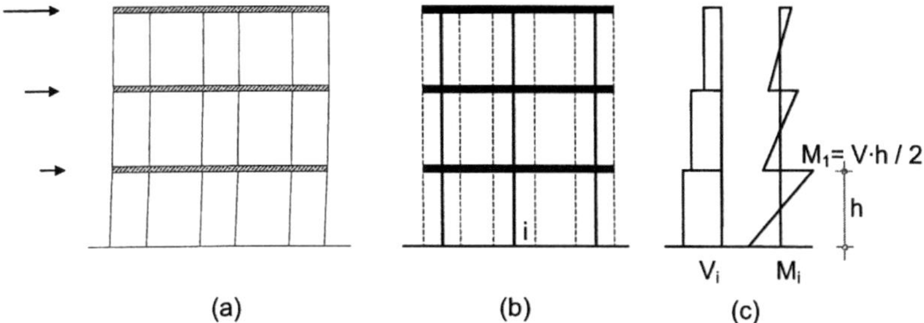

**Abbildung 5.17: Scherbandmodell a verformte Struktur, b Modell, c Wandschnittgrößen [99]**

Ein Vergleich der einzelnen Steuerungen untereinander ergibt eine unkontrollierte Rotation bei der konstanten Auflaststeuerung sowie eine kontrollierte Rotation bei der Momentenfixierung und der kombinierten Weg-Kraftsteuerung. Während die Weg-Kraftsteuerung die Rotation direkt kontrolliert, wird dies bei der Momentenfixierung indirekt über die Kontrolle der Momente bewerkstelligt.

Die Wandkopfrotationen wird, wie bereits erwähnt, bei der Vertikallaststeuerung in Versuchsaufbauten oftmals durch Verwendung zusätzlicher Bauteile unterbunden [189, 99]. Die hier verwendete Umsetzung der konstanten Auflaststeuerung lässt eine freie Rotation ungehindert zu. Der Verlauf der Wandschnittgrößen entspricht dem Kragscheibenmodell.

Bei der Weg-Kraftsteuerung wird eine variable Lage des Momentennullpunkts akzeptiert - lediglich die Verformungsparameter werden betrachtet. Die horizontale Fixierung des Balkens erfolgt direkt anhand dieser Eingangsparameter. Eine Regelung der Verformung geschieht durch einen Algorithmus, der die Zylinder kraft- oder weggesteuert kontrolliert. Eine Rotation wird vermieden. Es wird ein Verlauf der Wandschnittgrößen nach dem Scherbandmodell simuliert. Der Momentennullpunkt kann über die Höhe der Wand variieren.

Die Momentenfixierung hingegen betrachtet nur die Kräfte. Eine Rotation kann entstehen, da die Verformung nicht kontrolliert wird. Die Annahme der Lage des Momentennullpunktes in der Wandmitte lässt sich nach [99] vorwiegend für kurze Wände, für Wände in eingeschossigen Strukturen oder in Verbindung mit Deckenplatten, die eine große Biegesteifigkeit aufweisen, rechtfertigen. Wie bei der Weg-Kraftsteuerung, liegt auch hier ein Verlauf der Wandschnittgrößen nach dem Scherbandmodell vor. Der Momentennullpunkt ist im Gegensatz zu der Weg-Kraftsteuerung auf der halben Wandhöhe fixiert.

Die Stabilität der Momentenfixierung und der konstanten Vertikallast sind sehr gut, die Reproduzierbarkeit ist gegeben. Bei der kombinierten Kraft-Wegsteuerung kann, wie erwähnt, die Zylinderregelung kraft- oder weggesteuert erfolgen. Bei einer Wegsteuerung erfolgt die Kontrolle der aufgebrachten Kraftgröße erst im nächsten Schritt der Iteration. Bei großen Wandsteifigkeiten sind allerdings sehr große Kraftsprünge zu erwarten. Die Stabilität ist daher von der zeitlichen Inkrementierung der Verformungsaufbringung abhängig. Ein weiteres Problem ist dann eine unbeabsichtigte Schädigung der Mauerwerkswand durch eine zu hohe Last. Es ist daher wichtig auf eine entsprechend kleine Inkrementierung der Verformung zu achten. Eine Kraftsteuerung gibt die Belastungen vor. Eine direkte Begrenzung der Last ist somit herstellbar. Dabei werden die Kräfte $F_{v1}$ und $F_{v2}$ inkrementiert, die für die horizontale Ausrichtung des Balkens erforderlichen Verschiebungen $u_{v1}$ und $u_{v2}$ erfolgen iterativ.

Verstärkte Mauerwerksversuchskörper nehmen im Allgemeinen höhere horizontale Lasten auf als unverstärkte. Durch die Steigerung der horizontalen Lasten wird eine deutliche Vergrößerung des resultierenden Moments erreicht. Die Anwendung der Methoden bei verstärkten Körpern ist somit gesondert zu betrachten. Insbesondere bei der Momentenfixierung war durch stark erhöhte horizontale Kräfte eine Fixierung des Moments nur unter großer Überschreitung der vorher festgelegten, gesamten vertikalen Vorlast möglich. Die Beibehaltung der Vertikallasten wird der Fixierung des Moments untergeordnet und lediglich als schwache Bedingung eingeführt und behandelt. Die Erhöhung der Vorlast wirkt sich direkt auf die Schubtragfähigkeit der Wand aus (Kapitel 3.3.4). In einem Spannungsbereich, in dem ein Versagen nach dem Coulomb Kriterium auftritt, ist somit ein deutlicher Zuwachs der Schublasttragfähigkeit zu beobachten.

Eine Gegenüberstellung der in den experimentellen Untersuchungen gefundenen Unterschiede der Vertikalkraftsteuerungen findet sich bei der Darstellung der Versuche im weiteren Verlauf dieses Kapitels.

In Summe wurden sieben Versuche an geschosshohen Mauerwerkswänden durchgeführt.

## 5.3 Untersuchungen an Kleinversuchskörpern und Wandausschnitten

Der folgende Absatz enthält die Versuchsergebnisse und Auswertungen ausgewählter Wandausschnitts- und Kleinversuche. Zur Förderung der Übersichtlichkeit erfolgt die Darstellung der Experimente gegliedert nach den untersuchten Parametern. Eine Auswahl der Komponenten zur Bildung des Kompositwerkstoffs Faserverbundwerkstoff wird so systematisch anhand der Beobachtungen und experimentellen Ergebnissen erreicht. Eine Unterteilung erfolgt in Materialauswahl, Einfluss äußerer Bedingungen sowie Vergleichen mit bestehenden FVW Verstärkungen.

### 5.3.1 Vergleich der Matrizen

Zum Einsatz kamen verschiedene Matrizen mit stark unterschiedlichen Eigenschaften (Kapitel 4.2.1). Die Matrizen wurden in unterschiedlichen Testreihen miteinander verglichen. Die erste Testreihe wurde anhand eines hybriden Textiles (BIAX_05) durchgeführt. Dabei wurden die zwei Matrizen des Herstellers Sika direkt miteinander verglichen. Abbildung 5.18 und Abbildung 5.19 zeigen die geschädigten Versuchskörper nach einer Verformung von 35 mm. Die Versagensmechanismen unterscheiden sich deutlich. Während der Versuchskörper, bei dem Epoxydharz zur Anwendung kam, eine Auslösung der einzelnen Fasern aus dem Verbund und eine Delamination des FVW von der Mauersteinoberfläche aufweist, zeigt der Versuchskörper mit der zementösen Matrix nur eine gleichmäßige Herauslösung der tragenden Fasern aus dem Matrixwerkstoff ohne Störung des Verbunds Mauerstein-Matrix. Der Kraft-Verformungsverlauf ist demnach für diesen Versuchskörper im Nachbruchbereich annähernd ideal-plastisch.

**Abbildung 5.19: Schubversuch mit Epoxydmatrix**

**Abbildung 5.18: Schubversuch mit PCC Matrix**

Das großflächige Versagen (vorwiegend Versagenstyp I) konnte hauptsächlich bei Versuchskörpern mit Epoxydharz beobachtet werden. Bei der zementösen Matrix wurden vorwiegend eine Faserherauslösungen (Versagenstyp VI) beobachtet. Abbildung 5.20 zeigt den Verlauf der Schubkräfte über der Schubverformung anhand zweier Versuche exemplarisch.

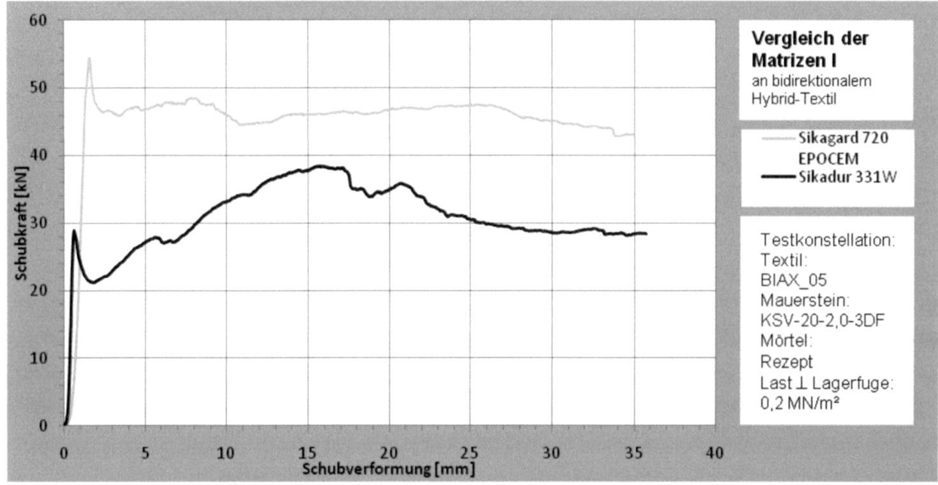


**Abbildung 5.20: Vergleich Sikagard und Sikadur**

Im Zuge der experimentellen Untersuchungen wurde des Weiteren eine Matrix mit sehr niedrigen Steifigkeiten sowie einer Haftzug- und Haftscherfestigkeit (Herstellerangaben) von bis zu 3 N/mm² (entspricht den Werten der Sika Produkte) getestet. Es handelt sich dabei um eine Entwicklung der Firma BGP (Kapitel 4.2.1.2). Als Resultat kann eine, durch die geringen Matrixfestigkeiten bedingte, erhöhte Versagenswahrscheinlichkeit im Zwischenfaserbruchbereich erkannt werden. Diese manifestierte sich vorwiegend in einem Versagen der Matrix (Versagenstyp II) aufgrund einer Überschreitung der Schubfestigkeit sowie einer Delamination des Faserverbundwerkstoffs von der Mauerwerksoberfläche (Adhäsionsbruch; Versagenstyp Vb). Durch die starke, plastische Verformbarkeit der Matrix sind grundlegend große Verformungen möglich, bevor ein Totalversagen eintritt. Dies geschieht jedoch ohne Ausnutzung der Kapazitäten der Textilien. Erkennbar wird dies durch den Sachverhalt, dass bei einem direkten Vergleich der Matrizen anhand eines quaddirektionalen Textiles deutliche Unterschiede bei der maximalen Schubkraft erkennbar werden. Hier unterscheiden sich die Werte zwischen den verschiedenen Matrizen im Mittelwert um 31 % (Sika 720 EpoCem entspricht 100 %, BGP weist 69 % davon auf). Die Analyse der Maximalwerte der Schubkraft bei einer Schubverformung von 20 mm bringt zutage, dass sich die Werte bei größeren Verformungen annähern und im Mittel 15 % auseinander liegen. Das Ergebnis der Kraftwerte kann durch quantitative Auswertung der Versagensmechanismen bestätigt werden. Die optische Auswertung der Versuchskörper ergab eine eindeutige Zuordnung. So konnte bei 17 von 22 Versuchskörpern, die aus einem Komposit aus BGP Polymer Matrix bestanden, eine Delamination des Matrixwerkstoffs von der Steinhaut festgestellt werden. Bei den Versuchskörpern, die eine zementöse Matrix aufweisen, war dieses Versagen nur bei einem von 27 erkennbar. Es handelte sich dabei um den Versuchskörper, der mit einem Carbon-Textil verstärkt wurde. Das Ergebnis war aufgrund der hohen Steifigkeit von Carbon zu erwarten. Bei den restlichen Versuchskörpern mit der zementösen Matrix wurde vorwiegend eine Herauslösung der Fasern aus dem FVW oder seltener ein Versagen der Fasern aufgrund Zug festgestellt (Versagenstyp III und VI). Im Vergleich zur Delamination, kann die Herauslösung als gutmütiges Verhalten angesehen werden, da die Herauslösung schrittweise und unter großer Energiedissipation erfolgt.

Durch die Verwendung einer zementösen Matrix wird somit eine Auslegung des Kompositversagens auf ein Zugbruch der Faserstrukturen ermöglicht. Eine optimale Ausnutzung der Werkstoffe ist möglich.

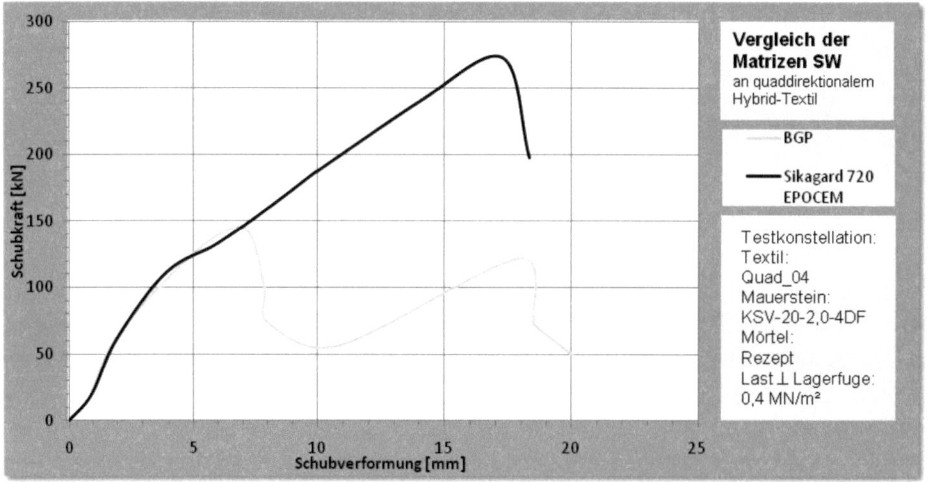


**Abbildung 5.21: Vergleich der Matrizen an Wandausschnitten Sikagard 720 EpoCem und BGP**

Abbildung 5.21 zeigt den Vergleich der verschiedenen Matrizen (zementöse Sika Matrix und BGP Polymer Matrix) an Kleinwandversuchen. Die in den Kleinversuchen festgestellten Eigenschaften sind auch hier deutlich erkennbar. Die maximal aufnehmbare Schublast bei den zementösen Matrizen liegt deutlich höher.

Die Verwendung einer Polymermatrix mit geringeren Festigkeitswerten (BGP-Matrix) eignet sich aufgrund der Versagensmechanismen vorwiegend für Mauerwerk mit einer geringeren Festigkeit in Verbindung mit Verstärkungstextilien aus Materialien mit geringeren E-Modulen (PP, PE).

Epoxydharz Matrizen mit höherer Festigkeit und Steifigkeit, wie von Wallner [189] und Schwegler [167] verwendet, wurden im Rahmen dieser Arbeit aufgrund der früheren Versuchsergebnisse und Erkenntnisse nicht weiter untersucht. Anhand der

Materialvorprüfungen der zementösen Sika Matrix, die in Kapitel 4.2.1 dargestellt sind, konnten die von Wallner angegebenen Materialeigenschaften bestätigt werden. Die Matrix Sikagard 720 EpoCem wird deshalb als Referenz benutzt. Vergleiche mit anderen Matrizen dienten primär der Verifizierung der Ergebnisse. Eine Optimierung der Matrix ist nicht Thema dieser Arbeit.

## 5.3.2 Textilmaterial, Anzahl der Textilachsen und Winkelabhängigkeit

Eine erste Vorauswahl der Textilien erfolgte in Kapitel 4.2.2. Die Analyse der dort ausgewählten Textilien unterteilt sich im Folgenden in die Untersuchung bezüglich des Materials, der Anzahl der Textilachsen sowie der Winkelabhängigkeit. Untersucht werden dabei die Variationen der verschiedenen Parameter. Ziel ist die Identifikation der Textilparameter, die das Materialverhalten des verstärkten Mauerwerks maßgebend beeinflussen.

Gesondert zu betrachten ist der zu der Materialwahl zugehörige Teil der Faserummantelung (Kemafil).

Die Verwendung eines mechanischen Schutzes der tragenden Fasern wurde durch die Kemafilierung des Materials erreicht. Die Kemafilierung einer Faser beschreibt die Ummantelung einer Faser mit einer nichttragenden Faser (Kapitel 4.2.2.4). Aufgrund dieser Ummantelung entsteht eine reibungsbasierte Führung der Verstärkungsfaser in dem Mantelmaterial. Die tragende Faser hat keinen direkten Verbund mit dem Matrixmaterial. Insbesondere bei einer Beanspruchung senkrecht zur Faserrichtung, wie es bei einem Schubversagen und einer rechtwinkligen zur Scherebene liegenden Schubverstärkung auftritt (Versagenstyp VIb), kann eine mechanische Beschädigung der Verstärkungsfaser erfolgreich vermieden werden. Durch die Ummantelung der tragenden Fasern wurde ein deutlicher Zugewinn an Duktilität erreicht. Das schrittweise Herauslösen der einzelnen Fasern erfolgte, wie angemerkt, während der ersten Belastungs- und Verformungsschritte rechtwinklig zur Faserrichtung. Die Schädigung ungeschützter Fasern konnte bei den Versuchen häufig beobachtet werden. Einher geht damit eine deutliche Herabsetzung der aufnehmbaren Faserzugkräfte im weiteren Belastungsverlauf. Der Prozess des Kemafilierens bietet eine deutliche Minderung der so beobachteten Versagensmechanismen und ermöglicht einen stabilen Herauslösungsprozess. Das folgende Schaubild zeigt ein Vergleich zweier Textilien identischer Bauart (bidirektional, AR-Glas). Die Darstellung soll den Unterschied des Lastabfalls im Nachbruchbereich exemplarisch verdeutlichen, die Darstellung erfolgt aufgrund dessen skaliert an den Maximalwerten.

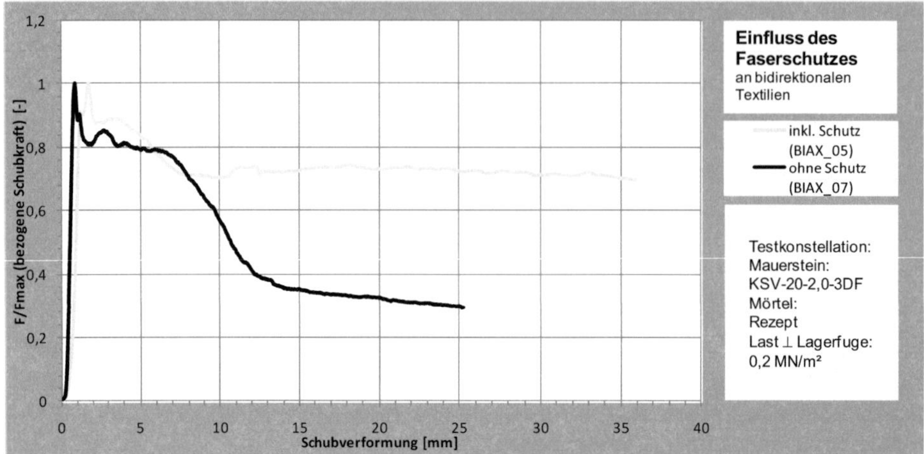


**Abbildung 5.22: Einfluss des Kemafil Prozesses**

Durch Verwendung von Kemafil konnte bei bidirektionalen Textilien im Nachbruchbereich eine deutliche Verbesserung der Duktilität erreicht werden (Abbildung 5.22). Dieses Ergebnis konnte über alle Versuchsreihen hinweg beobachtet werden. So weisen die Versuchskörper mit geschützten Fasern im Mittel bei einer Verformung von 20 mm noch 66 % ihrer maximalen Schubkraftwerte auf, während dies bei denen mit ungeschützten Fasern im Mittel 28 % sind.

Die Anzahl der Textilachsen steht in direktem Verhältnis mit der Wirkung der Kompositwerkstoffe als Verstärkungsmaßnahme. Wie in Kapitel 4 erwähnt, ist die Verwendung einer Verstärkungstextilie, die mehr als zwei Faserrichtungen aufweist, für eine Verstärkung in beliebiger Kraftwirkungsrichtung wichtig. Der Netztheorie zufolge kann eine Berechnung der drei Kraftflüsse ($n_x$, $n_y$, $n_{xy}$) bei einer ebenen Belastung durch das folgende Gleichungssystem berechnet werden (Formel 5.1):

$$n_x = n_{//1}\cos^2\alpha_1 + n_{//2}\cos^2\alpha_2 + n_{//3}\cos^2\alpha_3$$

$$n_y = n_{//1}\sin^2\alpha_1 + n_{//2}\sin^2\alpha_2 + n_{//3}\sin^2\alpha_3$$

$$n_{xy} = \frac{1}{2}n_{//1}\sin2\alpha_1 + \frac{1}{2}n_{//2}\sin2\alpha_2 + \frac{1}{2}n_{//3}\sin2\alpha_3$$

5.1

Es wird ersichtlich, dass jeder beliebige, ebene Belastungszustand dann alleine durch die Faserkräfte aufgenommen werden kann. Im Folgenden werden die Versuchskörper anhand der verwendeten Textilien und der Anzahl der Faserrichtungen unterschieden. Anhand der Versuchsergebnisse kann somit eine Analyse der Einflüsse herbeigeführt werden.

Der hybriden Ausführungsart der Textilien kommt hierbei eine hervorgehobene Bedeutung zu. Dem anisotropen Verhalten des Mauerwerksversuchskörpers entsprechend, wird durch die hybride Bauart ein richtungsabhängiges Textil mit verschiedenen Fasern, ein Material verwendet, das gezielt die Eigenschaften des Gesamtbauteils verbessern kann.

Die Faserrichtungen können aussagekräftig nur an mehraxial beanspruchten Versuchskörpern untersucht werden. Versuche an Wandausschnittsversuchskörpern werden neben den Schubversuchskörpern daher hauptsächlich für die Analyse des Einflusses der Anzahl der Faserorientierungen in einem Textil verwendet.

Zum Verständnis der Wirkungsweise der unterschiedlichen Textilachsen wird nachfolgend auf die Richtungsabhängigkeit eingegangen. Die Analyse der Versuchsergebnisse der Schubversuche (Abbildung 5.23) ergab ein deutlich direkteres Ansprechen der diagonalen Fasern (Winkel zur Produktionsrichtung des Textiles 30 ° - 60 °).

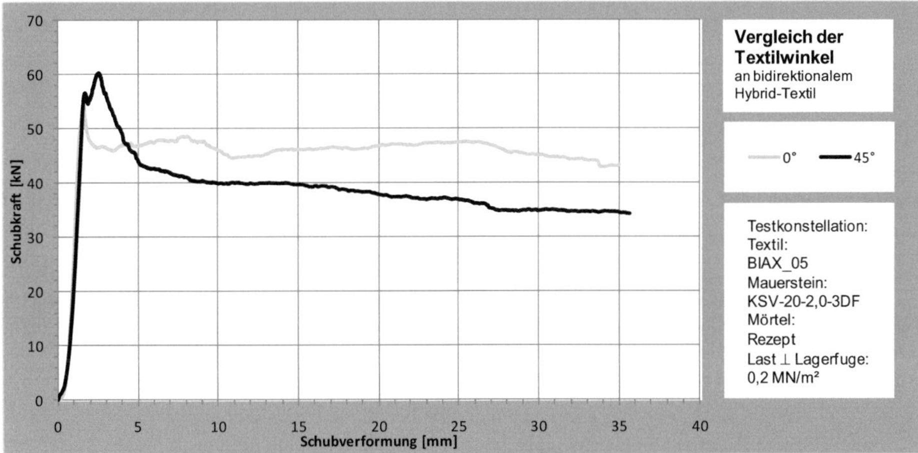


**Abbildung 5.23: Einfluss des Applikationswinkels**

Diagonale Fasern sind schon nach kurzer Verformung in der Lage bei einem Schubversagen Kräfte in Ihrer Längsrichtung zu übernehmen. Orthogonal zu den Primärversagensebenen (bei einer Mörtelfestigkeit, die deutlich kleiner als die Mauersteinfestigkeit ist, sind Lager- und Stossfugen Primärversagensebenen) angeordnete Textilrichtungen hingegen werden über den Fugen in einem ersten Belastungsschritt senkrecht zur der Längsachse belastet und werden dadurch mit zunehmender Verformung schrittweise aus dem Verbund gelöst. Erst durch die Lösung aus dem Verbund und der teilweisen Ausrichtung zur Hauptspannung ist es diesen Fasern möglich, Kräfte effektiv in der Faserlängsrichtung zu übernehmen. Die Versagensmechanismen unterscheiden sich bei einem Schubversagen in der Lagerfuge bei diesen beiden Formen der Lastabtragung nicht unerheblich, die

Unterschiede wirken sich direkt auf das Resultat aus und sind exemplarisch der obigen Grafik zu entnehmen. Das direkte Ansprechen der diagonalen Faser ermöglicht bei ausreichendem Verbund dadurch die volle Ausschöpfung der Faserkapazität. Ein Verbundversagen (Typ VIa) ist in den meisten Fällen lokal in der Zone des Risses zu beobachten, bevor ein Versagen der Fasern (Typ III) eintritt.

Nicht-hybride Textilien mit einem größeren E-Modul (BIAX_14) zeigten während der Versuche ein abweichendes Verhalten auf. Im Folgenden sind die Ergebnisse der Überprüfung einer zementösen Matrix im Zusammenspiel mit einem bidirektionalen Carbontextil exemplarisch gegeben (Tabelle 5.2). Dabei wurde der Applikationswinkel zwischen 0° und 45° variiert.

Tabelle 5.2: 0° und 45° Applikation eines bidirektionalen Textiles (BIAX_14)

| Gewirke | Orientierung | Matrix | $f_{pi}$ | $F_{max}$ | $s_{max}$ |
|---------|-------------|--------|------|------|------|
|         | [°]         |        | [N/mm²] | [kN] | [mm] |
| BIAX_14 | 0 | 720EpoCEM | 0,20 | 43,39 | 1,48 |
| BIAX_14 | 45 | 720EpoCEM | 0,20 | 38,14 | 0,90 |

Der Versuchskörper mit dem orthogonal ausgerichteten Textil wies eine höhere maximale Schubkraft auf. Das Versagen trat bei beiden Versuchskörpern mit BIAX_14 schlagartig auf. Bei der 0° Orientierung wurde eine Delamination (Versagen Typ Va) in der Zwischenzone Matrix-Textil beobachtet. Durch den hohen E-Modul wurde eine schrittweise Verbundstörung und somit eine Quasiduktilität im Ansatz verhindert. Das Auftreten dieses Versagenstyps wurde durch die geringe Maschenweite begünstigt, das flächige Carbon-Gewebe bildet durch die geringeren Fadenabstände eine weitere Versagensfläche.

Die Absolutwerte der Maximalkraft lagen dabei im direkten Vergleich mit den Versuchskörpern aus der gleichen Testreihe im oberen Drittel. Ein Versagen in der Steinhaut (Typ I) war nicht zu bemerken.

Die Versuchsergebnisse, die bei der Variation der Applikationsrichtung bei bi-direktionalen Textilien gemessen wurden, fließen zusammen mit Erkenntnissen der Literatur [189] in die Entwicklung von tridirektionalen Textilien ein. Die rechtwinklige Lagerfugenüberbrückung mit Fasern brachte eine deutliche Erhöhung der Duktilität (bei einer 90° Applikation). Diese wird durch diagonale Strukturen, die der Erhöhung der maximalen Schubtragfähigkeiten dienen, ergänzt. Der detaillierte Aufbau der Textilien ist Kapitel 4.2.2 zu entnehmen.

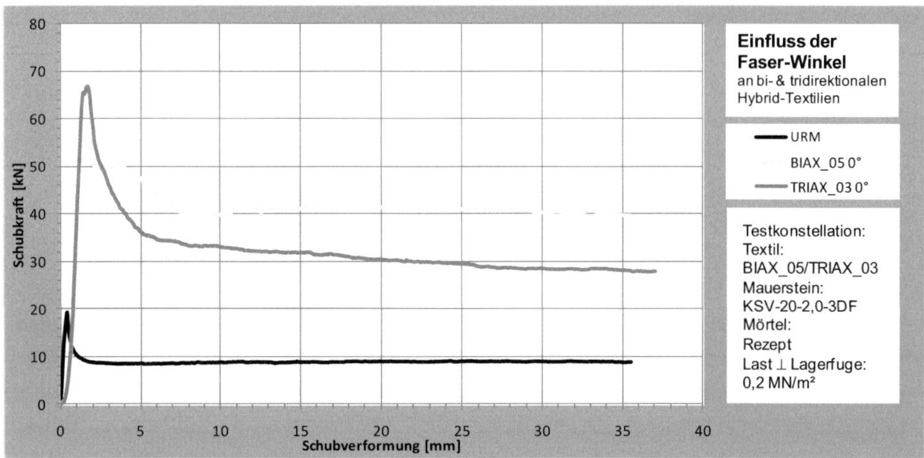


**Abbildung 5.24: Einfluss der Faserwinkel – Überbrückung der Lagerfuge**

Die Abbildung 5.24 zeigt exemplarisch die Kraft-Verformungskurven aus den Mode II Versuchen für drei Versuchskörper. Zu Vergleichszwecken wird den beiden verstärkten, ein unverstärkter Versuchskörpern gegenübergestellt. Der Unterschied zwischen den verstärkten Versuchskörpern liegt in den Textilien begründet (BIAX_05 gegenüber TRIAX_03). Aufgrund eines nahezu gleichen Flächengewichts von ca. 450 g/m² und der Verwendung gleicher Materialien (PP, AR-Glas, teils kemafiliert) können die Versuchswerte qualitativ verglichen werden. Beide Textilien wurden in 0° Richtung appliziert. Somit erfolgt eine Überbrückung der Lagerfuge bei dem bidirektionalen Textil rechtwinklig zu der Scherebene, während die Applikations-richtung bei dem tridirektionalen Textil zu einer Neigung der Rissüberbrückung von +/- 60° zu Scherebene führt. Dies bedeutet, dass bei dem bi-direktionalen Textil lediglich der Orthogonalverband in 90° Richtung zur Verstärkung des Scherversagens in der Lagerfuge aktiviert werden kann. Analog dazu ist bei dem tridirektionalen Textil lediglich der Diagonalverband +/- 60° in der Lage, das Scherversagen in der Lagerfuge zu beeinflussen. Dadurch ist ein Vergleich der Versuchsergebnisse in der Lage, die Anteile der Diagonalverbände differenziert von denen der Orthogonalverbände bei der Verstärkung der Lagerfuge zu betrachten. Es handelt sich dabei, wie im Absatz vorher erwähnt, um zwei grundverschiedene Versagensarten. Ein quantitativer Vergleich erscheint - trotz der in dieser Arbeit zur Anwendung gekommenen Gesamtbetrachtung des Bauteils - gerechtfertigt, da im experimentellen Teil eine Optimierung der Textileigenschaften im Vordergrund steht. Vernachlässigt werden dabei - wie in allen Auswertungen mit gleicher Matrix - die Einflüsse der Matrixdicke. Bei einem Materialaufwand von 45 Fäden/m 1200 tex je Diagonale lässt sich so bei TRIAX_03 eine Steigerung der Schublasttragfähigkeit im Vergleich mit den unverstärkten Mauerwerkskörpern auf 349 % erreichen. Während bei BIAX_05 mit einem Materialeinsatz von 1200 tex AR-Glas (135 Fäden/m) und zusätzlichem Einsatz von PP eine Steigerung auf 296 % erreicht werden kann. Im

Nachbruchbereich, insbesondere bei großen plastischen Verformungen, ist ein Wechsel festzustellen. Die schrittweise Herauslösung der Fasern aus der Matrix sorgt bei der 90° Rissüberbrückung für einen nahezu linearen Kraft-Verformungsverlauf bei einer, im Gegensatz zur diagonalen Rissüberbrückung, um 35 % erhöhten Kraftaufnahme. Zum Erreichen ähnlicher maximaler Schubtragfähigkeiten ist bei einer 90° Rissüberbrückung ein höherer Materialeinsatz erforderlich. Der erhöhte Materialeinsatz ist jedoch bei großen Verformungen auch verantwortlich für eine bessere Schubtragfähigkeit im Nachbruchbereich.

Tri- als auch quaddirektionale Textilien bieten die Möglichkeit die Diagonalverbände gesondert zu verstärken (Kapitel 4.2.2.9 und Kapitel 4.2.2.10). Eine Applikation der tridirektionalen Textilien kann aus applikationstechnischen Gründen nur mit Verlegung der Nullrichtung in vertikaler oder horizontaler Wandrichtung (0° und 90° Applikation) erfolgen. So kann entweder nur die rechtwinklige Rissüberbrückung der vertikalen Stossfugen oder der horizontalen Lagerfugen erfolgen. Die so von der Bewehrung nicht berücksichtigte, horizontale bzw. vertikale Kraftkomponente muss über ungünstiger zu dimensionierende Ersatzkräfte kompensiert werden. Durch Verwendung einer quaddirektionalen Bewehrung, die gleichzeitig Diagonalverband und Orthogonalverband bietet, kann die sonst erforderliche Kompensierung über Ersatzkräfte verhindert werden.

Bei hybriden Strukturen weisen die Diagonalverbände von den Orthogonalverbänden verschiedene Materialeigenschaften auf. Eine konsequente Weiterentwicklung zur Erhöhung der Duktilität führt auf ein quaddirektionales Textil mit einer PP-Faser im Diagonalverband. Auf die Verwendung von Carbon wurde dabei aufgrund der höheren Kosten sowie der zum Zeitpunkt der Produktion geringeren Verfügbarkeit verzichtet. Ein Vergleich zwischen den ausgewählten bi-, tri- und quaddirektionalen Textilien wurde weiterführend anhand der Wandausschnittsversuche durchgeführt. Der Abbildung 5.27, Abbildung 5.28 und Abbildung 5.26 können die Kraft-Verformungsverläufe entnommen werden:

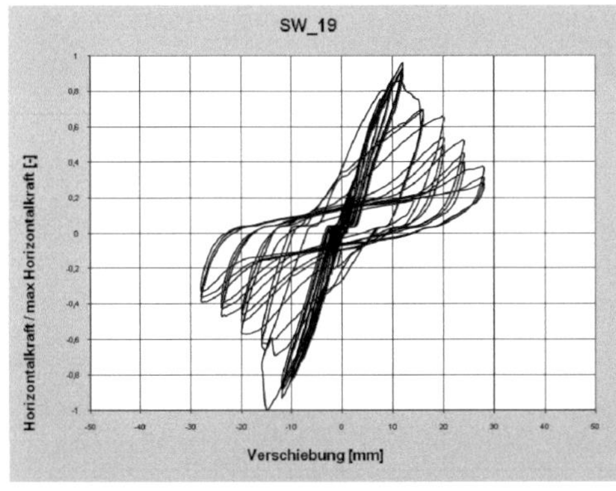

**Abbildung 5.27: SW_19: Bidirektionales Textil (BIAX_08)**

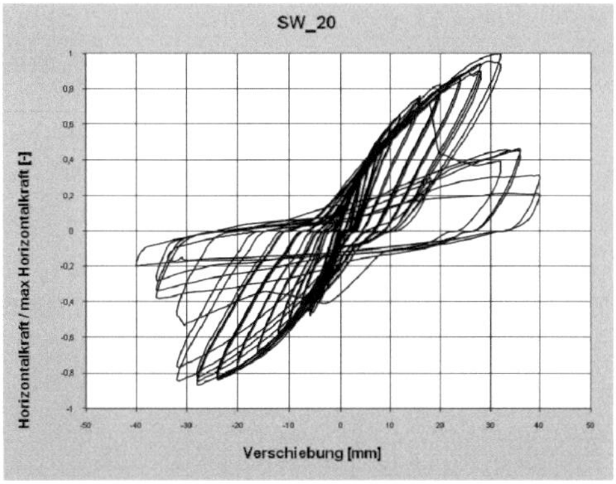

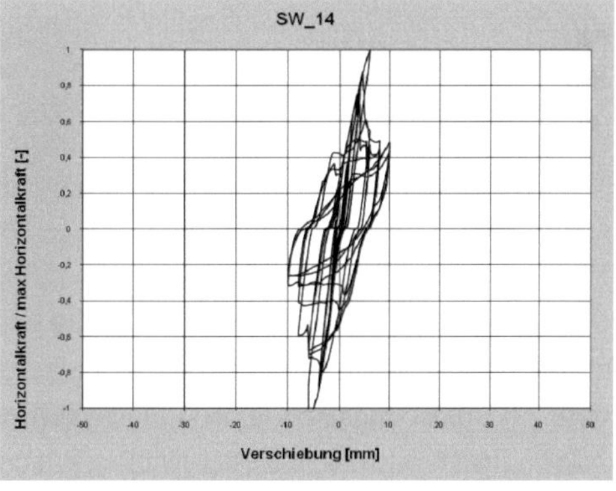

**Abbildung 5.28: SW_20: Tridirektionales Textil (Triax_06)**

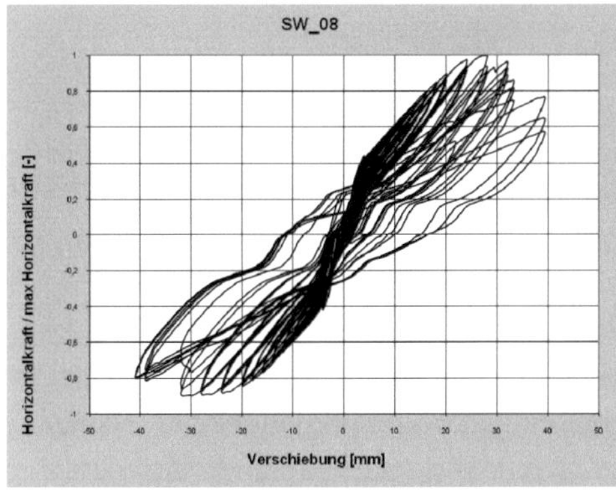

Abbildung 5.25: SW_08: Quaddirektionales Textil (QUAD_06)

**Abbildung 5.26: SW_14: Unverstärkter Referenzversuch**

Die absolute Schubverformung $u_h$ beim Versagen kann sowohl bei einer Verstärkung mit dem tri- als auch dem quaddirektionalen Material als sehr gut bezeichnet werden. Vergleichbare unbewehrte Mauerwerksscheiben versagten bei einer wesentlich geringeren Schubverformung $u_h$ mit Werte von 10 bis 16 mm. Der mit dem tridirektionalen Textil verstärkte Versuchskörper weist aufgrund der Verwendung von AR-Glas in den Diagonalen eine höhere maximale Beanspruchbarkeit auf. Bedingt durch das spröde Versagen von Glas ist hierbei ein plötzlicher Kraftabfall ab einer Verformung von 30 mm zu bemerken. Das quaddirektionale Textil ermöglicht im Nachbruchbereich nicht nur durch Verwendung von PP, mit einer feinheitsbezogenen Höchstkraftdehnung von 70 %, eine größere Energiedissipation bei Verformungen von mehr als 30 mm und bietet dabei ein stabileres Nachbruchverhalten. Quaddirektionale Textilien bieten den Vorteil, jede relevante Richtung eines Mauerwerkskörpers explizit mit den jeweilig erforderlichen Materialeigenschaften verstärken zu können. Resultat ist ein im Gegensatz zu unverstärkten Mauerwerksversuchskörpern unter gleichen Randbedingungen (Abbildung 5.26) gutmütiges und im Nachbruchbereich mit großem Energiedissipationspotential ausgestattetes Verhalten. Im Idealfall wird die hohe, maximale Last der Verstärkung mit dem Diagonalverband und der hohen, plastischen Verformbarkeit des Orthogonalverband in Verbindung mit der optimierten Materialwahl kombiniert.

### 5.3.3 Einfluss des Normalspannungszustands

Begründet durch das Bruchregime „Schubversagen in der Lagerfuge" (Kapitel 3.4.1.2.4.2) weist Mauerwerk ein stark normalspannungsabhängiges Schubverhalten im Nachbruchbereich auf. Dabei ist der Zusammenhang bei dem Schubversagen zwischen Normalspannung und Reibungskraft linear über den Reibungskoeffizienten gekoppelt. Der Untersuchung des Einflusses der Normalspannung auf die Schubtragfähigkeit von verstärkten Versuchskörpern gilt der folgende Absatz. Die für die Modellbildung wichtigen Schubparameter (Kohäsionskoeffizient und Reibungskoeffizient) werden anhand von Kleinversuchen zum Mode II Rissverhalten ermittelt. Weiterführend wird eine Variation des Vertikallasteinflusses (ausgedrückt durch die Normalspannung) an Wandausschnitten durchgeführt. Basierend auf diesen Versuchen ist ein Rückschluss auf die Effektivität der textilen Verstärkungsmaßnahme in Abhängigkeit der Normalspannung möglich.

Die Normalspannung hat nicht nur Einfluss auf die Schubtragfähigkeit. Die Höhe der Normalspannung bestimmt auch welches Bruchregime aktiv ist (Kapitel 3.4.1.2). Bei einer Erhöhung der Normalspannung erfolgt eine Verlagerung der Bruchregimes. Es sind vermehrt Mauersteinzugversagen und Druckversagen im Mauerwerk zu erwarten.

Eine Vorwahl des zu untersuchenden Spannungsbereichs in vertikaler Richtung ergibt sich durch Betrachtung typischer Mauerwerksbauten und den daraus abgeleiteten Belastungen. Den Wand- und Wandausschnittversuchen liegt die Annahme eines zwei- bis dreigeschossigen Hauses bei der Berechnung der zu erwartenden vertikalen Belastung zugrunde. Dies wurde aufgrund der Gebäudetypanalyse festgelegt (Kapitel 2.6). Der häufigste Mauerwerks-bebauungstyp in der Bosporus-Region ist ein ein- bis dreigeschossiges Wohnhaus. Mehr als die Hälfte aller Gebäude weisen dabei drei Geschosse auf. Anhand überschlägiger Berechnungen wird den Experimenten eine durchschnittliche Belastung von Mauerwerkswänden in Höhe von 0,59 MN/m² zugrunde gelegt. Variiert werden die Normalspannungen bei den Wandscheibenversuchen zwischen 0,2 und 0,6 MN/m².

Bei den Kleinversuchen zum Materialverhalten (Versuche zum Mode II Rissverhalten) erfolgt eine Variation in einem größeren Bereich. Hier werden Normalspannungen von 0,05 MN/m² bis 1,5 MN/m² untersucht. Die Durchführung der Mode II - Kleinversuche ohne Aufbringen einer Normalspannung hat sich während der experimentellen Untersuchungen als deutlich ungünstiger herausgestellt, da im Nachbruchbereich Instabilitäten auftreten, die ein plötzliches und unkontrolliertes Verhalten des Versuchs verursachen. Dadurch wurde während der experimentellen Untersuchungen häufig ein vorzeitiger Versuchsabbruch generiert. Um Versuchsabbrüche zu reduzieren, wurde eine geringe Vorlast aufgebracht (0,05 MN/m²). Diese geringe Vorspannung hat auf das Versuchsergebnis nur eine geringe

Auswirkung, da das Schubverhalten durch die Kohäsionskraft und den Reibbeiwert bestimmt wird. Bei sehr geringen Normalspannungen, wie in diesem Fall, ist der Einfluss des Reibungsanteils gering im Vergleich zu dem Anteil der Kohäsionskraft.

Der Einfluss der Spannung in y-Richtung bei unverstärkten Mauerwerkskörpern ist in zahlreichen Studien zu unbewehrtem Mauerwerk hinreichend erforscht worden und trägt einen entscheidenden Beitrag zum Verständnis der Versagensvorgänge bei. Mit FVW verstärkte Mauerwerkskörper weisen prinzipiell die gleichen normalspannungs-abhängigen Versagensmechanismen wie unverstärkte Mauerwerkskörper auf. Eine Differenzierung nach diesen Schadensmechanismen in Abhängigkeit der Vorlast ist daher auch bei verstärkten Mauerwerksscheiben notwendig. Durch das Verständnis der Wirkungsweise des oberflächennah verstärkten Mauerwerkskörpers können die Grenzen der Anwendbarkeit dieser Methode festgelegt werden, in denen eine sinnvolle Verwendung möglich ist.

Die Auswertung der Versuchsergebnisse der Mode II Versuche erfolgt getrennt nach:

- Unverstärktes Mauerwerk:
  - Vorlast: 0,05 - 1,0 MN/m²
- Verstärktes Mauerwerk mit Sika Matrix
  - Sika Matrix Sikagard 720 EpoCem
  - Textil QUAD_10
  - Vorlast 0,05 - 1,5 MN/m²
- Verstärktes Mauerwerk mit BGP Matrix
  - BGP Matrix
  - Textil QUAD_10
  - Vorlast 0,05 - 1,5 MN/m²

**Tabelle 5.3: Tabellarische Auswertung unverstärkter Schubversuche bei einer Variation der Vorlast**

| Gewirke | Orientierung | Matrix | vert. Vorlast | $F_{max}$ | $s_{max}$ | $\tau_{yx}$ | $\sigma_y$ | $F_{20mm}$ |
|---|---|---|---|---|---|---|---|---|
| | [°] | | | [kN] | [kN] | [mm] | [N/mm²] | [N/mm²] | [kN] |
| - | - | - | 0,05 | 9,92 | 0,47 | 0,12 | 0,05 | -0,05 |
| - | - | - | 0,2 | 19,15 | 0,40 | 0,23 | 0,20 | 8,95 |
| - | - | - | 0,4 | 32,41 | 0,52 | 0,39 | 0,40 | 17,95 |
| - | - | - | 0,6 | 35,40 | 1,15 | 0,42 | 0,60 | 29,55 |
| - | - | - | 0,8 | 53,86 | 0,87 | 0,64 | 0,80 | 37,99 |
| - | - | - | 1 | 60,55 | 1,18 | 0,72 | 1,00 | 47,40 |

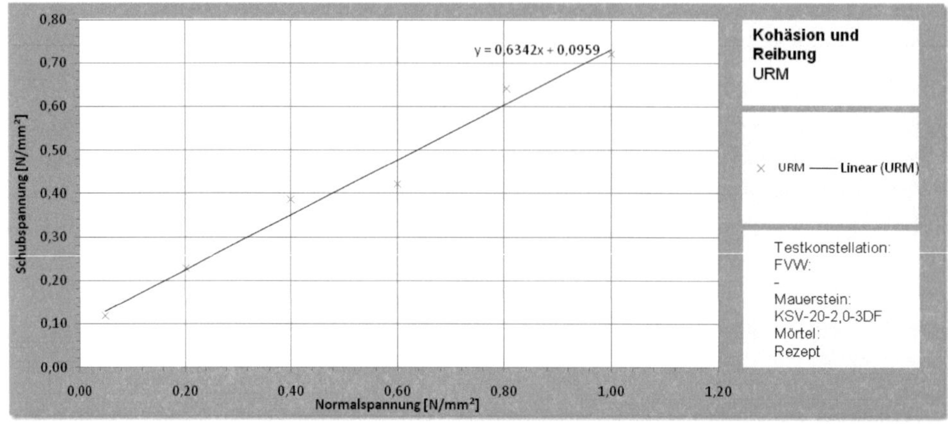


Abbildung 5.29: Regressionsgerade für unverstärkte Schubversuche in Abhängigkeit der Vorlast

Tabelle 5.4: Tabellarische Auswertung verstärkter Schubversuche (Sika 720 & QUAD_06) bei einer Variation der Vorlast

| Gewirke | Orientierung | Matrix | vert. Vorlast | $F_{max}$ | $s_{max}$ | $\tau_{yx}$ | $\sigma_y$ | $F_{20mm}$ |
|---------|--------------|--------|---------------|-----------|-----------|-------------|------------|------------|
|         | [°]          |        | [kN]          | [kN]      | [mm]      | [N/mm²]     | [N/mm²]    | [kN]       |
| QUAD_10 | 0°           | Sika   | 0,05          | 31,44     | 1,51      | 0,37        | 0,05       | 0,00       |
| QUAD_10 | 0°           | Sika   | 0,5           | 60,93     | 1,69      | 0,73        | 0,49       | 33,54      |
| QUAD_10 | 0°           | Sika   | 0,75          | 77,16     | 2,38      | 0,92        | 0,73       | 47,03      |
| QUAD_10 | 0°           | Sika   | 1             | 86,96     | 2,67      | 1,04        | 0,97       | 56,89      |
| QUAD_10 | 0°           | Sika   | 1,25          | 104,58    | 1,62      | 1,25        | 1,22       | 68,65      |
| QUAD_10 | 0°           | Sika   | 1,5           | 109,48    | 2,76      | 1,30        | 1,46       | 88,71      |

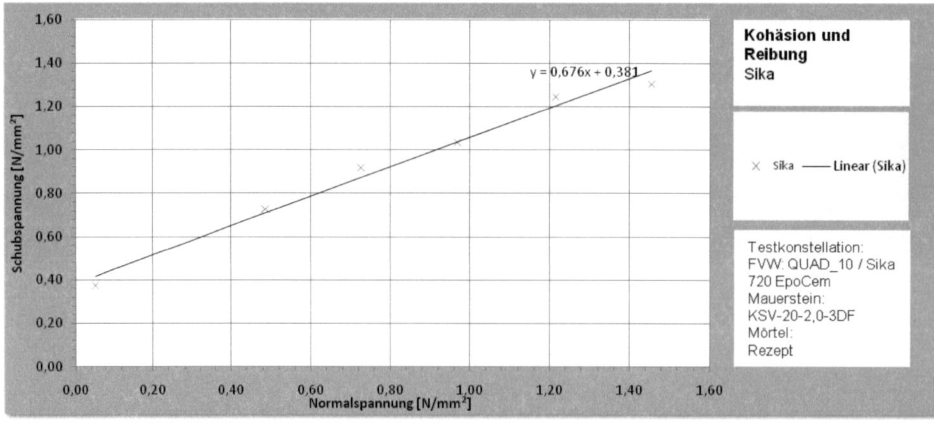


Abbildung 5.30: Regressionsgerade für verstärkte Schubversuche (Sika 720 & QUAD_06) in Abhängigkeit der Vorlast

Tabelle 5.5: Tabellarische Auswertung verstärkter Schubversuche (BGP & QUAD_06) bei einer Variation der Vorlast

| Gewirke | Orientierung | Matrix | vert. Vorlast | $F_{max}$ | $s_{max}$ | $\tau_{yx}$ | $\sigma_y$ | $F_{20mm}$ |
|---|---|---|---|---|---|---|---|---|
| | [°] | | | [kN] | [kN] | [mm] | [N/mm²] | [N/mm²] | [kN] |
| QUAD_10 | 0° | BGP | 0,05 | 16,43 | 7,33 | 0,20 | 0,05 | 5,39 |
| QUAD_10 | 0° | BGP | 0,5 | 48,24 | 1,73 | 0,57 | 0,49 | 29,04 |
| QUAD_10 | 0° | BGP | 0,75 | 64,62 | 2,11 | 0,77 | 0,73 | 47,89 |
| QUAD_10 | 0° | BGP | 1 | 72,69 | 2,18 | 0,87 | 0,97 | 51,65 |
| QUAD_10 | 0° | BGP | 1,25 | 91,74 | 2,88 | 1,09 | 1,22 | 68,78 |
| QUAD_10 | 0° | BGP | 1,5 | 104,88 | 20,05 | 1,25 | 1,46 | 104,68 |

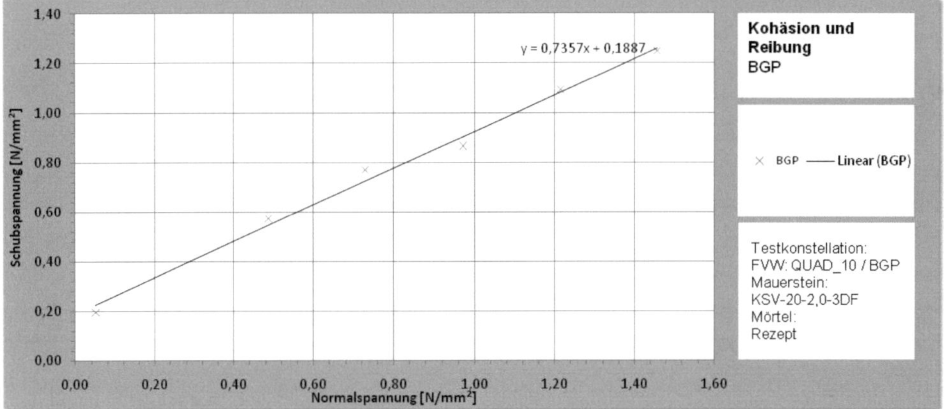


Abbildung 5.31: Regressionsgerade für verstärkte Schubversuche (BGP & QUAD_06) in Abhängigkeit der Vorlast

Die Auswertung ergibt, dass eine lineare Approximation der Parameter der Schubversagenskriterien möglich ist. Der Einfluss der Matrix wirkt sich hier deutlich sichtbar aus. Während bei der Verwendung der BGP Matrix die Kohäsionswerte deutlich unter denen der Sika Matrix liegen, erreicht der Reibungskoeffizient bei der BGP Matrix einen höheren Wert (Abbildung 5.30 und Abbildung 5.31).

Bedingt durch die Steifigkeitsunterschiede zwischen BGP Matrix und Textil erfolgte das Versagen (Typ Vb) hierbei zumeist spröde und vollflächig. Hervorgerufen wird der höhere Reibungsbeiwert phänomenologisch durch die bei kleinen Verformungen geringe Beanspruchung der Verstärkungstextilie aufgrund der vergleichsweise hohen Dissipation von Verformungsenergie durch die Matrix. Bei wachsender Verformung erfolgt zunehmend eine Lastübertragung durch das eingebrachte Textil, da eine weitere Aufnahme von Verformungen durch die Matrix nicht mehr möglich ist. Die Last in den Textilien bei den BGP verstärkten Körpern nähert sich der Last der mit Sika verstärkten Körper an.

Der theoretische Schnittpunkt der Regressionsgeraden für Sika und BGP verstärkte Mauerwerksausschnitte bei $\sigma_y=3,22\ MN/m^2$, ab dem mit BGP verstärktes Mauerwerk höhere Schubspannungstragfähigkeit aufweist, kann nicht erreicht werden, da Versagenstyp II im FVW vorher auftritt und somit eine Beschränkung darstellt. Mit Sika 720 EpoCem verstärkte Mauerwerksausschnitte weisen dadurch in allen Spannungsbereichen höhere Schubversagensparameter auf.

Mode II Kleinversuche analysieren nur das Schubverhalten in der Lagerfuge. Sie eignen sich daher für die Berechnung der Schubversagensparameter und zur Analyse des Einflusses der Verstärkung auf diese Parameter. Andere Bruchregimes im Mauerwerk werden nicht untersucht. Eine explizite Betrachtung des Beitrags der Bewehrung zu dem Schublastabtrag über alle Bruchregimes von Mauerwerk hinweg wird bei den Wandscheibenversuchen (1,25 m x 1,25 m) berücksichtigt. Diese bieten somit eine wesentlich realitätsnähere Betrachtung von verstärktem Mauerwerk. Die Versuche SW_15, SW_08 und SW_16 stellen Mauerwerkskörper dar, die identische Materialien, Versuchsaufbauten und Geometrien aufweisen. Einziger Unterschied besteht in einer Variation der Spannung $\sigma_y$. Diese wird in einem Rahmen von 0,2 - 0,6 MN/m² variiert.

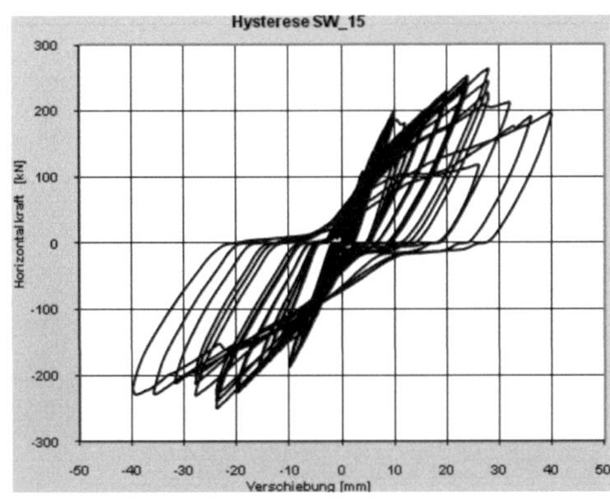

**Abbildung 5.32: SW_15:**

Textil: Quaddirektionales hybrides Textil

Matrix: Sikagard 720 EpoCem

Mauerwerk: KSV und Rezeptmörtel

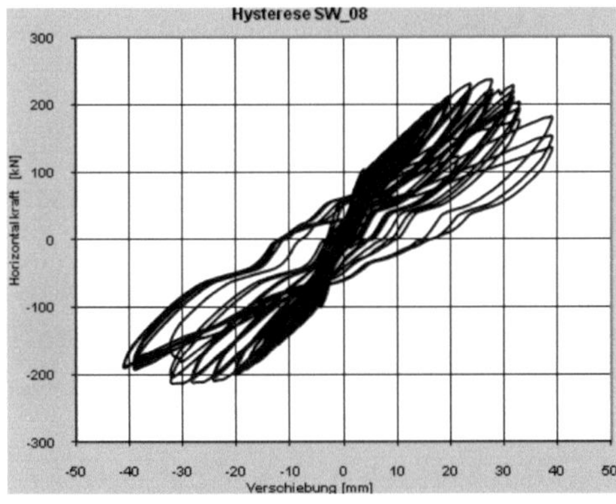

**Abbildung 5.33: SW_08:**

Textil: Quaddirektionales hybrides Textil

Matrix: Sikagard 720 EpoCem

Mauerwerk: KSV und Rezeptmörtel

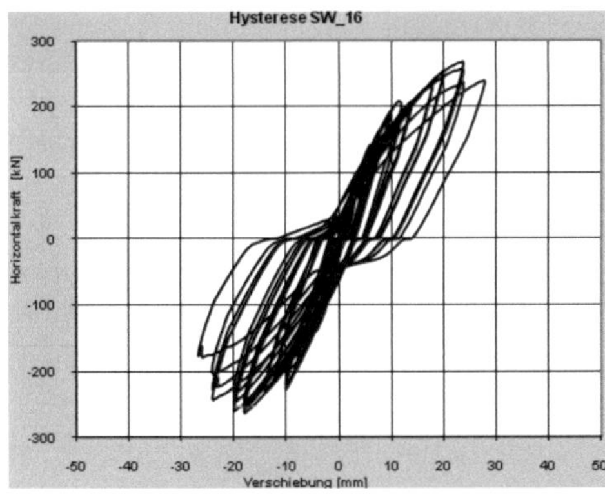

**Abbildung 5.34: SW_16:**

Textil: Quaddirektionales hybrides Textil

Matrix: Sikagard 720 EpoCem

Mauerwerk: KSV und Rezeptmörtel

Der direkte Vergleich der hysteretischen Last-Verformungskurven zeigt keine Zunahme der Tragfähigkeit mit steigender Vertikalbelastung bei den unverstärkten Mauerwerkskörpern. Deutliche Unterschiede hingegen lassen sich bei den maximalen Schubverformungen erkennen. Hier ist durch Erhöhung der Normalspannung eine deutlich geringere maximale Verformung aufgetreten.

**Tabelle 5.6: Verstärkte Mauerwerksscheiben unter sich ändernder Normalspannung**

| Name | Beschreibung | Vorlast | $F_{h,max}$ | $u_h$ bei $F_{h,max}$ | $u_{h,max}$ |
|------|--------------|---------|-------------|------------------------|-------------|
| [-] | [-] | [N/mm²] | [kN] | [mm] | [mm] |
| SW_15 | QUAD_10; Sika | 0,2 | 263,21 | 27,96 | 40,14 |
| SW_08 | QUAD_10; Sika | 0,4 | 237,85 | 27,68 | 41,07 |
| SW_16 | QUAD_10; Sika | 0,6 | 268,71 | 17,74 | 26,65 |

Zu Vergleichszwecken werden in Tabelle 5.7 unverstärkte Referenzversuche mit variierender Normalspannung aufgeführt.

**Tabelle 5.7: Mauerwerksscheiben unter sich verändernder Vertikallast**

| Name | Beschreibung | Vorlast | $F_{h,max}$ | $u_h$ bei $F_{h,max}$ | $u_{h,max}$ |
|------|--------------|---------|-------------|------------------------|-------------|
| | | [N/mm²] | [kN] | [mm] | [mm] |
| SW_01 | URM | 0,20 | 82,12 | 4,59 | - |
| SW_02 | URM | 0,40 | 139,59 | 3,93 | 14,96 |
| SW_03 | URM | 0,60 | 152,85 | 4,66 | 11,43 |
| SW_04 | URM | 0,80 | 174,47 | 3,25 | 11,86 |

Der direkte Vergleich der Ergebnisse der verstärkten Versuche (Tabelle 5.6) mit den Zahlenwerten der unverstärkten Referenzkörper (Tabelle 5.7) zeigt, dass bei den unverstärkten eine Zunahme der Normalspannung einen Anstieg der Schubtragfähigkeit verursacht. Bei den verstärkten Mauerwerksscheiben war ein solch normalspannungsabhängiges Verhalten nicht beobachtbar.

Die Ursache hierfür kann zum einen in einem veränderten Mauerwerksverhalten durch Verwendung anderer Materialien liegen. Die Mauerwerksparameter wurden über die Dauer der Versuche jedoch nicht geändert. Die zweite Möglichkeit ist, dass eine Steigerung der Normalspannung das Bruchregime derart ändert, dass dadurch keine weitere Erhöhung der Schubtragfähigkeit erreicht werden kann. Dies bedeutet, dass durch Erhöhung der Normalspannung vermehrt ein Mauerwerksdruckversagen oder Mauersteinzugversagen auftritt und sich das Mauerwerk durch die Verstärkung insgesamt schon auf einem sehr hohen Lastniveau befindet. Der Einfluss der Verstärkungsmaßnahme ist auf diese Versagensmechanismen geringer, da hier eine

Druckbeanspruchung des FVW stattfindet. FVW verursacht dabei nur einen geringen Festigkeitszuwachs für die Mauerwerksscheibe (Kapitel 4.1.2) - die maximale Verstärkung wurde erreicht.

Erkennen kann man das Bruchregime von Mauerwerksscheiben sehr gut an der Rissbildung (Kapitel 3.4.1.2). Die Rissbilder der verstärkten Wände SW_15 und SW_16 sind zu Vergleichszwecken schematisch in Abbildung 5.36 und Abbildung 5.35 dargestellt. Die unterschiedlichen Rissbildungen sind deutlich zu erkennen. Demnach ist bei SW_15 ein für die Belastung zu erwartender Versagensmechanismus – Zugversagen in der Lagerfuge und Gleiten in der Lagerfuge - aufgetreten. Bei SW_16 hingegen werden die typischen Risse durch die Mauersteine bei einem Druckversagen des Mauerwerks und einem Mauersteinzugversagen beobachtet.

**Abbildung 5.36: SW_15 $\sigma_y$ = 0,2 MN/m²**

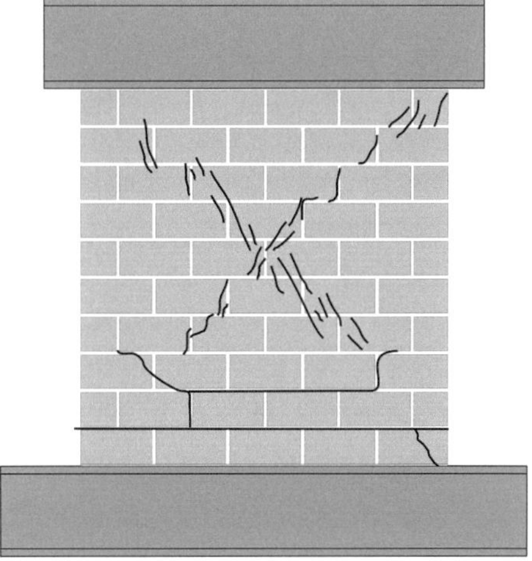

**Abbildung 5.35: SW_16 $\sigma_y$ = 0,6 MN/m²**

Die Auswertung der Rissbilder bestätigt, dass bei SW_15 ein Gleiten auf der Lagerfuge als Versagensmechanismus auftritt. Während bei SW_16 ein Druckversagen und ein Mauersteinzugversagen dominieren. Das Schubversagen, das bei dem hier verwendeten Mauerwerk beobachtet werden kann ist vorwiegend ein Gleiten in den Lagerfugen. Dieses kann mit Faserverbundwerkstoffen sehr gut verstärkt werden (Kapitel 4.1.2.2 und Kapitel 4.1.2.6).

Die Verstärkungsmaßnahme wird jedoch begrenzt. Die Identifikation einer Obergrenze erfolgt durch die folgende Testreihe. Eine Steigerung der Verstärkungsmaßnahme kann durch Verwendung größerer Flächengewichte bei den Textilien erreicht werden. Im Zuge dieser Arbeit wurden dazu Versuche an den Mode II Kleinversuchen mit mehreren Textillagen durchgeführt. Exemplarisch wird hier der Vergleich zwischen einer einlagigen Applikation von TRIAX_06 und einer zweilagigen Applikation aufgezeigt (Abbildung 5.37).

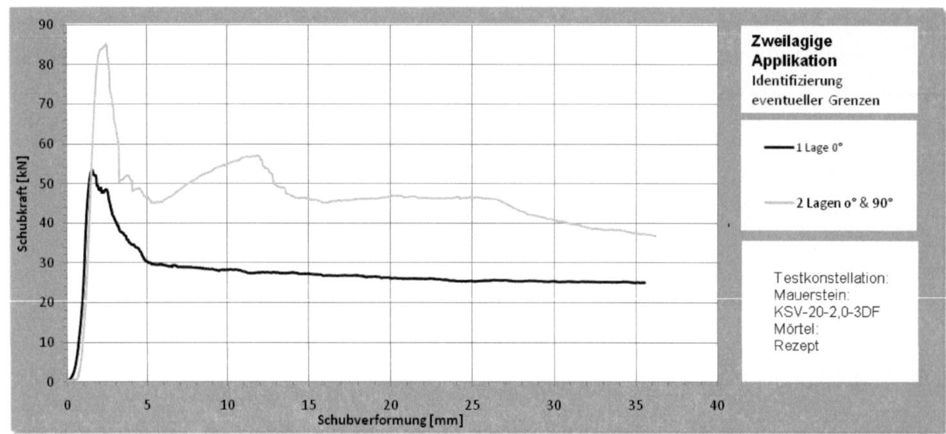


**Abbildung 5.37: TRIAX_06; ein- und zweilagige Applikation**

Durch Verwendung mehrerer Textillagen kann eine Erhöhung der Schubversagensparameter erreicht werden. Dadurch konnte hier eine deutliche Steigerung der maximalen Schubkraft beobachtet werden.

Bei einer Verformung $u_{x,max}$=2,48 mm setzte bei dem zweilagig bewehrten Versuchskörper ein einseitiges Ablösen der Steinhaut auf der Vorderseite ein (Versagenstyp I). Die Rückseite war weiterhin kraftschlüssig und erklärt den Verbleib der Schubkraft auf einem sehr hohen Wert im Nachbruchbereich.

Zum Vergleich: der Mittelwert der Schubkräfte über alle Versuche mit gleicher Matrix und gleicher Normalspannung beträgt 31 kN.

Durch das Ablösen der Steinhaut ist der limitierende Faktor durch den Mauerstein gegeben. Versagenstyp I definiert durch einen Bruch in der Oberfläche des Steins dabei die maximale Schubtragfähigkeit bei den Versuchskörpern mit den zweilagig applizierten Textilien. Es konnten Maximalkräfte von 85,2 kN gemessen werden (Abbildung 5.37).

Dabei war das Verhältnis von Materialaufwand zu erzielter Steigerung der Tragfähigkeit bei der Maximallast als auch bei der Last bei 20 mm nahezu konstant.

$$\frac{F_{max,2-lagig}}{F_{max,1-lagig}} = \frac{F_{20mm,2-lagig}}{F_{20mm,1-lagig}} \approx 1,6 - 1,8$$

5.2

Aufgrund des Versagens in der Steinhaut kann eine weitere Verbesserung der Verstärkungsmaterialien keine Erhöhung der Tragfähigkeit generieren. Ein Versagen in der Steinhaut sollte vermieden werden, da der Bruch spröde auftritt. Eine Entwicklung höher gewichtiger, textiler Flächengebilde wurde daher nicht weiter verfolgt.

## 5.3.4 Vergleich mit nicht-hybriden FVW

Zu Vergleichszwecken wurden den hier verwendeten hybriden Textilien nicht hybride, marktübliche Textilien gegenübergestellt. Ein Vergleich erfolgt anhand der Testergebnisse aus Versuchen zum Mode I und Mode II Rissverhalten. Bei den Vergleichstextilien handelt es sich um das auch von [189] verwendete Kohlenfasergewebe BIAX_14 sowie um das auf dem Markt erhältliche AR-Glasfasergewebe BIAX_15. BIAX_15 wurde in Kombination mit der Matrix getestet, die von dem Hersteller als System angeboten wird. Die vom Hersteller mitgelieferte Matrix wies bei der Untersuchung zusätzliche, duktilitätsverbessernde Kurzfasern auf und ist somit nicht direkt mit den Eigenschaften der Sikagard 720 EpoCem Matrix vergleichbar.

Das zur Anwendung gekommene Textil BIAX_15 besteht aus AR-Glas und weist eine Rissdehnung von weniger als 3 % auf. Zu Vergleichen wird das im Rahmen dieses Projekts entwickelte BIAX_03 verwendet. Dieses weist ein vergleichbares spezifisches Gewicht auf, ist ebenfalls bidirektional und als Hauptbestandteil kommt AR-Glas zur Anwendung. Unterschiede sind in der mechanischen Ummantelung der Fasern bei dem hier entwickelten Textil und der hybriden Bauweise unter Verwendung von PP zu sehen.

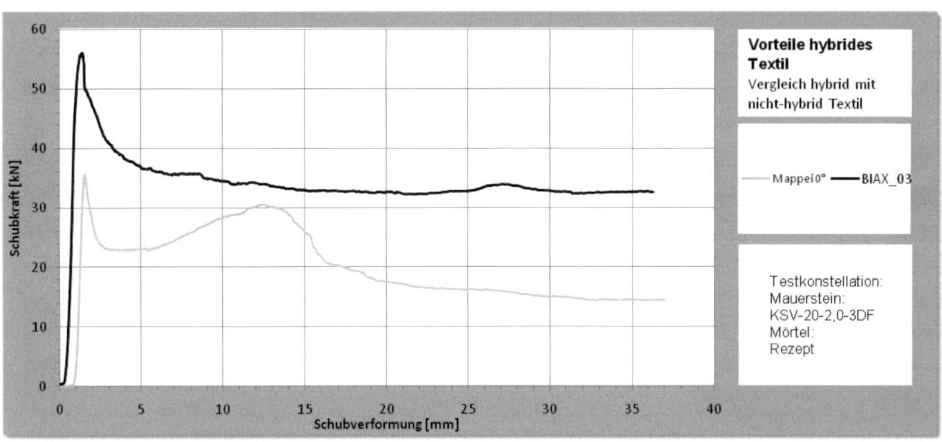


**Abbildung 5.38: Einfluss hybride Bauart (BIAX_15 und BIAX_03)**

Die Versuchsergebnisse werden tabellarisch in Tabelle 5.8 aufgeführt:

**Tabelle 5.8: Versuchsergebnisse BIAX_15 und BIAX_03**

| Gewirke | Orientierung | Matrix | horiz. Vorlast | $F_{max}$ | $F_{20mm}$ | $F_{20mm}/F_{max}$ |
|---|---|---|---|---|---|---|
| | [-] | | [kN] | [kN] | [kN] | [-] |
| BIAX_03 | 90° | 720 EpoCem | 8,40 | 56,12 | 32,63 | 0,58 |
| BIAX_15 | 0° | Mapei | 8,29 | 35,74 | 17,56 | 0,49 |
| BIAX_15 | 90° | Mapei | 8,19 | 34,66 | 14,71 | 0,42 |

Aufgrund des nahezu symmetrischen Aufbaus des BIAX_03 Textiles wurde auf eine Variation der Applikationsrichtung hierbei verzichtet. Ein quantitativer Vergleich ist nicht gerechtfertigt, da jeweils nur ein Mapei Versuchskörper getestet wurde. Die dabei gemessenen Werte der maximalen Tragfähigkeit des Mapei Systems sind jedoch als gut zu bezeichnen und bewegen sich im Mittelfeld aller getesteten Versuche. Eine qualitative Bewertung unter Berücksichtigung des Versagensmechanismus ergibt für das Mapei System ein Versagen nach Typ III. Eine Faserherauslösung (Typ VIa) kann vereinzelt an den Bruchkanten beobachtet werden. Festgestellt werden kann bei neu entwickelten und erstmalig verwendeten hybriden Textilien ein deutlich besseres Verhalten im Nachbruchbereich. Der Mittelwert des Verhältnisses $F_{20mm}/F_{max}$ aller bidirektionalen Textilien unter Verwendung eines mechanischen Faserschutzes ist 0,66 und liegt somit deutlich höher als bei den Carbon Textilien. Das lokale Schubkraftmaximum des BIAX_15 Textil bei einer Schubverformung von $u_x \approx 12{,}5$ mm wird dabei nicht berücksichtigt.

Carbon Textilien sind zu Vergleichszwecken ebenfalls untersucht worden. Im Folgenden wird ein hybrides Textil mit einem bidirektionalen nicht-hybriden Carbon Textil verglichen. Im Zuge des Vergleichs wurde das Mode I und Mode II Rissverhalten untersucht. Die Ergebnisse der Kleinversuchen zum Mode II Rissverhalten finden sich in Abbildung 5.39:

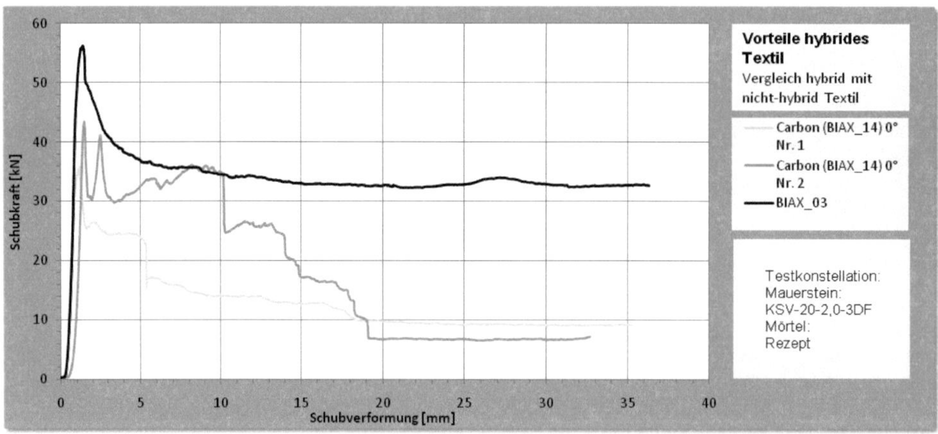


**Abbildung 5.39: Einfluss hybride Bauart (BIAX_14 und BIAX_03)**

Das Versagen der mit Carbon verstärkten Mauerwerksausschnitte kündigte sich durch großflächige Delaminationsvorgänge (Typ Va) an. Die Sprünge in dem Schubkraft-Schubverformungsverlauf bei 5,5 mm und 10,5 mm sind in Verbindung mit einem einseitigen Delaminationsvorgang gemessen worden. Ab einer Verformung von 18 mm kann bei dem mit Carbon verstärkten Körper von einer Schädigung von 100 % der Verstärkung ausgegangen werden, da hier Versuchsergebnisse in einem Bereich vorliegen, wie sie auch bei unverstärkten Körpern gemessen wurden. Ein vergleichsweise gutmütiges Verhalten ergibt sich bei dem hybriden Textil. Hier wird über einen großen Schubverformungsbereich eine nahezu gleichbleibende Schubtragfähigkeit gemessen.

## 5.3.5 Stossübergreifungslänge

Bei Wänden mit einer Abmessung von 0,8 m und mehr erfolgt üblicherweise eine Überlappung der Textilien. Die hier verwendeten Textilien wurden auf Textilmaschinen produziert, die eine Produktionsbreite von 0,8 m bis 1,25 m aufweisen. Eine vollflächige Applikation ist somit bei geschosshohen Mauerwerksscheiben nicht möglich. Das Textil wird in Bahnen aufgebracht. Eine Überlappung der Textilien ist notwendig. Die Größe der Überlappung im Bereich der Stossfugen muss festgelegt werden. Zu kurz ausgeführte Stossfugen würden zu einer nicht ausreichenden Übertragungslänge der Kräfte führen. Es entsteht eine Schwachstelle. Die Versuche in diesem Kapitel analysieren den Einfluss unterschiedlicher Übergreifungslängen.

Zur Ermittlung der Übergreifungslänge wurden vier-Punkt-Biege-Zug-Versuche an Mauerwerkskörpern durchgeführt (Abbildung 5.40):

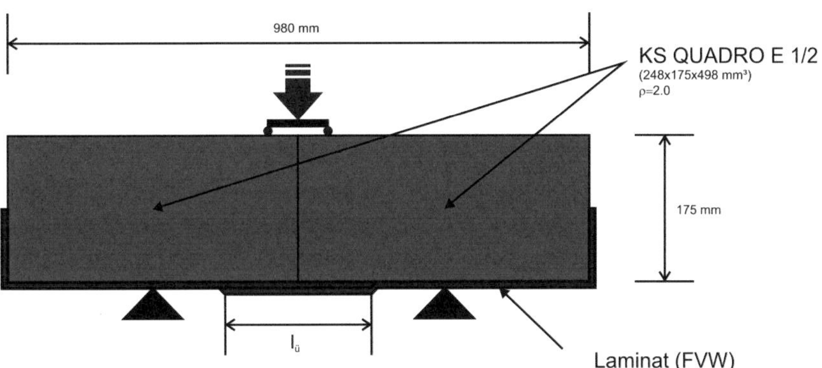


**Abbildung 5.40: Versuchsaufbau Überlappung**

Der Versuchsaufbau besteht aus zwei Kalksandsteinblöcken, die auf der Unterseite mit FVW verstärkt sind. Die Fixierung der Mauersteine erfolgt über zwei innenliegende Gewindestangen. Diese haben einen Einfluss auf die gemessenen Werte der Vertikalkraft. Die Kraftwerte sind somit nicht für eine quantitative Aussage über die Verstärkungseffekte geeignet. Eine Beurteilung der Funktionalität der Überlappung ist jedoch möglich. Bei einer Belastung durch eine vertikale Last entsteht auf der Unterseite ein kontrollierter Riss. Die Stossüberlappung des FVW befindet sich direkt über dem Riss.

Neben den Referenzkörpern wurden Versuchskörper untersucht, die unterschiedliche Stossübergreifungslängen $l_ü$ aufweisen:

- Unverstärktes Mauerwerk (unterer Grenzwert)

- Verstärktes Mauerwerk, Textilverstärkung durchgehend (zu erreichender oberer Grenzwert, wenn Überlappung keine Schwächung hervorrufen soll)
- Verstärktes Mauerwerk, Stossübergreifungslänge $l_{\ddot{u}}$=100 mm
- Verstärktes Mauerwerk, Stossübergreifungslänge $l_{\ddot{u}}$=200 mm
- Verstärktes Mauerwerk, Stossübergreifungslänge $l_{\ddot{u}}$=300 mm

Abbildung 5.41 zeigt die Referenzversuche zur Identifizierung oberer und unterer Grenzwerte im Vergleich mit einem Versuch, der eine Stossübergreifungslänge $l_{\ddot{u}}$ von 100 mm aufweist. Der untere Grenzwert (unverstärkter Prüfkörper) stellt den niedrigsten Kraftverlauf dar. Die Ergebnisse des Versuchs mit einer Überlappung von 100 mm den höchsten. Somit weist der Versuchskörper mit einer Überlappung höhere Kraftwerte auf als der verstärkte Prüfkörper ohne Überlappung. Eine Schwächung durch die Stossfuge ist somit nicht erkennbar. Der Übergreifungsstoss reduziert nicht die Tragfähigkeit. Er ist nicht bruchbestimmend. Daher überwiegen bereits bei einer Stossüberlappung von $l_{\ddot{u}}$=100 mm die Effekte der zusätzlichen Verstärkung durch die zweilagig applizierten Textilien. Bei den Großversuchen wurde aufgrund der Versuchsergebnisse mit einer Stossübergreifungslänge von $l_{\ddot{u}}$=100 mm gearbeitet.

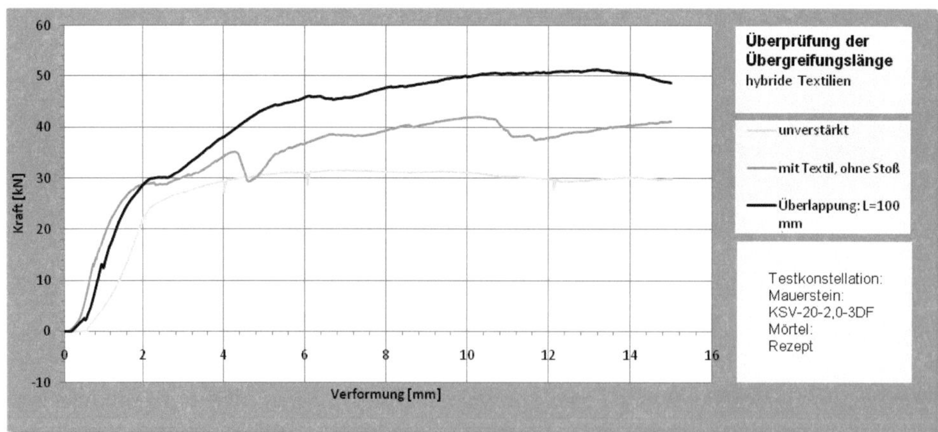


**Abbildung 5.41: Versuchsergebnisse zur Übergreifungslänge**

## 5.3.6 Verstärktes und unverstärktes Mauerwerk

Dieses Kapitel stellt einen direkten Vergleich zwischen unverstärktem und verstärktem Mauerwerk anhand der in dieser Arbeit durchgeführten Versuche.

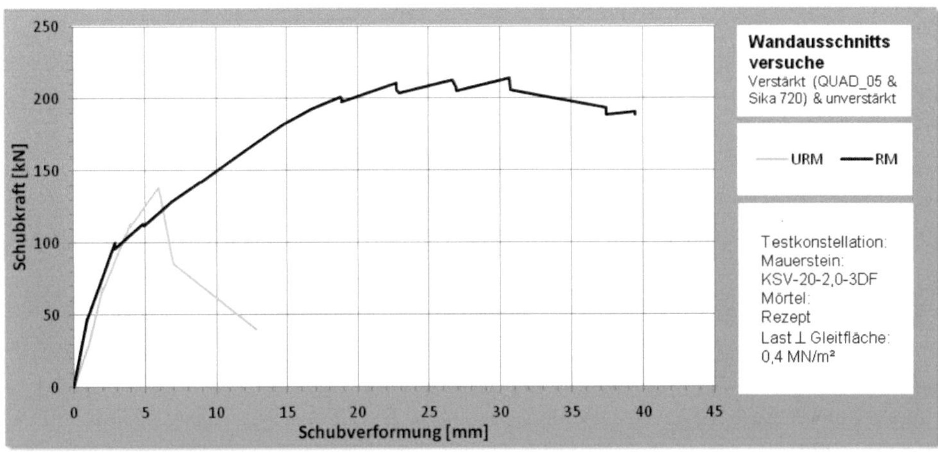


**Abbildung 5.42: Vergleich unverstärktes Mauerwerk mit QUAD_10 und Sika**

Abbildung 5.42 zeigt die Umhüllenden der Wandausschnitssversuche SW_02 und SW_08. Der direkte Vergleich belegt die Effektivität der hier verwendeten, hybriden Textilien. Die Duktilität der Wand ergibt sich zu:

**Tabelle 5.9: Tabellarischer Vergleich Verstärktes und unverstärktes Mauerwerk**

| | Unverstärktes    Mauerwerk (SW_02) | Verstärktes    Mauerwerk (SW_08) |
|---|---|---|
| Verstärkt mit: | - | Sika & QUAD_06 |
| Maximale Last: | $F_{max} = 138\,kN$ | $F_{max} = 232\,kN$ |
| Tragwiderstand (75 % von $F_{max}$) | $F_{75\%} = 103,5\,kN$ | $F_{max} = 174\,kN$ |
| Verschiebung bei $F_{75\%}$ | $\Delta_{el} = 3,58\,mm$ | $\Delta_{el} = 13,59\,mm$ |
| Verschiebung am abfallenden Ast bei $F_{75\%}$ | $\Delta_{pl} = 6,65\,mm$ | $\Delta_{pl} = 39,44\,mm$ |
| Verschiebungsduktilität $\mu_\Delta$ | $\mu_\Delta = 1,85$ | $\mu_\Delta = 2,90$ |

## 5.4 Wandversuche

Zu Validierungszwecken wurden geschosshohe Wandversuche durchgeführt. Die Versuchsdurchführung erfolgte an drei verschiedenen Versuchsaufbauten, die sich in der Kontrolle und Steuerung der Vertikallast unterscheiden. An Versuchskörpern, die eine bi- und tridirektionale Verstärkung (RW_02 und RW_03) erfahren haben, wurde das Verhalten unter einer konstanten Auflast ermittelt. Als Referenzkörper wurde dazu ein unverstärkter Mauerwerksversuch unter konstanter Vertikallast hinzu gezogen. Die Auswirkungen einer veränderten Vertikallastapplikation wurden anhand des verstärkten Versuchskörpers RW_04 überprüft. Hierbei wurde die Vertikallast kraft-weg-gesteuert (Kapitel 5.2.3.2). RW_03 diente als Referenz.

Eine weitere Testreihe wurde durchgeführt, um den Einfluss quaddirektionaler Textilien zu überprüfen. Hierbei kam eine momentgesteuerte Kopfbalkenkontrolle zum Einsatz. Zu Vergleichszwecken wurde ein Versuch mit der BGP Matrix durchgeführt. Bei allen Wänden wurde zur Wahrung der Vergleichbarkeit ein Kalksandvollstein des Formats 4DF mit einer Dichte von 2,0 und einer Druckfestigkeit von 20 N/mm² (Herstellerangabe) verwendet.

**Tabelle 5.10: Übersicht über die Versuche an geschosshohen Wänden**

| | Name | Vorlast | Steuerung | Mauerwerk | Gewirke | Matrix |
|---|---|---|---|---|---|---|
| | | [MN] | | | [-] | [-] |
| Referenzkörper | RW_01 | 0,4 | Kraft | KSV; NM IIa | - | - |
| unverstärktes Mauerwerk | RW_05 | 0,4 | Moment | KSV; NM IIa | - | - |
| Biaxial verstärktes | RW_03 | 0,4 | Kraft | KSV; NM IIa | BIAX_05 | 720 EpoCem |
| Mauerwerk | RW_04 | 0,4 | Kraft-Weg | KSV; NM IIa | BIAX_05 | 720 EpoCem |
| Triaxial verstärktes Mauerwerk | RW_02 | 0,4 | Kraft | KSV; NM IIa | TRIAX_06 | 720 EpoCem |
| Quadraxial verstärktes | RW_06 | 0,4 | Moment | KSV; NM IIa | QUAD_10 | 720 EpoCem |
| Mauerwerk | RW_07 | 0,4 | Moment | KSV; NM IIa | QUAD_10 | BGP |

## 5.4.1 RW_01

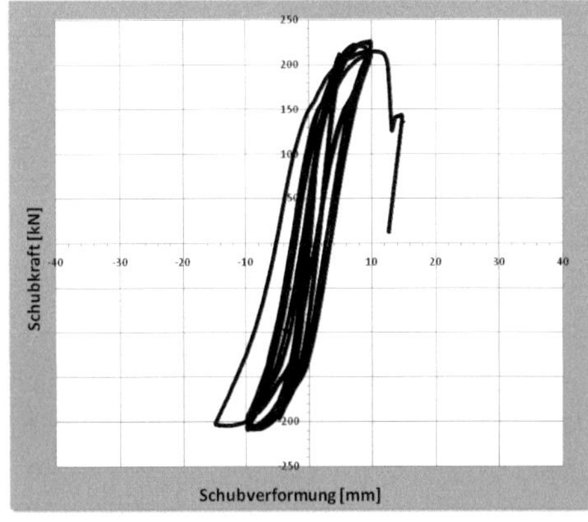


**Abbildung 5.44: Hysterese RW_01**

**Abbildung 5.43: Rissbild RW_01**

RW_01 diente als Referenzversuch. Es wurde keine Verstärkung aufgebracht. Die Vertikalkraft wurde kraftgesteuert aufgebracht. Die maximale Vertikalkraft betrug $V_{max}=V_1+V_2=380$ kN und wurde während der gesamten Versuchsdauer in der Summe konstant gehalten.

Bis zu einer Verformung von 5 mm trat lediglich ein Kippen des Versuchskörpers über die Ecken auf. Die Steigerung der Verformung generierte ein Schubversagen in der Lagerfuge über die komplette Wandlänge und im späteren Verlauf ein Fugenversagen in der Diagonalen. Die Steigerung der Verformung auf 10 mm und mehr ließ die bestehenden Risse weiter öffnen und führte zu dem abgeschlossenen Rissbild (Abbildung 5.43).

Die Schubkraft wurde durch die wachsende Schubverformung nach der Schädigung nicht erhöht. Die konstante Vertikalkraftsteuerung generierte eine konstante Spannungsverteilung, die in Verbindung mit dem Reibungsversagen keine Steigerung der Schubtragfähigkeit ermöglichte.

Aufgrund der zyklischen Belastung wurde ab einer Verformung von 10 mm ein wachsendes Gleiten der Wandteile oberhalb des Lagerfugenrisses senkrecht zur Wandebene bemerkt. Die Stabilität der Wandscheibe war nicht mehr gewährleistet, als die Verschiebung der oberen Wandteile senkrecht zur Wandebene 30 mm überschritt.

## 5.4.2 RW_02

Der Versuchskörper wurde durch ein tridirektionales, hybrides Gewirke unter Verwendung von Carbon verstärkt. Die Applikation erfolgte in 0° Richtung.

Bei RW_02 wurde die Summe der Vertikalkraft konstant gehalten. Es konnte bis zu einer Verformung von 40 mm vorwiegend ein Kippen über die Eckbereiche festgestellt werden. Eine darauf basierende Schädigung lag in geringem Maße in den

Eckbereich vor. Der S-förmige Kraft-Verformungsverlauf lässt sich aufgrund der freien Wandkopfrotation auch hier beobachten.

Nach der durchgeführten Prüfung mit einer konstanten Vertikallast konnten keine Rissentwicklungen im Wandbereich festgestellt werden. Die gesamte Schub-verformung wurde durch eine Rotation der Wandscheibe als ganzes kompensiert. Fugenöffnungen der Lagerfugen im Kontaktbereich zu den Stahlbetonbalken wurden durch die Rotation generiert.

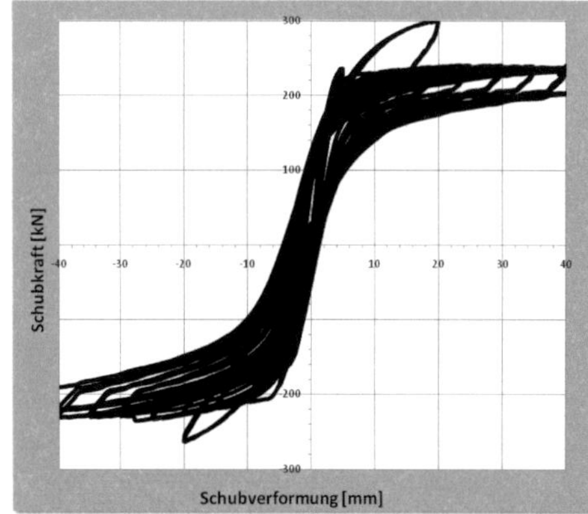

**Abbildung 5.45: Hysterese RW_02**

**Abbildung 5.46: Rissbild RW_02**

## 5.4.3 RW_03 und RW_04

Der bei den Versuchsdurchläufen RW_03 und RW_04 verwendete Versuchskörper wurde mit einem bidirektionalen hybriden Textil BIAX_05 verstärkt. Als Matrix kam die zementöse Sika Matrix 720 EpoCem zum Einsatz. Der Versuchskörper wurde in zwei Versuchsdurchläufen getestet. In einem ersten Durchlauf wurde die Wand-scheibe unter einer konstanten vertikalen Normalspannung untersucht. Der Schubkraft-Schubverformungsverlauf kann Abbildung 5.47, das Rissbild nach Abschluss Abbildung 5.48 entnommen werden:

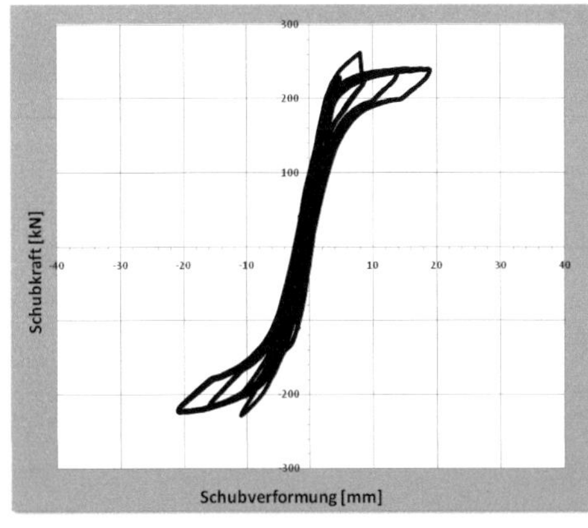
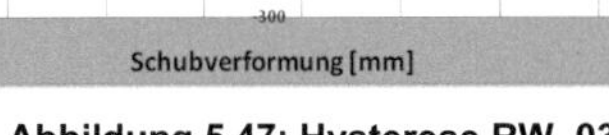


**Abbildung 5.47: Hysterese RW_03**

**Abbildung 5.48: Rissbild RW_03**

Die Hysterese zeigt eine Schubkraft auf dem Niveau der unverstärkten Mauerwerksscheibe RW_01 und der verstärkten Wand RW_02. Unter Anwendung der konstanten vertikalen Kraftsteuerung wurde eine Rotation des Versuchskörpers über die Eckbereiche beobachtet. Der Versagensmechanismus Kippen ließ bei der intakten und verstärkten Wand Schubverformungen daher ohne nennenswerten Schubtragfähigkeitsabfall zu. Die Schubverformungen durch die Rotation wurden zumeist durch den mechanischen Aufbau des Versuchsstands limitiert. Das Ergebnis ist, wie bei dem zeitlich früher durchgeführten Versuch RW_03, ein S-förmiger Verlauf.

Die Versuchsdurchführung RW_03 wurde bei einer Verformung von 20 mm gestoppt, da durch das identische Verhalten und des nicht existenten Einflusses der Verstärkungsmaßnahmen ein dem Versuch RW_02 ähnlicher Kraft-Verformungs-Verlauf auftreten würde.

Die Rissentwicklung in RW_03 beschränkte sich auf ein Öffnen der Lagerfugen im Bereich des Übergangs zu den angrenzenden Stahlbetonkopf- und Stahlbetonfußbalken. Das Rissbild verdeutlicht, dass bei einer konstanten Vertikallast keine Risse bis zu einer Verformung von 20 mm zu bemerken sind.

Eine Änderung des Versagens und darauf basierend eine bessere Differenzierung der Mauerwerksmechanismen und des Einflusses der Verstärkungsmaßnahme auf das Gesamtverhalten wurde zu Vergleichszwecken durch Anwendung einer geänderten Vertikallaststeuerung möglich. Für den Versuchsdurchlauf RW_04 wurde die Steuerung der Vertikallast auf eine kombinierte Weg-Kraftsteuerung geändert.

Es stellte sich bei Verformungen von bis zu 36 mm eine maximale Schublast in Höhe von 285 kN ein (Abbildung 5.50). Bei RW_04 konnte das Vorhandensein von kurzzeitigen Sprüngen der horizontalen Schubkraft festgestellt werden. Hervorgerufen werden diese durch die numerischen Berechnung der Vertikalkräfte, wenn eine Rissbildung und -schließung auftritt. Es konnte dadurch eine kurzzeitige Änderung der Vertikallast hervorgerufen werden. Dadurch ist mit dem Auftreten eines

Risses vielfach eine kurzzeitige Schrägstellung des Kopfbalkens aufgetreten. Die Justierung erfolgte softwareseitig sofort, mechanisch dauerte die Umsetzung trotz Hochleistungszylinder, die speziell auf eine dynamische Versuchsdurchführung ausgelegt sind, länger. Eine Beeinträchtigung der Versuchsergebnisse ist nicht festzustellen gewesen, da sich die Änderung hier immer während der Entlastung abspielte und die maximalen Schubkräfte nicht überschritten wurden.

Bei RW_04 war ab einer Verformung von 10 mm die Entstehung von Rissen in diagonaler Richtung zu bemerken. Bei weiteren Laststeigerungen war eine weitere Öffnung der durch die Fugen verlaufenden Diagonalrisse festzustellen, vereinzelt traten Risse in den Mauersteinen im Bereich der Ecken auf (Abbildung 5.49).

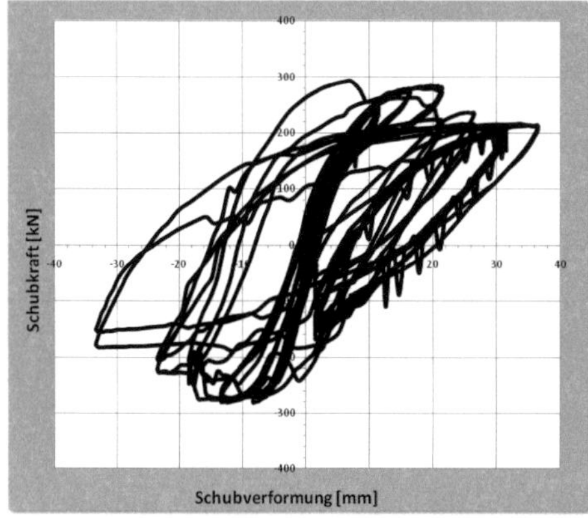


**Abbildung 5.50: Hysterese RW_04**

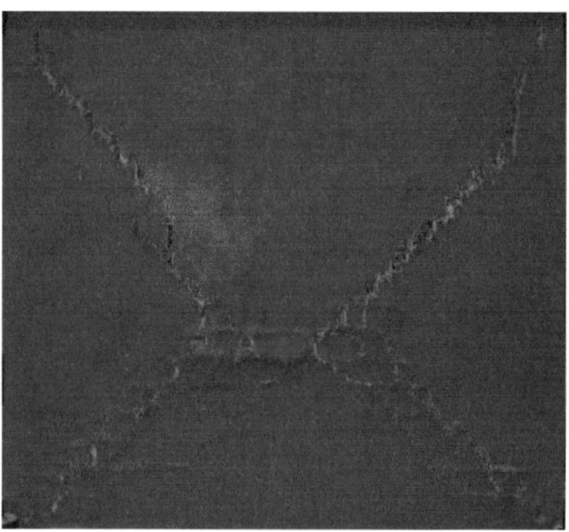

**Abbildung 5.49: Rissbild RW_04**

## 5.4.4 RW_05

RW_05 besteht wie RW_01 aus unverstärktem Mauerwerk und stellte einen der Referenzkörper dar. Die zur Verwendung gekommenen Mauersteine sind KSV mit dem Format 4DF und der Dichte 2,0. Zum Einsatz kam, wie bei den Wandausschnittversuchen, ein Rezeptmörtel.

Durch die veränderte Vertikallaststeuerung waren höhere Lasten zu erwarten. Bei den vorherigen Versuchen wurden Kräfte in Höhe der geplanten vertikalen Auflast benötigt. Bei der momentengesteuerten Vertikallastapplikation waren nun Kräfte zu erwarten, die direkt von der Horizontalkraft ($F_h$) abhängen und dadurch deutlich höher sein können. Die vertikalen Hydraulikzylinder wurden aufgrund der höheren zu erwartenden Lasten deutlich leistungsfähiger im Vergleich zu RW_01 bis RW_04 dimensioniert.

Die Wand wies ein elastisches Verhalten bis zu einer Verformung von 5 mm auf. Bei einer weiteren Verformung konnte eine überproportionale Erhöhung der Wandtragfähigkeit weit über den aufgrund der Versuche RW_01 bis RW_04 anzunehmenden Verlauf festgestellt werden. Diese kurzfristige Steigerung der Schubkraft trat lediglich in einem Zyklus auf. Die materialtheoretisch nichtbegründbare Extremlast lässt sich auf einen Verkantungsprozess bei der Entstehung der Diagonalrisse zurückführen. Die kurzfristige Verkantung lässt die Vertikalkraft sehr schnell und bei einer dafür geringen Verformung von 5 mm ansteigen, um das Gegenmoment aufzubauen. Die größere Vertikalkraft wiederum ermöglicht eine höhere Schublast. Die Erhöhung der Tragfähigkeit lässt sich dadurch auf die Vertikallaststeuerung zurückführen.

Nach dem sehr starken Anstieg der Vertikalkraft waren im weiteren Verlauf Schubkräfte zu messen, die bei einer Verformung von $u_h$=15 mm 150 kN betragen. Die Werte von 150 kN im ersten Zyklus erfahren einen starken Abfall im zweiten Zyklus. Die Aufzeichnung der Kraft-Verformungsdaten ist in der Abbildung 5.52 gegeben

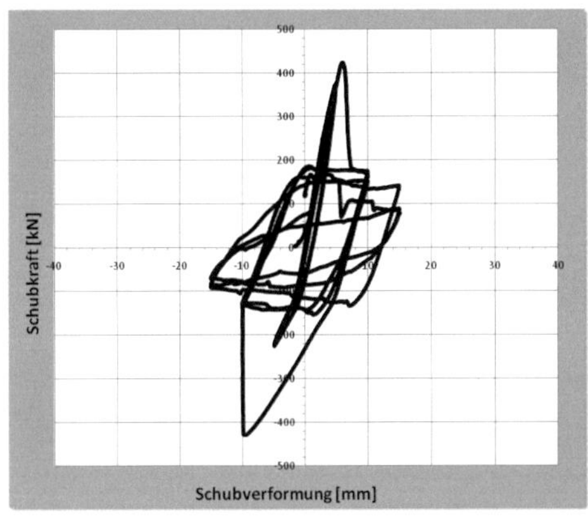

**Abbildung 5.52: Hysterese RW_05**                    **Abbildung 5.51: Rissbild RW_05**

Verformungen von über 6 mm ließen erste stufenförmige Risse in den Fugen entstehen. Die weitere Erhöhung der Verformung bewirkte neben einer gutmütigen Öffnung der Stossfugen aufgrund eines Schubversagens in den Lagerfugen auch die Entstehung von Rissen, die durch die Mauersteine liefen. Abbildung 5.51 zeigt das Rissbild nach Abschluss der Prüfung.

Die fortschreitenden Rissöffnungen durch die zyklischen Belastungen führten zu einer wachsenden Schädigung des Mauerwerks. Der rechte, dreiecksförmige Mauerwerksteil, begrenzt durch den Wandrand und die Diagonalen, drohte herauszufallen. Aufgrund des instabilen Gesamtverhaltens der Mauerwerksscheibe konnte eine weitere Aufbringung einer Verformung nicht durchgeführt werden.

## 5.4.5 RW_06

Der mit quaddirektionalem Verstärkungsmaterial ausgestattete Wandversuch RW_06 verfügte, wie der vorherige Versuch, über eine Steuerung des Kopfmoments durch die Fixierung des Moments in der Wandmitte zu Null.

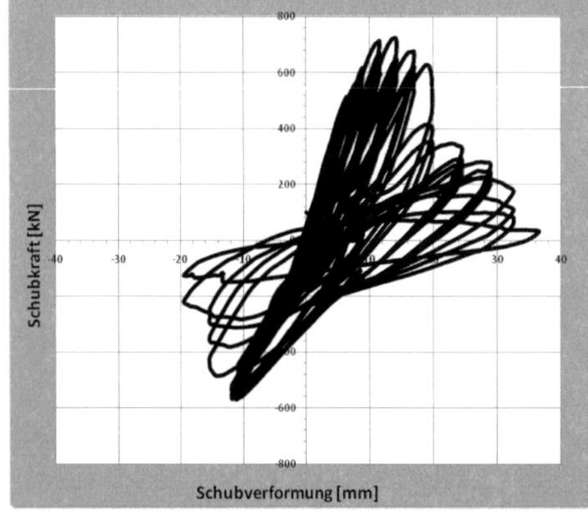


**Abbildung 5.53: Hysterese RW_06**

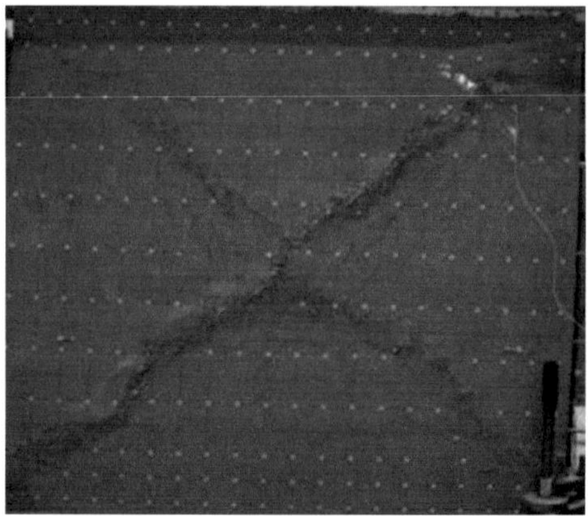

**Abbildung 5.54: Rissbild RW_06**

Bei der Versuchsdurchführung konnten Schublasttragfähigkeiten von mehr als 720 kN beobachtet werden. Die maximale Auslenkung war 36 mm. Bei einer Auslenkung von 30 mm konnte noch eine Schublast von über 200 kN gemessen werden (Abbildung 5.53). In direktem Vergleich ergibt sich somit in dem Verformungsbereich zwischen 6 mm und 15 mm eine Steigerung dem unverstärkten Versuchskörper gegenüber von mehr als 350 %. Der Verbleib der Schubtragfähigkeit über einen größeren Verformungsbereich (8-20 mm) bei über 600 kN identifiziert die gute Lastabtragung bei großen Deformationen durch Verwendung der hybriden Textilien in Verbindung mit einer Matrix, die diese Verformung durch schrittweises Lösen des Verbundes (Versagenstyp VIa und VIb) zulässt. Die Verstärkungseffekte, die an den kleinen Wandversuchen und an den Wandausschnittsversuchen gemessen wurden, konnten bestätigt werden.

Die ersten Schädigungen kündigten sich durch oberflächennahe Schubrisse im Bereich der Diagonalen ab einer Verformung von 10 mm an.

Bei weiterer Verformungssteigerung nahm die Anzahl der Diagonalrisse stetig zu, während die Rissbreite gering bleibt (< 1 mm). Eine Aufweitung der Risse und eine sichtbare Herauslösung der Fasern aus dem Matrixmaterial waren ab einer Verformung von 16 mm zu bemerken. Die Lage des Risses schien sich vorwiegend auf die Lagerfugen zu konzentrieren. Dies ließ auch hier auf einen gutmütigen Rissverlauf schließen. Bis zu einer Verformung von 36 mm ließ sich eine Vergrößerung der Rissbereiche und Rissweiten beobachten. Die hybriden Fasern ermöglichten auch bei großen Verformungen zuverlässig einen bestehenden Zusammenhalt der Mauerwerkskomponenten. Ein Herauslösen einzelner Mauerwerkskomponenten des mittleren Wandbereichs konnte wie bei allen Versuchen mit der zementösen Matrix nicht festgestellt werden.

## 5.4.6 RW_07

Der Einfluss unterschiedlicher Matrixmaterialien wurde vorwiegend an Wandausschnitt- und Kleinversuchen durchgeführt. Die Versuchsergebnisse an den kleinen Mauerwerksscheiben unter Verwendung der BGP Matrix zeigten ein gutes Verformungsvermögen (Abbildung 5.21). Die Tragfähigkeit wurde jedoch dabei im Vergleich zu unverstärktem Mauerwerk nicht maßgeblich erhöht.

Die Einflüsse der Verwendung einer BGP Matrix wurden ergänzend an einer geschosshohen Wand untersucht. Dadurch soll eine Abhängigkeit von dem Versuchskörperformat und der Vertikallast auf die Versuchsergebnisse bei der Beurteilung ausgeschlossen werden. Zu Vergleichszwecken wurde das quaddirektionale Textil QUAD_10 verwendet, das auch in RW_06 zum Einsatz kam.

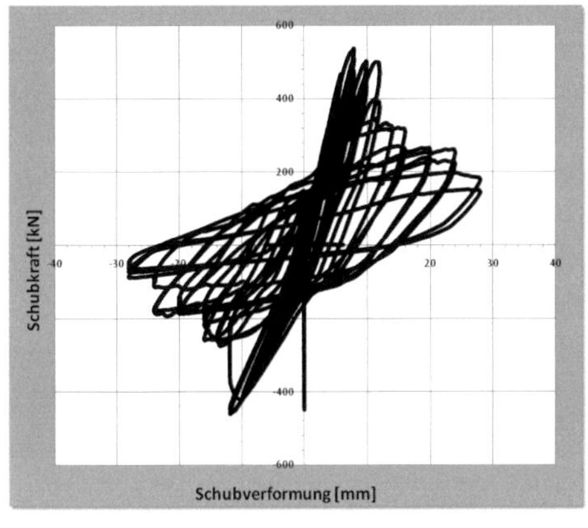


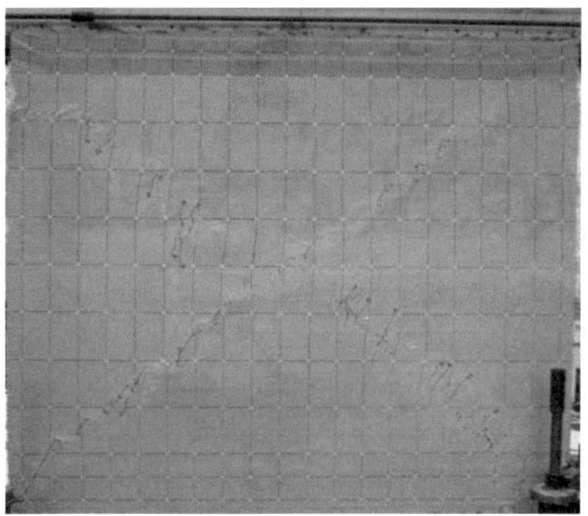

Abbildung 5.55: Hysterese RW_07      Abbildung 5.56: Rissbild RW_07

Die aufnehmbaren Schubkräfte sind über denen des Referenzversuchskörpers. Die maximale Schubkraft des mit BGP verstärkten Körpers stellt sich bei einer Verformung von 8 mm ein. Die Schubkraft beträgt hier 537 kN. Eine Verbesserung des Verhaltens ist zu bemerken, wenn auch nicht in den Dimensionen der zementösen Sika Matrix.

Es wurden maximale Schubverformungen von bis zu 28 mm gemessen. Insbesondere bei den zweiten und dritten Zyklen der höheren Belastung war ein deutlicher Festigkeitsverlust festzustellen. Die Analyse an der Wandscheibe ergab ein großflächiges Versagen der Matrix auf Versagenstyp II - nicht nur im Bereich der Risse.

## 5.4.7 Einfluss der Randparameter bei den Wandversuchen

Die Verteilung der Spannung aufgrund der unterschiedlichen Vertikallasteintragungen beeinflusst in erheblichem Maße das Verhalten der Wandversuche. Die Belastungsparameter in vertikaler Richtung sind somit direkt für das Auftreten der unterschiedlichen Versagensmechanismen verantwortlich. Im Folgenden werden die während der experimentellen Untersuchungen erkannten Unterschiede in direktem Vergleich aufgeführt und benannt.

### 5.4.7.1 Weg-Kraftsteuerung:

Bei der Weg-Kraftsteuerung wurde wie bei der vertikalen Kraftsteuerung, eine Fixierung der Vertikallasten als primäre Steuerungsregel implementiert.

Eine Überschreitung der vorgegebenen Vertikallasten wurde in keinem Fall festgestellt. Eine Änderung der Spannungsverhältnisse, insbesondere in den überdrückten Querschnittsteilen der Mauerwerkswand, fand aufgrund der Kontrolle der Kraft nicht in vergleichbarem Maße, wie bei einer Fixierung des Kopfbalkens über zusätzliche mechanische Stabilisierungsmaßnahmen, statt. Der starke Einfluss der überdrückten Bereiche auf die Gesamttragfähigkeit der Mauerwerkswand verdeutlicht den Einfluss, den insbesondere eine nicht kraftgeregelte Rotations-behinderung hat.

### 5.4.7.2 Momentensteuerung:

Beim Ansteigen der Horizontallast erfolgt zur Reduktion des Moments in Wandmitte eine Erhöhung der Vertikallast in dem Zylinder, der ein entgegengesetztes Moment aufbringen kann. Eine Erhöhung der Vertikallast kann durch eine Lastumlagerung aufgrund des Kippens der auf Schub beanspruchten Wandteile erklärt werden [54] und ermöglicht somit eine realitätsnahe Simulation. Beeinflussende Parameter sind hier das Material, der Gebäudegrundriss sowie die Belastung aus den darüber liegenden Geschossen. Zur realistischen Abbildung sollte somit eine Kombination der folgenden Ansätze zur genaueren Steuerung der Vertikallastaufbringung erfolgen:

a) Erhöhung der Vertikallast

Die Vertikallast muss zur Generierung des gegenläufigen Moments stärker wachsen, ab dem der gegenüberliegende Zylinder Zugkraft aufnehmen müsste. Diese steigende Vertikallast bewirkt eine Erhöhung der Tragfähigkeit aufgrund des direkten Einflusses auf das Bruchregime „Schubversagen".

Erfolgt eine weitere Erhöhung der Vertikallast, tritt eine Verschiebung der Bruchvorgänge in Richtung des spröderen Druckversagens auf. Es sind dementsprechend zwei Prozesse bei dieser Art der Vertikallaststeuerung zu beobachten:

- Die Fixierung des Moments in Wandmitte muss ab einer gewissen Größe der Horizontallast eine Erhöhung der Vertikallast hervorrufen. Dadurch wird eine zusätzliche Steigerung der Schublasttragfähigkeit erreicht.

- Die Erhöhung der Vertikallast erhöht die Auftretenswahrscheinlichkeit eines spröden Mauerwerksdruckbruchs oder eines Mauersteinzugbruchs.

So ist in Bereichen, in denen eine Vertikallasterhöhung eine Verlagerung des Bruchregimes noch nicht hervorruft eine deutliche Steigerung der aufnehmbaren Schubtragfähigkeit aufgrund der Gültigkeit des Coulombschen Reibungsgesetzes zu erwarten. Während sie bei einer Verlagerung des Spannungszustands in einen Bereich des nachfolgend angesiedelten Bruchregimes (Schrägzugversagen Mauerstein oder Druckversagen Mauerwerk) eine Verringerung bzw. ein Gleichbleiben der Tragfähigkeit bedeutet.

b) Vergrößerung des Kolbenabstands

Bei einer Vergrößerung des Kolbenabstands kann eine Vergrößerung des der Horizontalkraft entgegenwirkenden Moments durch Erhöhung des Hebelarms erreicht werden. Der größere Hebelarm erlaubt eine Beibehaltung der wirkenden Vertikallast unter gleichzeitiger Vergrößerung der rotationshemmenden Maßnahme.

Sowohl die kombinierte Weg-Kraftsteuerung als auch die Fixierung des Moments in Wandmitte ermöglichen einen effizienten Vergleich der verstärkten Wandstrukturen. Eine konstante Vertikallast, die der hier zugrunde gelegten Steuerung einer konstanten vertikalen Auflast entspricht, ermöglicht durch die Generierung eines reinen Zugversagens in der Lagerfuge bei der hier untersuchten vertikalen Auflast ($\sigma_y$=0,59 MN/m²) keinen sinnvollen Vergleich der maximalen Schubkräfte.

Zusammenfassend kann gesagt werden, dass die Schubversuche an Mauerwerkswänden sensibel auf die Art der Vertikalspannung reagieren. Jede der untersuchten Vertikallaststeuerungen birgt Vor- und Nachteile. Eine allgemeingültige Simulation der Spannungsverhältnisse in Versuchen ist schwierig zu realisieren. Dadurch wird die Vergleichbarkeit mit Ergebnissen aus der Literatur nur unter großem Aufwand möglich bzw. unmöglich.

## 5.5 Zusammenfassung

Die experimentellen Untersuchungen brachten durch die differenzierte Analyse der relevanten Parameter ein verifiziertes und umfassenderes Verständnis von Mauerwerksverstärkungen durch textile FVW zu Tage. Die experimentelle Arbeit baut auf den von [189] durchgeführten Versuchen auf. Die dort optimierte Matrix wird in dieser Arbeit durch eine auf die speziellen Anforderungen beim Verstärken von Mauerwerk angepasste, hybride Textilien vervollständigt.

In Prüfungen wurden die Funktionalität der textilen Hybrid-Bewehrung und die Wirksamkeit der entwickelten Matrizen und Applikationstechnologien auf das Trag-, Deformations- und Nachbruchverhalten der Mauerwerks-Prüfkörper nachgewiesen.

Dazu wurden experimentelle Untersuchungen an Mauerwerkskörpern unter erdbebenrelevanten Belastungssituationen durchgeführt.

Bei einer Belastung eines mit einer Hybrid-Bewehrung in einer flächigen Matrix verstärkten Mauerwerks wurde durch den statisch tragenden, hochfesten Materialanteil der Bewehrungsgrundstruktur (AR-Glas, Carbon) und durch die außenliegenden Fäden der seilartigen Verstärkungen, die einen belastbaren Verbund mit der Matrix besitzen, primär eine Verbesserung der Schub- und Biegetragfähigkeit erreicht. Die dem hybriden Textil beigefügten hochdehnbaren Fasern erlauben eine Sicherung des Zusammenhalts der Komponenten weit in den Nachbruchbereich und können somit erfolgreich den Totalkollaps der Mauerwerksstruktur verhindern. Schubverformungen bis weit über 200 % der vergleichbaren Werte für unverstärkte Mauerwerkskörper konnten so in experimentellen Untersuchungen aufgebracht werden, ohne ein Versagen der Struktur zu generieren.

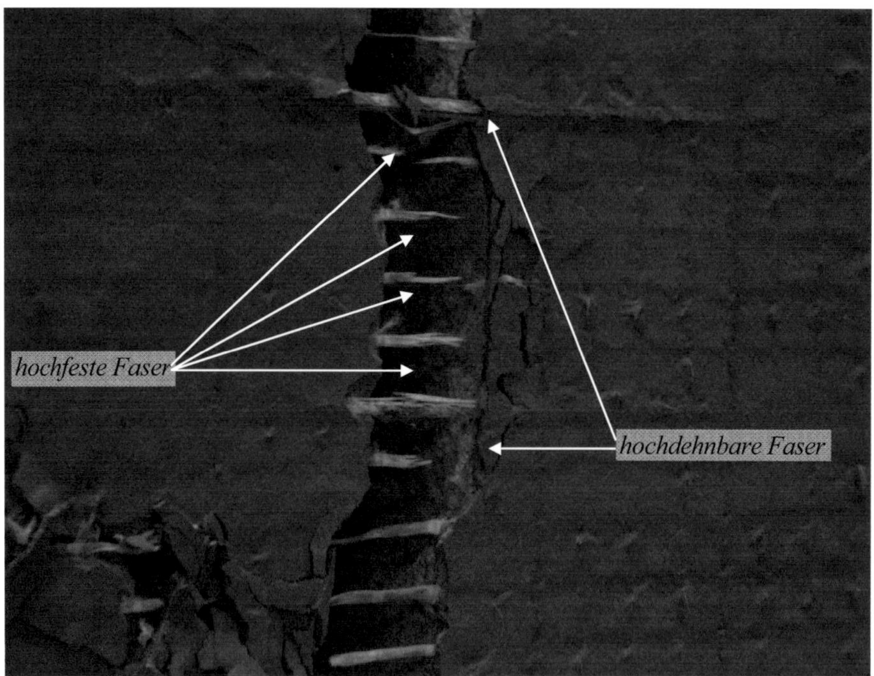


**Abbildung 5.57: Herauslösen der Textilstrukturen aus dem Verbund**

Die dabei intakt gebliebenen, hochdehnbaren Fasern des Verbundwerkstoffs ermöglichen ein quasi duktiles Verhalten der Mauerwerksstruktur, die damit beschichtet wurde. Nach dem Bruch des statisch tragenden, hochfesten Materialanteils ist im weiteren Belastungsverlauf durch den hochdehnbaren Materialanteil der Hybrid-Bewehrung eine Tragreserve vorhanden, wodurch das

Nachbruchverhalten (insbesondere der Zusammenhalt der gerissenen Mauerwerkssegmente) des Bauwerks deutlich stabiler wird. Die Duktilität wird dabei wesentlich durch das Gleiten und die Dehnung der gestreckt innenliegenden Fäden in den seilartigen Bündelungen erreicht. Dabei wird der Verbund zwischen der textilen Bewehrung und dem Matrixmaterial nur gering belastet, so dass eine tragfähige Verbindung der Bewehrung zum Mauerwerk erhalten bleibt. Durch den duktilen Anteil der textilen Bewehrung wird das dissipative Arbeitsvermögen des Mauerwerksverbandes deutlich erhöht.

Der Vergleich mit den unverstärkten Referenzkörpern zeigt des Weiteren eine Änderung der Versagensmechanismen. Bei den unverstärkten Körpern wurde vorwiegend ein Versagen durch Rissbildung im Bereich der Mauersteine festgestellt, während die verstärkten häufig eine Rissbildung im Bereich der Fuge aufwiesen. Dieses günstigere Verhalten im Nachbruchbereich entsteht vermutlich durch die Minimierung der Rotation der einzelnen Mauersteine. Anhand der hier aufgezeichneten Daten kann dies messtechnisch nicht eindeutig belegt werden, da die Aufzeichnungsgenauigkeit zum Nachweis des Verstärkungseffekts durch Rotationsminimierung durch die Photogrammmetrie (Auflösung +/- 0,3 mm) nicht gegeben war. Die Rissbilder der Versuchskörper belegten jedoch die Vermutung.

Die starke Abhängigkeit der Versuchsergebnisse von der Steuerung der Vertikallast begründet die lediglich bedingte Vergleichbarkeit zwischen ähnlich aufgebauten Versuchsaufbauten.

Zusammenfassend kann gesagt werden, dass durch Verwendung des hybriden FVW ein deutlich verbessertes Nachbruchverhalten erreicht werden kann. Die Schubtragfähigkeit ist auch bei großen Schubverformungen noch gegeben. Des Weiteren wird der Zusammenhalt der Mauerwerkskomponenten gewährleistet, das Herauslösen von einzelnen Mauerwerksteilen wurde nicht beobachtet.

# 6 Numerische Modellbildung

In diesem Kapitel werden neben den Grundlagen zu der numerischen Modellbildung, die Struktur sowie die Implementierung des im Zuge der Arbeit programmierten Materialgesetzes für Mauerwerk in das Softwarepaket Abaqus dargestellt. Die Modellierung des Materialverhaltens erfolgt anhand eines Mehrflächenfließmodells (Multi-Surface-Plasticity). Die im plastischen Bereich zu beobachtende Änderung der Materialfestigkeit wird durch eine Ver-/Entfestigungsmodellierung abgebildet. Die Änderung der Steifigkeit findet Eingang durch die Schädigungsmechanik. Im Anschluss an die Dokumentation des Materialgesetzes folgt die Beschreibung der Verstärkungsmaßnahmen und der Berechnungsergebnisse.

## 6.1 Numerische Modellbildung

In den letzten Jahrzehnten finden numerische Methoden immer häufiger Anwendung auch bei komplexen, heterogenen Strukturen und stark nichtlinearem Materialverhalten. Eine Unterscheidung der numerischen Modellbildung kann zwischen kontinuums- und diskontinuumsmechanischen Ansätzen erfolgen. Bei der Kontinuumsmechanik bleibt der Zusammenhalt der Gesamtstruktur während der Formänderung erhalten. Stetige Verschiebungsfelder werden vorausgesetzt. Im Vergleich dazu ist bei der Diskontinuumsmechanik die Verformung nicht an einen Zusammenhalt der Gesamtstruktur gebunden. Einzelne Elemente/Kontinuen können sich frei bewegen. Die Diskontinuumsmechanik hat ihr ursprüngliches Anwendungsgebiet in der Felsmechanik. Der Vorteil frei bewegliche Kontinuumselemente abbilden zu können, ist jedoch auch bei der Betrachtung von Mauerwerksstrukturen von Interesse, bei denen das Nachbruchverhalten bis hin zum Kollaps untersucht werden soll. In den hier durchgeführten Versuchen zeigte sich, dass die Versuchskörper durch die Verwendung des Faserverbundwerkstoffs stets einen Zusammenhalt der einzelnen Komponenten garantieren. Die Verwendung eines kontinumsmechanischen Ansatzes bietet sich aufgrund dessen hier an.

Das kommerzielle FE-Paket Abaqus/Standard bietet neben leistungsfähigen, impliziten Gleichungslösern, umfangreiche Möglichkeiten des Pre- und Postprozessings auch vielfältige Schnittstellen zur Implementierung von benutzerdefinierten Algorithmen für die Material-, Element- und Belastungsdefinition [2]. Die Berechnung der Dehnungsinkremente des nächsten Schrittes ($d\varepsilon_x, d\varepsilon_y, d\varepsilon_{xy}$) erfolgt durch ein in Abaqus implementiertes, iteratives Newton-Raphson Verfahren. Die Berechnungen erfolgen dynamisch. Die Materialmodellierung des Mauerwerks erfolgt elasto-plastisch unter Verwendung eines Prädiktor-Korrektor-Verfahrens. Verwendet wurden die von Mann/Müller [105, 104] hergeleiteten Versagensbedingungen. Nach Mistler kann eine Makro-Modellierung unter Verwendung der Plastizitätstheorie im ebenen Spannungszustand erfolgen [117]. Eine Materialdegradation kann durch die elasto-plastische Formulierung nicht erreicht werden. Die Steifigkeiten ändern sich im Lauf der Berechnung nicht, sie bleiben bei allen Belastungen und Entlastungen gleich groß. Die in den experimentellen Untersuchungen zu beobachtende Reduktion der Steifigkeit im Materialverhalten wird daher durch die Schädigungstheorie abgebildet. Der Ansatz nach Meschke [112] führt durch eine Kopplung mit dem plastischen Multiplikator zu reduzierten Steifigkeitsmatrizen.

Eine vertiefende Studie der Grundlagen der numerischen Methoden und insbesondere der FEM kann anhand von [10, 78, 193, 91, 195; 196] erfolgen.

## 6.2 Modellierungsstrategien für Mauerwerksstrukturen

Die wirklichkeitsnahe Modellierung von Mauerwerk kann durch eine diskrete Betrachtung der einzelnen Phasen (Mauersteine und Mörtel) oder durch eine Betrachtung des heterogenen Werkstoffs als verschmiertes homogenes Kontinuum erfolgen. Der Literatur und früheren Forschungsergebnissen folgend, wird zwischen Makro- und Mikromodellierung unterschieden.

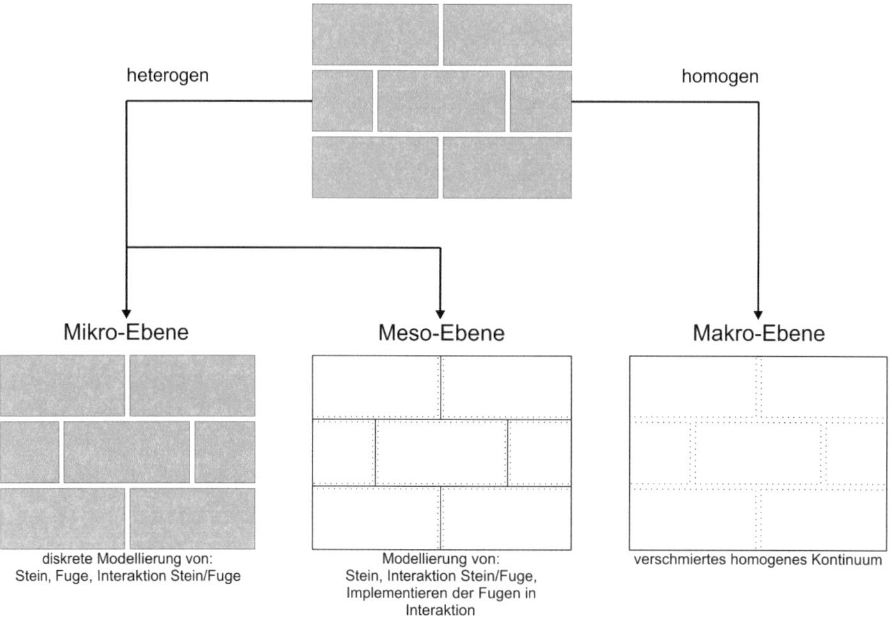


**Abbildung 6.1: Modellierungsstrategien von Mauerwerk**

Die Wahl der Modellierungsstrategie (Abbildung 6.1) wird durch die für die Untersuchung erforderliche Detaillierung festgelegt. Die Analyse der Spannungsverhältnisse an lokalen Lasteinleitungspunkten oder die Abbildung der Spannungsverhältnisse innerhalb der einzelnen Phasen und der Interaktion zwischen diesen kann nur mit einer heterogenen Betrachtung des Mauerwerks erfolgen (Mikro- und Meso-Ebene). Die detaillierte Modellierung (Mikro-Ebene) sieht eine Formulierung der einzelnen Mauerwerksbestandteile Mauerstein und Mörtelfuge vor. Der geometrische Aufbau des Mauerwerksverbandes wird diskret beschrieben. Dabei werden die einzelnen Bestandteile mit den jeweiligen Materialeigenschaften modelliert. Zur Modellierung der Mauersteine wird in der Literatur, insbesondere bei der Abbilung von Bauteilen, häufig eine lineare Spannungs-Dehnungsbeziehung verwendet [79, 150]. Die Interaktion in den jeweiligen Kontaktflächen (Mauerstein/Mörtel) wird durch eine Kontaktdefinition beschrieben. Durch die diskrete Abbildung - nicht nur der spezifischen Eigenschaften der Bestandteile sondern auch der Kontaktbedingungen (Haft- und Schubverbund) - lassen sich innere Spannungszustände darstellen. Erst dadurch werden Verblockungs- oder Verkantungseffekte, die bei einer Schubbelastung des Mauerwerks durch Rotation der Mauersteine entstehen können, berechenbar. Die diskrete Abbildung der Phasen und der Kontaktdefinition erhöht den Rechen- und Modellierungsaufwand erheblich. Komplexe Mauerwerksstrukturen, die aus mehreren Bauteilen bestehen, sind so nicht mehr wirtschaftlich mit einer Mikromodellierung zu untersuchen.

Eine Reduktion des Aufwands kann erreicht werden, indem die Eigenschaften der Fuge und der Interaktion kombiniert und bei der Formulierung der Kontaktbedingungen berücksichtigt werden. Die Abmessungen der Mauersteine werden dabei um die halbe Fugendicke erweitert. Man spricht dann von einer vereinfachten Mikromodellierung oder einer Modellierung auf der Meso-Ebene (Abbildung 6.1). Dabei wird die Dicke der Fuge bei der Modellierung vernachlässigt. Die Wechselwirkungen zwischen Stein und Mörtel gehen zum Teil verloren. Eine wesentliche Reduktion des Modellierungs- und Rechenaufwands macht die Modellierung auf der Meso-Ebene bei der Betrachtung von Bauteilen interessant. Ein Problem bei der vereinfachten Mikromodellierung ist, dass eine Erfassung des Druckversagens von Mauerwerk nicht möglich ist, da die Mörtelfugenquerdehnung und eine daraus resultierende Querzugbeanspruchung der Mauersteine, aufgrund der fehlenden kontinuumsmechanischen Ansätze im Bereich der Fugen, nicht erfasst werden. Dieses Versagen lässt sich jedoch vereinfacht im Materialmodell der Steine implementieren. Arbeiten hierzu finden sich von Lourenço [101] und Wallner [189]. Dialer setzte die vereinfachte Mikromodellierung in Verbindung mit der Distinkten Element Methode (DEM) ein [32]. Die Distinkte Element Methode basiert auf diskreten Teilchen, deren Interaktion durch Kontaktgesetze beschrieben wird. Dabei sind sowohl Translations- als auch Rotationsbewegungen zulässig.

Der Modellierung auf Makro-Ebene liegt die Idealisierung des heterogenen Werkstoffs Mauerwerk als homogenes, verschmiertes Kontinuum zugrunde. Vorausgesetzt wird dabei, dass die Abmessungen der einzelnen Komponenten (Mauersteine und Mörtelfugen) im Vergleich zu der zu untersuchenden Struktur klein genug sind, um die bei der Idealisierung auftretenden Diskontinuitäten verschmiert darstellen zu können. Ein zu erwähnender Nachteil ist dabei die nicht gegebene Möglichkeit der Darstellung von Steinrotationen und Verblockungen [151]. Die Modellierung unterscheidet nicht zwischen Mauersteinen und Mörtelfuge. Auftretende Risse werden über eine Anpassung des zugrunde liegenden Materialmodells eingebracht. Eine weitere Reduktion des Aufwands im Vergleich zu den vorgenannten Modellierungsstrategien, insbesondere des

Modellierungsaufwands, macht die Makro-Ebene für die Betrachtung kompletter Strukturen interessant.

Es werden grundsätzlich zwei veschiedene Herangehensweisen zur Homogenisierung des Materials für die Materialformulierung im Zuge der Makromodellierung in der Literatur erörtert. Bei der Verwendung zweistufiger Homogenisierungsprozesse wird die Berechnung der äquivalenten Spannungen und Dehnungen durch die Homogenisierung periodisch geschichteter Werkstoffe in zwei unterschiedlichen Richtungen erreicht [135, 101]. Bei nichtlinearem Materialverhalten, insbesondere bei der Entfestigung, können große Fehler entstehen. Hervorgerufen werden diese durch die Steifigkeitsunterschiede der Phasen sowie der Tatsache, dass Mauerwerk real nicht schichtenweise ist [101]. Die Verwendung von Homogenisierungstechniken wurde in dieser Arbeit nicht weiter verfolgt. Die zweite Möglichkeit ist die makroskopische Beschreibung von Mauerwerk mit Hilfe elasto-plastischer Materialformulierungen. Grundlegende Arbeiten zur Verwendung elasto-plastischer Materialformulierungen bei der Modellierung von Mauerwerk wurden von Seim et al. [172, 173, 174] und Lourenço et al. [101, 103] durchgeführt. Beide Modelle beziehen sich auf den ebenen Spannungszustand. Während Lourenço et al. ein aus Hill- und Rankine-Kriterium zusammengesetztes Fließkriterium verwenden, kommt bei Seim et al. ein auf den für Mauerwerk definierten Versagensbedingungen von Ganz et al. [61] basierendes Mehrflächenfließmodell zum Einsatz. Unter Verwendung der Ganz/Thürlimann Bedingungen entwickelte Schlegel [150] eine dreidimensionale Umsetzung anhand eines mehrdimensionalen Fließflächenmodells. Die numerische Umsetzung dieser Modellierung erfolgte mit Hilfe der impliziten FEM. Schermer verwendete für seine zyklische, zweidimensionale Materialmodellierung die Mann/Müller Versagenskriterien [147]. Gekoppelte Versagenskriterien nach Mann/Müller, die Fähigkeit zyklisches Verhalten darzustellen sowie eine Berücksichtigung der Schädigung finden sich in Mistler [117]. Eine detaillierte Betrachtung der Modellierungsstrategien findet sich in dem nachfolgenden Kapitel.

Grundsätzlich ist mit den Versagenskriterien nach Mann/Müller ebenso eine realitätsnahe Abbildung von Mauerwerk möglich, wie nach Ganz/Thürlimann. Bei der Berücksichtigung horizontaler Normalspannungen, werden für die Umsetzung der Mann/Müller Kriterien die schwierig zu ermittelnden Stossfugeneigenschaften benötigt. Bei Ganz/Thürlimann werden diese nicht benötigt. Ganz/Thürlimann benötigen für eine Aufnahme von Schubspannung in ihren Versagenskriterien, die unter Vernachlässigung von Zugspannungen aufgestellt wurden, stets Normalspannungen. Im Zuge der Arbeit werden die Mann/Müller Versagenskriterien verwendet (Kapitel 0).

## 6.3 Plastizitätstheorie

Das Materialverhalten von Mauerwerk ist stark nichtlinear. Eine Beschreibung mit rein elastischen Materialgesetzen würde dem tatsächlichen Verhalten, insbesondere im Nachbruchbereich, nicht gerecht werden. Die Beschreibung des

Materialverhaltens unter Verwendung von elasto-plastischen Materialmodellen ist außerdem gut geeignet, um das Verhalten unter zyklischer Last zu definieren, da die irreversiblen plastischen Verformungen realitätsnah abgebildet werden können.

Im Gegensatz zu dem Materialverhalten nach der Elastizitätstheorie besteht bei elasto-plastischen Materialien keine eindeutige Beziehung zwischen den auftretenden Verzerrungen und den zugehörigen Spannungen. Die Spannungs-Dehnungs-Beziehung hängt stark von der Belastungsgeschichte ab. Insbesondere bei den hier betrachteten, zyklischen Materialbeschreibungen ist eine Berücksichtigung der Belastungsgeschichte unerlässlich. Das Materialverhalten wird nach Überschreiten eines elastischen Festigkeitsgrenzwerts $\beta_{el}$ in ideal plastisch (a), verfestigend (b) und entfestigend (c,d) unterteilt (Abbildung 6.2):

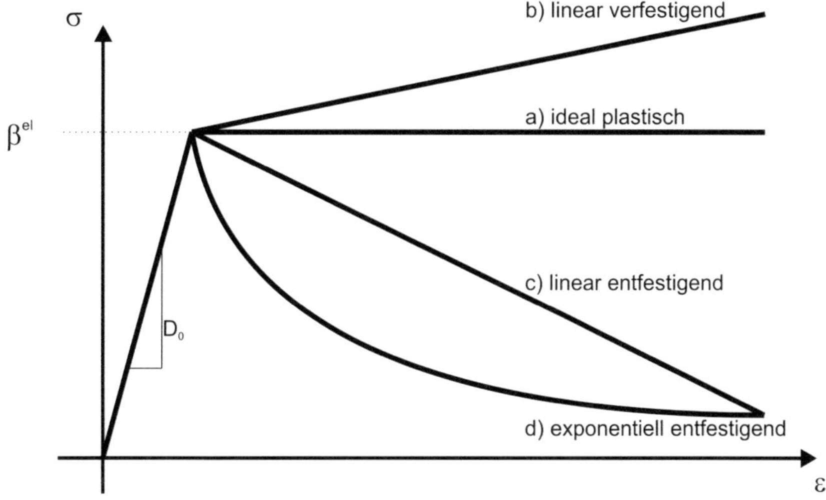


**Abbildung 6.2: Plastizität**

Die Annahme kleiner Verzerrungen (aber großer Deformation und Verdrehungen) erlaubt eine additive Zerlegung der Verzerrungen in einen elastischen, reversiblen und einen plastischen, irreversiblen Anteil:

$$\varepsilon = \varepsilon^{pl} + \varepsilon^{el}$$

6.1

Eine Verknüpfung von Spannungen und Dehnungen erfolgt im elastischen Bereich über das Stoffgesetz nach Hooke. Die Spannungs-Dehnungs-Beziehung ergibt sich aus:

$$\sigma = D \cdot \varepsilon^{el} = D \cdot \left( \varepsilon - \varepsilon^{pl} \right)$$

6.2

Wobei $D_0$ die Elastizitätsmatrix darstellt. Bei dem hier zur Anwendung gekommenen Verfahren liegt eine dehnungsgesteuerte Problemstellung vor, d.h. es gilt den inkrementellen Spannungszuwachs $d\sigma_{n+1}$ zu bestimmen, wobei $d\varepsilon_{n+1}$ aus dem globalen Newton-Raphson Verfahren bekannt ist. Im Lastschritt (n+1) ergibt sich unter Verwendung der Variablen des Schritts (n) folgender, aktualisierter Spannungszustand:

$$\sigma_{n+1} = \sigma_n + d\sigma_{n+1}$$

$$6.3$$

bzw. Dehnungszustand:

$$\varepsilon_{n+1} = \varepsilon_n + d\varepsilon_{n+1}$$

$$6.4$$

Bei dem zur Anwendung gekommenen Return-Mapping Verfahren wird ausgehend von einer rein elastisch angenommenen Verformung ein Trial Spannungszustand berechnet. Die Verwendung der Trialspannung wird vertiefend in Absatz 6.5 behandelt.

$$\sigma_{trial} = \sigma_n + d\sigma_{trial} = \sigma_n + D_n \cdot d\varepsilon_{n+1}$$

$$6.5$$

## 6.3.1 Fließbedingung

Zur Beschreibung der Grenze zwischen elastischem und plastischem Bereich wird eine skalarwertige Fließbedingung in Abhängigkeit der Spannung σ sowie Zustandsvariablen (Ver-/Entfestigungsparameter $\kappa_i$) definiert:

$$F_i = F_i\left(\sigma, \kappa_i\right) \leq 0$$

$$6.6$$

Die Indizierung i dient der Unterscheidung der Fließflächen. Die Fließfläche schließt alle möglichen und physikalisch zulässigen Spannungszustände ein. Bei Erreichen der Fließfläche tritt eine plastische Zustandsänderung ein. Es lassen sich in Abhängigkeit des Spannungszustands folgende Zustandsänderungen unterscheiden:

$$F_i\left(\sigma, \kappa_i\right) < 0 : \text{elastische Zustandsänderung}$$

$$F_i\left(\sigma, \kappa_i\right) = 0 : \text{plastische Zustandsänderung}$$

$$F_i\left(\sigma, \kappa_i\right) > 0 : \text{nicht erlaubt}$$

$$6.7$$

Außerhalb dieser definierten Fließfläche liegende Zustände sind unzulässig und werden in der Art auf die Fließfläche zurückgeführt, dass die Fließbedingungen durch die aktualisierten, rückprojizierten Spannungen und angepassten internen Variablen wieder erfüllt werden. Das Verfahren geht von einem elastischen Prädiktorschritt und einem plastischen Korrektorschritt aus [177, 169].

## 6.3.2 Fließregel

Die Rückführung wird durch die Fließregel oder das Fließgesetz gesteuert, das zur Bestimmung der plastischen Deformationsinkremente benötigt wird.

$$d\varepsilon_i{}^{pl} = d\lambda_i \cdot \frac{\partial Q_i}{\partial \sigma} = d\lambda_i \cdot \begin{pmatrix} \dfrac{\partial Q_i}{\partial \sigma_x} \\[2mm] \dfrac{\partial Q_i}{\partial \sigma_y} \\[2mm] \dfrac{\partial Q_i}{\partial \tau_{xy}} \end{pmatrix} \qquad \text{6.8}$$

Die Potentialfunktion $Q_i$ , nach den jeweiligen Spannungsrichtungen partiell differenziert, ergibt die Richtung der plastischen Dehninkremente. Es wird unterschieden zwischen assoziierten und nichtassoziierten Fließregeln. Bei der assoziierten Fließregel entspricht die Potentialfunktion der Fließfunktion. Die Fließrichtung ergibt sich als Gradient der Fließfläche nach den Spannungen σ. Es gilt $F_i=Q_i$. Der plastische Fluss ist normal zur Fließfläche (Normalenregel). Die Rückführung erfolgt dementsprechend senkrecht zur Fließfläche. Bei der nicht assoziierten Fließregel gilt $F_i\neq Q_i$.. Die plastischen Inkremente sind nicht normal zur Fließfläche angeordnet. Bei der numerischen Umsetzung des Materialgesetzes wurden sowohl assoziierte als auch nicht assoziierte Fließregeln verwendet.

Der plastische Multiplikator $d\lambda_i$ ist ein Skalar und bestimmt die Länge des Richtungsvektors. Er ergibt sich bei einer rein elastischen Verformung zu Null und ist größer als Null für eine plastische Verformung. Negative Werte für den plastischen Multiplikator würden bedeuten, dass negative Energie aufgewendet werden muss, um einen zulässigen Spannungszustand auf der Fließfläche zu erzwingen und sind damit nicht zulässig. Der plastische Multiplikator lässt sich unter der Bedingung bestimmen, dass sich der aktualisierte Spannungszustand

$$F_i(\sigma + d\sigma, \kappa_i + d\kappa_i) = 0 \qquad \text{6.9}$$

bzw.

$$dF_i(d\sigma, d\kappa_i) = 0 \qquad \text{6.10}$$

auf der Fließfläche befindet. Daraus lässt sich in Abhängigkeit einer inneren Variablen $\kappa_i$ ableiten:

$$dF_i = \left(\frac{\partial F_i}{\partial \sigma}\right)^T d\sigma + \frac{\partial F_i}{\partial \kappa_i} d\kappa_i = 0 \qquad \text{6.11}$$

Mit der Fließregel ergibt sich

$$d\sigma = D_0 \cdot d\varepsilon - D_0 \cdot d\lambda \frac{\partial Q}{\partial \sigma} \qquad \text{6.12}$$

Das Zusammenführen der zwei oben genannten Gleichungen führt zu:

$$\left(\frac{\partial F_i}{\partial \sigma}\right)^T \cdot D_0 \cdot d\varepsilon - \left(\frac{\partial F_i}{\partial \sigma}\right)^T \cdot D_0 \cdot d\lambda_i \frac{\partial Q_i}{\partial \sigma} + \frac{\partial F_i}{\partial \kappa_i} d\kappa_i = 0 \qquad \textbf{6.13}$$

Der plastische Multiplikator lässt sich somit für die einflächige Plastizität wie folgt bestimmen:

$$d\lambda_i = \frac{\left(\dfrac{\partial F_i}{\partial \sigma}\right)^T \cdot D \cdot d\varepsilon}{\left(\dfrac{\partial F_i}{\partial \sigma}\right)^T \cdot D \cdot \left(\dfrac{\partial Q_i}{\partial \sigma}\right) - h_i} \qquad \textbf{6.14}$$

Wobei

$$h_i = -\frac{\partial F_i}{\partial \kappa_i} \frac{\partial \kappa_i}{\partial d\lambda_i} \qquad \textbf{6.15}$$

als Verfestigungsmodul eingeführt wird. Der Verfestigungsmodul nimmt für entfestigendes Materialverhalten positive Werte, für verfestigendes negative Werte an und ist für ideal plastisches Werkstoffverhalten Null. Die hier verwendete mehrflächige Plastizität unter Verwendung einer Verfestigung lässt eine geschlossene Berechnung des plastischen Multiplikators nicht mehr zu - iterative Verfahren kommen zum Einsatz.

Das Prinzip der maximalen plastischen Dissipation besagt, dass sich für jeden gegebenen plastischen Verzerrungszustand von allen möglichen Spannungen diejenigen einstellen, bei denen bei der Dissipation ein Maximum zu finden ist (Postulat vom Maximum der plastischen Dissipation). Die Fließfläche ist dabei als Nebenbedingung nicht zu verletzen. Das Maximum der plastischen Dissipation ist keine notwendige Bedingung, wie die fundamentalen Bedingungen der Thermodynamik (Clausius-Duhem-Ungleichung als Konsequenz aus dem zweiten Satz der Thermodynamik). Bei Übereinstimmung mit den experimentellen Ergebnissen erscheint eine Anwendung sinnvoll, da nur so die Postulate nach Drucker und Ilyushin erfüllt werden können. Das Postulat nach Ilyushin fordert eine nicht negative Dehnungsarbeit für einen beliebigen Deformationspfad im Dehnungsraum. Der Richtungsvektor des plastischen Flusses im Spannungsraum kann dadurch von der Normalitätsregel, wie sie als Konsequenz aus Druckers Postulat folgt, abweichen. Das Stabilitätspostulat nach Drucker hingegen fordert im Spannungsraum nicht negative Arbeit [72]. Die Folge daraus sind die Anwendung eines assoziierten plastischen Flusses der normal zur Fließfläche steht (Normalenregel, Stabilität im Kleinen) sowie eine konvexe Fließfläche (Stabilität im Großen). Diese Annahmen sichern, dass keine negativen Verformungsenergien und plastische Dissipationsenergien entstehen. Übliche nichtassoziierte Fließregeln verletzen die Postulate nach Drucker, Ilyushin und das Prinzip der maximalen plastischen Dissipation. Eine Anwendung nichtassoziierter Fließregeln erscheint dennoch bei quasi-spröden, reibungsbasierten Materialien sinnvoll, da eine assoziierte Fließregel zu einer Überschätzung der Dilatanz führt [191]. Dies konnte experimentell bei Mauerwerk jedoch nicht bestätigt werden [187]. Eine Maximierung der Dissipationsleistung ist gefunden, wenn die Kuhn-Tucker Bedingungen erfüllt sind [175]:

$$F_i \leq 0$$

$$d\lambda_i \geq 0$$

$$d\lambda_i \cdot F_i = 0$$

6.16

Während des Fließens muss der Spannungszustand jederzeit auf der Fließfläche liegen. Dies setzt für die Änderung $dF_i=0$ voraus. Die Konsistenzbedingung kann abgeleitet werden:

$$dF_i \cdot d\lambda_i = 0$$

6.17

Für verfestigende Materialien lassen sich hieraus die Zustände bei einer weiteren Belastung eines schon belasteten Körpers ableiten:

$$F_i < 0, \qquad\qquad\qquad \rightarrow elastische\ Be\text{-}/\ Entlastung$$

$$F_i = 0, \quad d\lambda_i > 0 \qquad \rightarrow plastische\ Belastung$$

$$F_i = 0, \quad d\lambda_i = 0 \qquad \rightarrow neutrale\ Spannungsänderung$$

6.18

Zu beachten ist die Schwierigkeit der Zustandsbestimmung bei entfestigendem Material. Hier kann eine plastische Belastung von einer elastischen Entlastung nur durch zusätzliche Betrachtung des Gradienten der Fließflächenänderung unterschieden werden. Dies setzt das Einsetzen der Spannungen $\sigma_{trial}$ voraus.

$$F_i < 0 \qquad\qquad\qquad\qquad \rightarrow elastischer\ Zustand$$

$$F_i = 0, \quad dF_i < 0, \quad d\lambda_i = 0 \quad \rightarrow elastische\ Entlastung$$

$$F_i = 0, \quad dF_i = 0, \quad d\lambda_i = 0 \quad \rightarrow unveränderte\ Belastung$$

$$F_i = 0, \quad dF_i = 0, \quad d\lambda_i > 0 \quad \rightarrow plastische\ Belastung$$

6.19

## 6.3.3 Ver-/Entfestigung

Als dritter Punkt einer Umsetzung nach der Plastizitätstheorie ist eine Verfestigung bzw. Entfestigungsregel der Fließfläche zu nennen, die die Festigkeitsänderungen der Materialien in Abhängigkeit der plastischen Dehnung definiert. Die inneren Variablen hängen von der Belastungsgeschichte ab und regulieren die Aufweitung (Verfestigung) oder Kontraktion (Entfestigung) der Fließfläche. Man unterscheidet zwischen [21]:

- Kinematischer Ver-/Entfestigung
- Isotroper Ver-/Entfestigung
- Gemischter Ver-/Entfestigung

Eine grafische Darstellung zur Verdeutlichung der Unterschiede kann der folgenden Skizze entnommen werden (Abbildung 6.3):

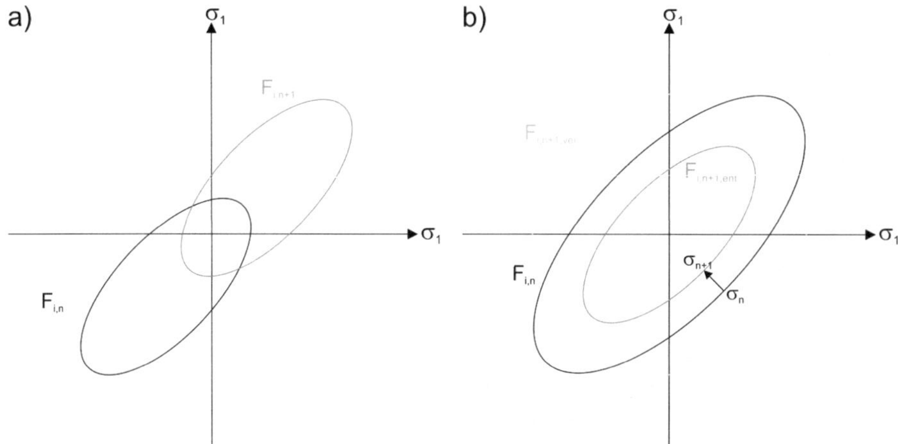


**Abbildung 6.3: Kinematische Ver-/Entfestigung (a) und Isotrope Ver-/Entfestigung (b)**

Der Einfluss der Belastungsvorgeschichte wird durch die Ver- und Entfestigung berücksichtigt. Die Fließfigur erfährt dabei eine Gestaltänderung oder Verschiebung. Eine hinreichend genaue Beschreibung der Ver- und Entfestigung aufgrund von plastischen Verformungen kann bei quasi-spröden Materialien wie Mauerwerk durch einen isotropen Ansatz erfolgen [101]. In dieser Arbeit werden aufgrund dessen Ver- und Entfestigungsansätze in isotroper Form verwendet. Zur weiterführenden Studie der kinematischen und gemischten Ver- und Entfestigung wird auf [21, 94, 175] verwiesen.

Die Steuerung der Ver- und Entfestigung anhand eines Schädigungsparameters wird mit einer äquivalenten plastischen Dehnung oder einem Ansatz über die Arbeit eingebracht. In der Literatur über die Modellierung von Mauerwerk [189, 147, 150] wird die Entfestigung über beide Ansätze berücksichtigt. In dieser Arbeit erfolgt eine Steuerung der Entfestigung bei den Versagen Gleiten in der Lagerfuge, Zug im Mauerwerk und Zug im Mauerstein über den Ansatz der Energie, da die Werte für die Energie aus den eigenen Versuchen gewonnen und anhand der Literaturwerte verifiziert werden können. Die Steuerung im Druckbereich hingegen verwendet eine äquivalente plastische Dehnung $d\varepsilon^{eps}$.

Die Steuerung des Ver-/Entfestigungsparameters über eine äquivalente plastische Dehnung, die stets positiv und steigend sein muss, wird wie folgt hergeleitet:

$$d\kappa_i = d\kappa_i \left( d\varepsilon^{pl} \right) = d\varepsilon^{eps}$$

**6.20**

$$d\varepsilon^{eps} = \sqrt{\left(d\varepsilon^{pl}\right)^T \cdot d\varepsilon^{pl}}$$

$$6.21$$

Alternativ ist der Ansatz als Funktion der plastischen Arbeit $dW^{pl}$ möglich:

$$d\kappa_i = d\kappa_i\left(dW^{pl}\right)$$

$$6.22$$

Für den Fall der Arbeitsverfestigung und Arbeitsentfestigung sollte der Skalar $d\kappa_i$ ein Maß der Arbeit $dW^{pl}$ sein, es ergibt sich

$$d\kappa_i = dW^{pl} = \sigma^T d\varepsilon^{pl}$$

$$6.23$$

Welche Steuerung der Ver- und Entfestigung verwendet wird erscheint vor dem Hintergrund der geringen experimentellen Untersuchungen hierüber von untergeordneter Bedeutung [101].

Mit:

$$d\varepsilon^{pl} = d\lambda_i \cdot \frac{\partial Q_i}{\partial \sigma}$$

$$6.24$$

Lässt sich aus

$$d\varepsilon^{eps} = \sqrt{\left(d\varepsilon^{pl}\right)^T \cdot d\varepsilon^{pl}}$$

$$6.25$$

formulieren:

$$d\kappa_i = d\lambda_i \cdot \left|\frac{\partial Q_i}{\partial \sigma}\right|$$

$$6.26$$

Der aktualisierte Ver- und Entfestigungsparameter $d\kappa_{i,n+1}$ lässt sich bei einer Dehnungsverfestigung oder Dehnungsentfestigung wie folgt berechnen:

$$\kappa_{i,n+1} = \kappa_{i,n} + d\kappa_{i,n+1} = \left(\lambda_{i,n} + d\lambda_{i,n+1}\right) \cdot \left|\frac{\partial Q_i}{\partial \sigma}\right|$$

$$6.27$$

## 6.3.4 Mehrflächige Plastizität:

Polynomiale Versagenskriterien (Tsai-Wu, Hoffmann-Kriterium) sind durch die Glattheit und die stetige Differenzierbarkeit von besonderem Interesse bei der numerischen Modellierung innerhalb der Plastizitätstheorie. Eine direkte Korrelation der Bruchenergie zu den vorliegenden Bruchmodi ist dabei schwierig, da Informationen über die Versagensmoden nicht vorliegen. Aufgrund der vielfältigen und komplexen Versagensmechanismen bei Mauerwerk, werden dagegen meistens zusammengesetzte, mehrflächige Fließfiguren benutzt.

Bei mehrflächiger Plastizität (Non-Smooth-Multisurface-Plasticity) kann die Verletzung mehrerer Fließkriterien auftreten. Das Return-Mapping Verfahren kann auch hier zum Einsatz kommen. Das Return-Mapping Verfahren wird bei mehrflächiger Plastizität prinzipiell in einen abhängigen und unabhängigen Rückzug bei Verletzung mehrerer Fließflächen unterteilt. Bei dem unabhängigen Rückzug werden die Fließflächen getrennt voneinander bearbeitet. Eine Reihenfolge der Bearbeitung kann festgelegt werden bzw. dominante, vorrangig zu bearbeitende Fließflächen werden bestimmt. In beiden Fällen wird keine Interaktion der Fließflächen bei der Bestimmung der plastischen Multiplikatoren berücksichtigt. Insbesondere bei größeren Dehnungsinkrementen sind schlechtere quadratische Fehlerabweichungen zu bemerken gewesen, als bei einer abhängigen Bearbeitung [191]. Will konnte bei seinen Untersuchungen einen deutlichen Einfluss auf das Auffinden der exakten Lösung feststellen. So konnte er bei einer unabhängigen Lösung ab einer Inkrementzahl von 1000 die exakte Lösung gut abbilden (Abbildung 6.4). Bei einer abhängigen Bearbeitung konnte eine gute Annäherung schon nach 50 Inkrementen erreicht werden. Bei einer unabhängigen Bearbeitung ist somit auf eine ausreichend kleine Inkrementierung zu achten.

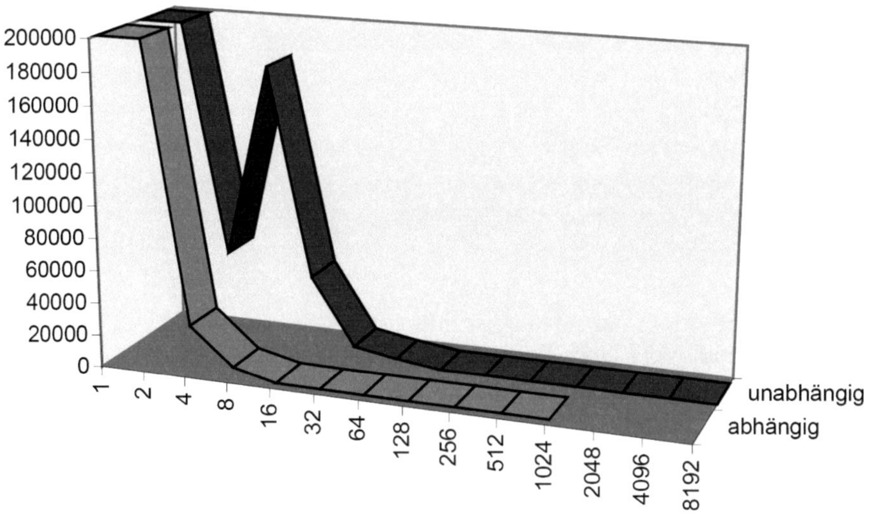


**Abbildung 6.4: Quadratische Fehlerabweichung - abhängiger und unabhängiger Rückzug [191]**

Die abhängige Bearbeitung mehrerer Fließflächen führt auf ein Lösungssystem, aus dem die plastischen Multiplikatoren ermittelt werden müssen. Das Problem wird dabei auf ein lineares Gleichungssystem gebracht, da im Gegensatz zu Plastizitätsansätzen, bei denen eine Abhängigkeit nur von einer Variablen gegeben ist, die plastischen Multiplikatoren nicht aus einer einparametrigen Gleichung bestimmt werden können. Für das Beispiel von zwei gleichzeitig überschrittenen Fließkriterien ergibt sich folgendes Gleichungssystem:

$$d\varepsilon^{pl} = d\varepsilon^{pl}{}_1 + d\varepsilon^{pl}{}_2 = d\lambda_1 \frac{\partial Q_1}{\partial \sigma} + d\lambda_2 \frac{\partial Q_2}{\partial \sigma}$$

6.28

Die Spannung im Inkrements n+1 ergibt sich in Abhängigkeit der zwei Unbekannten $d\lambda_{1,n+1}$ und $d\lambda_{2,n+1}$ zu:

$$\sigma_{n+1} = \sigma_{trial} - D \cdot d\lambda_{1,n+1} \cdot \frac{\partial Q_1}{\partial \sigma} - D \cdot d\lambda_{2,n+1} \cdot \frac{\partial Q_2}{\partial \sigma}$$

6.29

Eingesetzt in die beiden verletzten Fließbedingungen muss gelten:

$$F_1(\sigma_{n+1}, \kappa_1) = 0$$

6.30

und

$$F_2(\sigma_{n+1}, \kappa_2) = 0$$

6.31

Weiterhin muss nach Simo [176] gelten, dass eine Aktivität der Fließfläche vorliegt. Nicht zwingend bedeutet:

$$F_i(\sigma_{n+1}, \kappa_i) = 0$$

6.32

dass auch

$$d\lambda_i \geq 0$$

6.33

gelten muss. Nach [176, 101] lässt sich das Gleichungssystem mit einem Newton-Raphson Verfahren lösen. Das Newton-Raphson Verfahren wird wegen der quadratischen Konvergenz häufig verwendet. Dabei wird die Nullstelle der Tangente als verbesserte Lösung berechnet.

$$x_{j+1} = x_j - \frac{F(x_j)}{F'(x_j)}$$

6.34

Für mehrdimensionale Fälle gestaltet sich das Lösungsverfahren analog der einflächigen Plastizität in Abhängigkeit je einer inneren Variablen, es folgt:

$$\begin{cases} F_{1,n+1}(d\lambda_{1,n+1}, d\lambda_{2,n+1}) = 0 \\ F_{2,n+1}(d\lambda_{1,n+1}, d\lambda_{2,n+1}) = 0 \end{cases}$$

6.35

Die Jacobi-Matrix zur Lösung des Gleichungssystems ergibt sich zu:

$$J = \begin{bmatrix} \gamma_1^T \dfrac{\partial \sigma_{n+1}}{\partial d\lambda_{1,n+1}} - h_1 & \gamma_1^T \dfrac{\partial \sigma_{n+1}}{\partial d\lambda_{2,n+1}} + \dfrac{\partial F_1}{\partial \kappa_{n+1}^c} \cdot \dfrac{\partial \kappa_{1,n+1}^c}{\partial d\lambda_{2,n+1}} \\[4ex] \gamma_2^T \dfrac{\partial \sigma_{n+1}}{\partial d\lambda_{1,n+1}} + \dfrac{\partial F_2}{\partial \kappa_{2,n+1}^c} \cdot \dfrac{\partial \kappa_{2,n+1}^c}{\partial d\lambda_{1,n+1}} & \gamma_2^T \dfrac{\partial \sigma_{n+1}}{\partial d\lambda_{2,n+1}} - h_2 \end{bmatrix}$$

6.36

Mit:

$$\gamma_i = \frac{\partial F_i}{\partial \sigma_{n+1}} + \frac{\partial F_i}{\partial \kappa_{i,n+1}} \cdot \frac{\partial \kappa^c_{i,n+1}}{\partial \sigma_{n+1}}$$

6.37

und

$$h_i = \frac{\partial F_i}{\partial \kappa_{i,n+1}} \cdot \frac{\partial \kappa_{i,n+1}}{\partial d\lambda_{i,n+1}}$$

6.38

Die Newton Iteration lässt sich nun nach folgender Vorschrift durchführen:

$$\begin{pmatrix} \Delta x_{i,1} \\ ... \\ \Delta x_{i,n} \end{pmatrix} = J^{-1} \cdot \begin{pmatrix} f_1(x_{i,1},...x_{i,n}) \\ ... \\ f_1(x_{i,1},...x_{i,n}) \end{pmatrix}$$

6.39

Die Werte für den nächsten Iterationsschritt ergeben sich zu

$$\begin{pmatrix} x_{i+1,1} \\ ... \\ x_{i+1,n} \end{pmatrix} = \begin{pmatrix} x_{i,1} \\ ... \\ x_{i,n} \end{pmatrix} - \begin{pmatrix} \Delta x_{i,1} \\ ... \\ \Delta x_{i,n} \end{pmatrix} = \begin{pmatrix} x_{i,1} \\ ... \\ x_{i,n} \end{pmatrix} - J^{-1} \cdot \begin{pmatrix} f_1(x_{i,1},...x_{i,n}) \\ ... \\ f_1(x_{i,1},...x_{i,n}) \end{pmatrix}$$

6.40

Die Berechnung über die Inverse der Jacobi-Matrix und die nachfolgende Multiplikation der inversen Jacobi-Matrix mit $F_i$ ist numerisch aufwändig. Eine Berechnung der Lösungen bei mehr als zwei Unbekannten ist anhand der oben gegebenen Vorschrift aufgrund des größeren Aufwands nur bedingt ökonomisch. Bei Problemen mit mehr als zwei Unbekannten wurde zur Gleichungslösung eine Householder Transformation mit QR-Zerlegung implementiert [182, 166]. Dabei wird eine Umgestaltung auf ein lineares Gleichungssystem vorgenommen:

$$J \cdot \begin{pmatrix} \Delta x_{i,1} \\ ... \\ \Delta x_{i,n} \end{pmatrix} = - \begin{pmatrix} f_1(x_{i,1},...x_{i,n}) \\ ... \\ f_1(x_{i,1},...x_{i,n}) \end{pmatrix}$$

6.41

## 6.3.5 Schädigung

Nach erstmaliger plastischer Verformung ist neben der Herabsetzung der Materialfestigkeit eine Degradation des Materials experimentell festzustellen. Dies entspricht einer Änderung der Materialsteifigkeitsmatrix von $D_0$ auf $D_n$. Bei der reinen Plastizitätstheorie lässt sich die Dehnung in einen elastischen $\varepsilon_{el}$ und einen plastischen Anteil $\varepsilon_{pl}$ aufteilen, wenn das Material über seinen elastischen Bereich hinaus verformt wird. Der elastische Spannungsanteil $\sigma^{el}$ kann jederzeit durch die konstante Anfangssteifigkeit $D_0$ berechnet werden. Bei Annahme eines Verhaltens, das der Schädigungstheorie folgt, ist dieser einfache Zusammenhang zwischen Dehnung und Spannung nicht mehr gegeben. Die Anfangssteifigkeit wird durch eine

Schädigung reduziert. Bei der kombinierten Plastizitäts-Schädigungstheorie kommt dadurch noch ein weiterer Dehnungsanteil $\varepsilon^{da}$ hinzu (Abbildung 6.5).

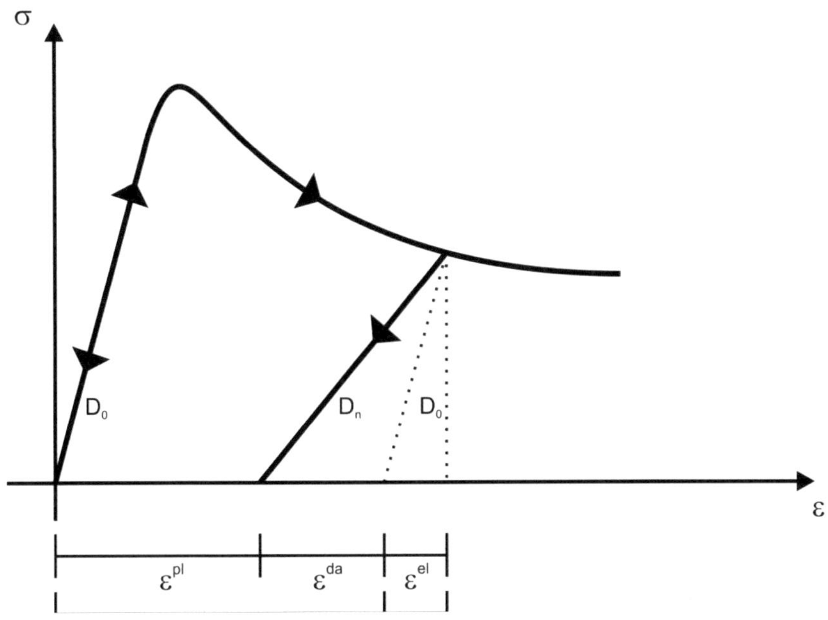


**Abbildung 6.5: Plastische Dehnung und Schädigungsdehnung**

Es wird eine veränderliche Steifigkeit als Funktion der Schädigungsvariable $\beta_i$ angenommen. $\beta_i$ beschreibt das Maß der Schädigung. Für $\beta_i = 0$ ergibt sich eine Materialformulierung, die sich lediglich an der Plastizitätstheorie orientiert. Für $\beta_i = 1$ wird die reine Schädigungstheorie angewandt. Die Schädigungsvariablen werden für jede Versagensfläche getrennt angegeben. Es wird eine Formulierung gewählt, die sich in das Return-Mapping Verfahren einbinden lässt [112, 117].

Eine Trennung der Dehnungsanteile in plastische und elastische Dehnanteile ist weiterhin notwendig:

$$d\varepsilon = d\varepsilon^{el} + d\varepsilon^{pl} + d\varepsilon^{da} = d\varepsilon^{el} + d\varepsilon^{pd}$$

6.42

In dem Dehnungsinkrement $d\varepsilon^{pd}$ werden die Dehnung im Sinne der Plastizitätstheorie $d\varepsilon^{pl}$ und die Dehnungsanteile der Schädigungstheorie (Materialdegradation) $d\varepsilon^{da}$ zusammengefasst.

In der Gleichung für das plastische Dehnungsinkrement wird nun der rein plastische Anteil durch den kombinierten Anteil ersetzt:

$$d\varepsilon^{pd} = d\varepsilon^{pl} + d\varepsilon^{da} = \Delta\lambda_i \cdot \frac{\partial Q_i}{\partial \sigma}$$

6.43

Die Einführung des oben erwähnten Schädigungsparameters $\beta_i$ in Gleichung (6.43) erlaubt die Angabe der Schädigungsdehnung [112]:

$$de^{da} = \beta_i \cdot d\lambda_i \cdot \frac{\partial Q_i}{\partial \sigma}$$

6.44

und der plastischen Dehnung

$$de^{pl} = \left(1 - \beta_i\right) \cdot d\lambda_i \cdot \frac{\partial Q_i}{\partial \sigma}$$

6.45

Die Materialdegradation führt zu einer Erhöhung der Flexibiltätsmatrix C (Inverse der Steifigkeitsmatrix D).

$$dC_{i,n+1} = \beta_i \cdot d\lambda_i \cdot \frac{\dfrac{\partial Q_i}{\partial \sigma} \cdot \left(\dfrac{\partial Q_i}{\partial \sigma}\right)^{T}}{\left(\dfrac{\partial Q_i}{\partial \sigma}\right)^{T} \cdot \sigma}$$

6.46

Die aktualisierte Flexibilitätsmatrix ergibt sich somit zu

$$C_{i,n+1} = C_{i,n} + dC_{i,n+1} = C_{i,n} + \beta_i \cdot d\lambda_i \cdot \frac{\dfrac{\partial Q_i}{\partial \sigma} \cdot \left(\dfrac{\partial Q_i}{\partial \sigma}\right)^{T}}{\left(\dfrac{\partial Q_i}{\partial \sigma}\right)^{T} \cdot \sigma}$$

6.47

Die Spannung im Schritt n+1 ergibt sich analog zu der Spannungsberechnung nach der reinen Plastizitätstheorie. Unterschiede sind lediglich in der veränderlichen Materialmatrix $D_n$ zu finden. Die Spannung im Schritt n+1 berechnet sich wie folgt:

$$\sigma_{n+1} = \sigma_{trial}\left(D_n\right) - D_n \cdot d\lambda_i \cdot \frac{\partial Q_i}{\partial \sigma}$$

6.48

## 6.3.6 Steifigkeitsmodul

Das der globalen Iteration zugrundeliegende Newton-Raphson Verfahren verwendet zur Berechnung des nächsten Schritts die tangentiale Steifigkeit. Während die Genauigkeit des Ergebnisses dabei nicht auf der Genauigkeit des Tangentenmoduls beruht, werden die Robustheit und die quadratische Konvergenz dadurch bestimmt. Für eine einflächige Plastizität lässt sich die konsistente Steifigkeitsmatrix wie folgt berechnen [175]

$$D^{ep} = \frac{d\sigma_{n+1}}{d\varepsilon_{n+1}} = H - \frac{H \cdot \dfrac{\partial Q_i}{\partial \sigma} \cdot \gamma^T_{\ i} \cdot H}{h_i + \gamma^T_{\ i} \cdot H \cdot \dfrac{\partial Q_i}{\partial \sigma}}$$

6.49

Wobei H bei einer linearen Potentialfunktion Q($\sigma$) der Elastizitätsmatrix D entspricht. Andernfalls ist für H einzusetzen [101, 175, 176]:

$$H = \left( D^{-1} + d\lambda_{i,n+1} \cdot \frac{\partial^2 Q_i}{\partial \sigma^2} \right)^{-1}$$

6.50

Die Herleitung der konsistenten, elasto-plastischen Tangentensteifigkeitsmatrix für zwei verletzte Fließkriterien folgt [103]:

$$D^{ep} = \frac{d\sigma_{n+1}}{d\varepsilon_{n+1}} = H - HU\left( E + V^T HU \right)^{-1} V^T H$$

6.51

Die modifizierte Steifigkeitsmatrix ergibt sich analog zu H bei der einflächigen Plastizität. Berücksichtigt wird die additive Zusammenfassung der fließflächenspezifischen, zweifachen Differenzierung nach der Spannung:

$$H = \left( D^{-1} + d\lambda_{i,n+1} \cdot \frac{\partial^2 Q_i}{\partial \sigma^2} + d\lambda_{j,n+1} \cdot \frac{\partial^2 Q_j}{\partial \sigma^2} \right)^{-1}$$

6.52

Die Vektoren U und V werden wie folgt aufgebaut:

$$U = \left[ \frac{\partial Q_i}{\partial \sigma} \quad \frac{\partial Q_j}{\partial \sigma} \right]$$

6.53

$$V = \left[ \gamma_i \quad \gamma_j \right]$$

6.54

Die Verfestigungsmatrix liest sich dann:

$$E = \begin{bmatrix} -h_i & \dfrac{\partial F_i}{\partial \kappa_i^c} \cdot \dfrac{\partial \kappa_i^c}{\partial \lambda_j} \\[2ex] \dfrac{\partial F_j}{\partial \kappa_j^c} \cdot \dfrac{\partial \kappa_j^c}{\partial \lambda_i} & -h_j \end{bmatrix}$$

6.55

Die Ausdrücke verdeutlichen, dass nicht nur bei einer nichtassoziierten Plastizität unsymmetrische Tangentensteifigkeitsmatrizen beobachtet werden können, sondern auch bei einer nicht linear von dem plastischen Multiplikator abhängigen Schädigungsvariablen [101].

## 6.4 Numerische Modellbildung von Mauerwerk in der Literatur

Lotfi und Shing [100] formulierten unter Verwendung der Plastizitätstheorie ein Modell zur Analyse des Bruchverhaltens von Mauerwerk.

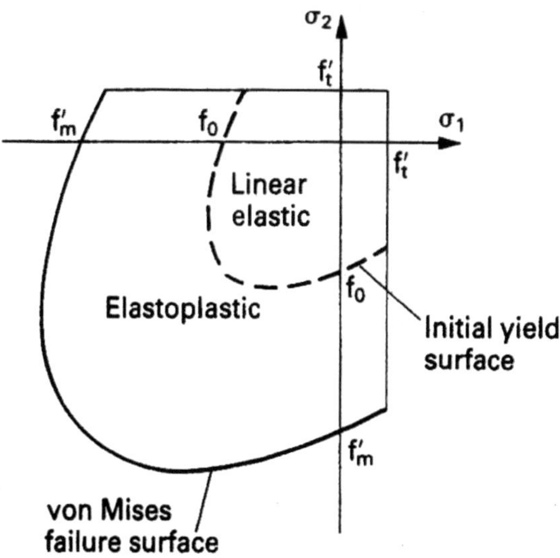


**Abbildung 6.6: Lotfi und Shing [100]**

Verwendet wurde eine Formulierung der Druckbeschränkung nach van Mises und ein Rankine Kriterium für den Zugbereich. Abgebildet wurden dadurch mit Stahl bewehrte Mauerwerksversuchskörper. Der Vergleich mit Versuchsergebnissen ergab eine gute Abbildung der Versuchsergebnisse bei biegedominierten Problemen. Das in dieser Arbeit vorwiegend untersuchte, durch Diagonalrisse hervorgerufene, spröde Schubversagen, kann mit dem Materialmodell nicht realistisch abgebildet werden.

Vratsanou [188] entwickelte ein Materialmodell mit dem Ziel, die maximalen Lasten und Verformungen von Mauerwerkspfeilern unter zentrischer Vertikallast zu analysieren. Zur Modellierung des zyklischen Materialverhaltens verwendete Vratsanou das Prinzip der „äquivalenten einachsigen Dehnung". Eine Anpassung des Ein-Phasen-Modells an das Mauerwerksverhalten erfolgte durch veränderte Spannungs-Dehnungsbeziehungen und durch angepasste Formulierungen des Versagenskriteriums. Die Validierung erfolgte anhand von Versuchsergebnissen aus der Literatur. Vratsanou überprüfte mit dem eigentlich für Beton hergeleiteten Materialmodell den Einfluss der Erdbebenparameter auf den Verhaltensbeiwert q.

Basierend auf den Versagenskriterien von Ganz und Thürlimann entwickelte Seim [172] ein Makro-Materialmodell für Mauerwerksscheiben, die in ihrer Ebene belastet sind. Die Kriterien nach Ganz/Thürlimann werden dabei nur gering modifiziert [62, 63]. Das vierflächige Materialgesetz auf Basis der Plastizitätstheorie umfasst fünf Materialparameter zur Beschreibung des Mauerwerks. Vorhandene Anisotropien werden von Seim durch Verwendung richtungsabhängiger Festigkeiten im plastischen Bereich sowie Steifigkeiten im elastischen Bereich berücksichtigt. Seim geht bei seiner Modellierung von einem ideal-plastischen Verhalten aus. Eine Validierung erfolgte anhand von Versuchsergebnissen. Seim und Schweizerhof veröffentlichten darauf basierend Parameterstudien [173, 174].

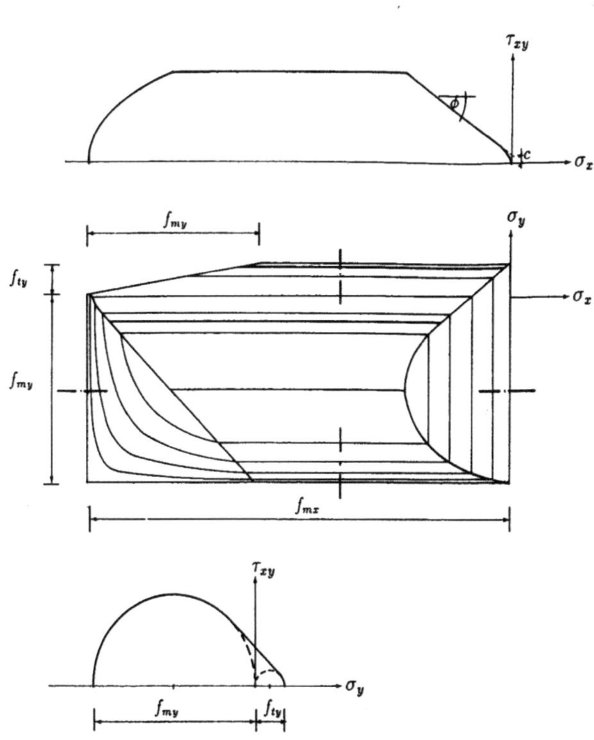


**Abbildung 6.7: Fließbedingungen nach Seim [172]**

Lourenço [101] entwickelte eine Makromodellierung von Mauerwerk unter biaxialer Beanspruchung basierend auf der Plastizitätstheorie. Lourenço verwendet im Zugbereich ein Rankine Kriterium zur Modellierung des Zugversagens. Der Druckbereich wird durch Verwendung eines Hill Kriteriums beschränkt. Lourenço definiert einen gemeinsamen Rückzug bei gleichzeitiger Verletzung der Fließflächen nach Rankine und Hill auf die Schnittkurve der beiden Flächen.

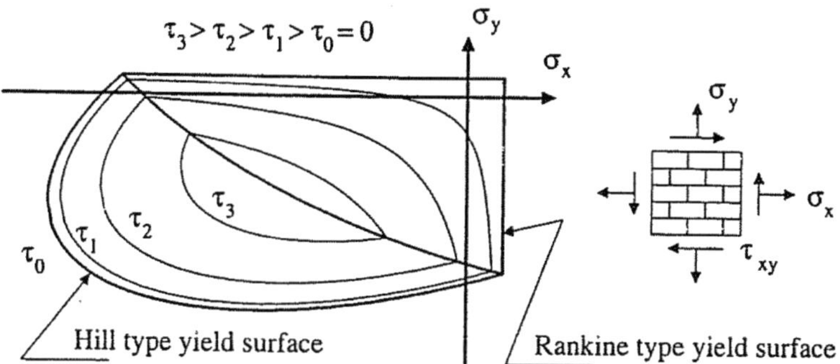


**Abbildung 6.8: Fließflächen nach Lourenco [101]**

Die Entfestigung im Druckbereich wurde bei Lourenço durch die Dehnung gesteuert, während die Entfestigung des Zugbereichs über die Energie erfolgte. Der Vergleich ergab durchweg gute bis sehr gute Übereinstimmungen mit experimentellen Versuchsergebnissen aus der Literatur.

Gambarotta und Lagomarsino [59, 58] formulierten ein Kontinuums-Modell auf Basis der Schädigungstheorie. Das Mauerwerk wird durch zwei Schichten dargestellt. Die Mauersteine werden mit den Stoßfugen in einer Schicht zusammengefasst, während die zweite Schicht die Lagerfugen darstellt. So ist ein inelastisches Verhalten der Mauersteine und der Lagerfugen modellierbar. Ein Vergleich mit experimentellen Ergebnissen wurde von Gambarotta et al. durchgeführt. Die maximalen Kräfte konnten gut abgebildet werden. Im Nachbruchbereich wurden höhere Kräfte durch das numerische Modell berechnet, als dies im Versuch gemessen wurde.

Jagfeld [83] untersuchte in seiner Arbeit das Verhalten von gemauerten Gewölben, die durch große Auflagerverschiebungen belastet sind. Verwendet wurde eine Modellierung des Materialverhaltens auf Basis der Plastizitätstheorie. Sieben Fließflächen begrenzen den zulässigen Spannungsraum.

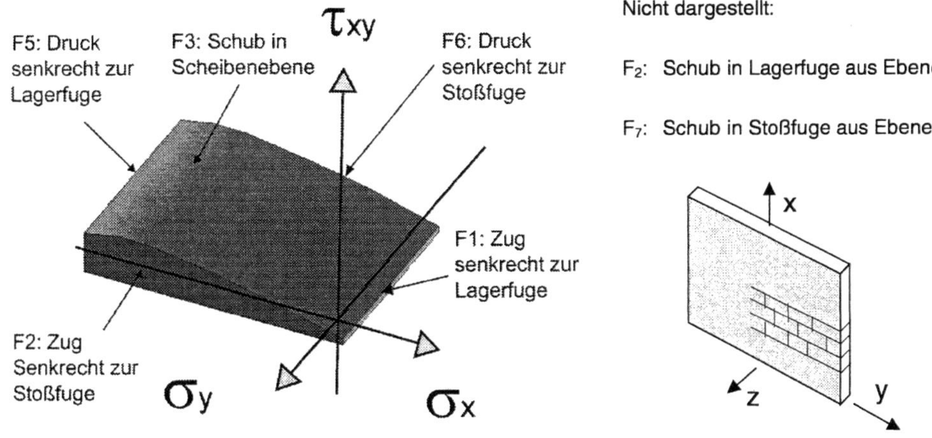


**Abbildung 6.9: Fließflächen nach [83]**

Die Überprüfung der Materialmodellierung erfolgte anhand der Versuche an zweiachsig beanspruchtem Mauerwerk von Ganz und Thürlimann [62, 63]. Jagfeld kommt zu dem Ergebnis, dass das Materialmodell in der Lage ist, die Biege- und Schubbeanspruchung von Mauerwerk qualitativ richtig zu erfassen.

Schermer [147] formulierte ein Materialmodell auf Basis der mehrflächigen Plastizität zur Nachrechnung der pseudodynamischen Mauerwerksversuche. Schermer definiert die Fließflächen auf Basis der Versagenskriterien von Mann/Müller [104, 106]. Berücksichtigt werden dabei das Schubversagen mit einem Mohr-Coulomb Kriterium. Das Versagenskriterium Klaffen der Lagerfuge wird nicht berücksichtigt. Die Ver- und Entfestigungsbeziehungen für die Normalkraftbeanspruchung (senkrecht zu den Lagerfugen) sowie der Schubbeanspruchung werden entkoppelt betrachtet. Die Entfestigung ist im Zug- und Schubbereich linear.

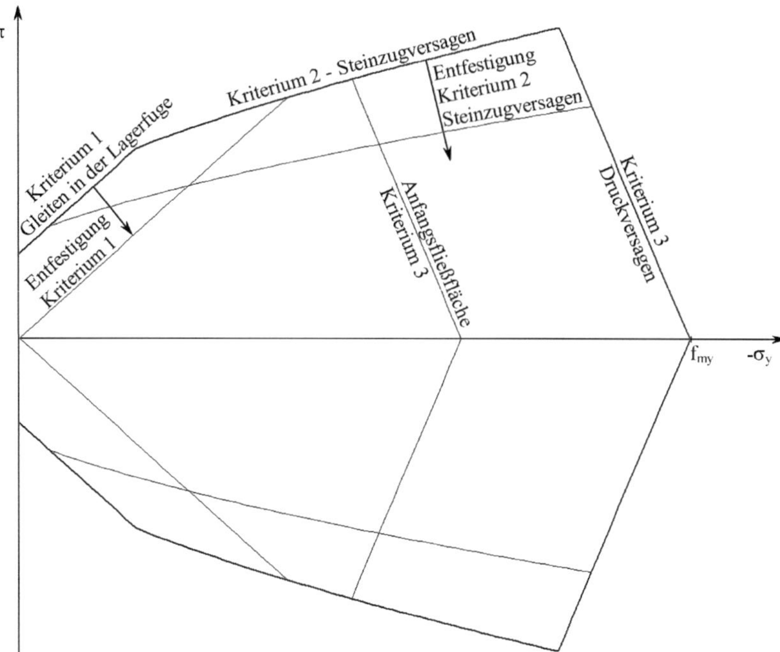


**Abbildung 6.10: Fließflächen nach [147]**

Schermer erreichte mit der Materialformulierung eine gute Übereinstimmung zwischen den Ergebnisse aus den eigenen, pseudodynamisch durchgeführten Versuchen und den numerischen Simulationen. Lediglich eine Überschätzung der Wandsteifigkeit konnte beobachtet werden.

Basierend auf den Versagenskriterien von Ganz und Thürlimann [184] entwickelte Schlegel [150, 151] ein räumliches Materialmodell im Rahmen der Plastizitätstheorie für regelmäßiges Mauerwerk, das die Anisotropie der Steifigkeiten und Festigkeiten berücksichtigt. Schlegel verwendet angepasste Ver- und Entfestigungsfunktionen. Schlegel erweiterte des Weiteren die Versagenskriterien für den räumlichen Fall.

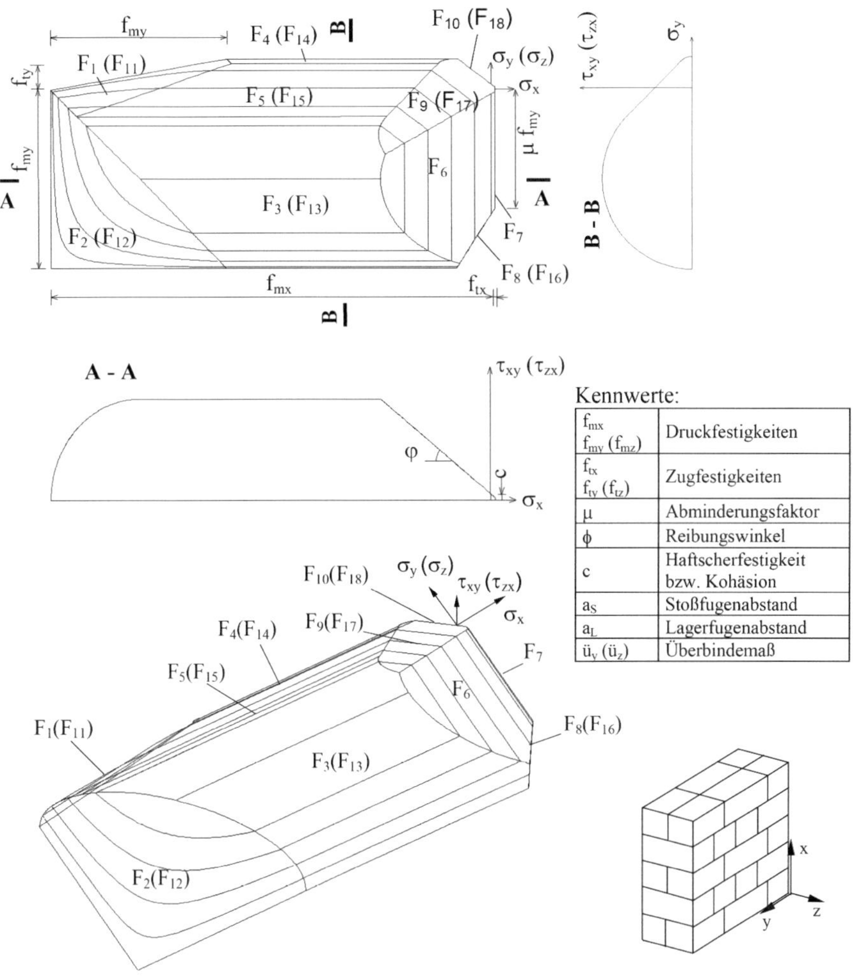



| | |
|---|---|
| $f_{mx}$ $f_{my} (f_{mz})$ | Druckfestigkeiten |
| $f_{tx}$ $f_{ty} (f_{tz})$ | Zugfestigkeiten |
| $\mu$ | Abminderungsfaktor |
| $\phi$ | Reibungswinkel |
| c | Haftscherfestigkeit bzw. Kohäsion |
| $a_S$ | Stoßfugenabstand |
| $a_L$ | Lagerfugenabstand |
| $ü_y (ü_z)$ | Überbindemaß |

**Abbildung 6.11: Fließflächen nach [150]**

Die Nachrechnung verschiedener Mauerwerksversuche aus der Literatur produzierte gute Übereinstimmungen mit den experimentellen Versuchsergebnissen.

Mistler [117] stellte ein Materialmodell auf, bei dessen Umsetzung sowohl schädigungsmechanische Ansätze als auch Formulierungen der Plastizitätstheorie zur Anwendung kommen. Vier grundlegende Versagensbedingungen werden berücksichtigt. Das Mehrflächenfließmodell verwendet einen abhängigen Rückzug bei gleichzeitiger Verletzung zweier Fließflächen sowie eine Ver-/Entfestigung, die wie bei Schlegel und Lourenço eine energiebasierte Schädigungsparameter-degradierung bei Schub-, Zug- und Mauersteinschrägzugversagen verwendet. Die

Definition der Fließflächen erfolgt nach Mann/Müller [104, 106]. Mistler ermittelte mit dem Modell in einer Parameterstudie Kapazitätskurven von einzelnen Mauerwerksscheiben. Die Ergebnisse werden zum Aufbau einer Datenbank verwendet, die die Automatisierung eines verformungsbasierten Nachweisverfahrens auf Basis der Kapazitätsspektrum Methode erlauben soll.

## 6.5 Modellierung

### 6.5.1 Ebener Spannungszustand und Anisotropie

Ein ebener Spannungszustand liegt dann vor, wenn ein ebenes, dünnes Bauteil konstanter Dicke ausschließlich in seiner Ebene beansprucht wird, d. h. wenn keine Lasteinwirkungen senkrecht zu den Oberflächen des Bauteils wirken. Im Zuge der Arbeit wird die Schubbelastung von Mauerwerksscheiben untersucht. Die Annahme eines ebenen Spannungszustands erscheint somit gerechtfertigt.

Für einen ebenen Spannungszustand mit homogener, transversaler Orthotrophie ergibt sich die Elastizitätsmatrix/Materialsteifigkeitsmatrix [90]:

$$D_0 = \frac{1}{1 - \upsilon_{xy} \cdot \upsilon_{yx}} \cdot \begin{pmatrix} E_x & \upsilon_{yx} \cdot E_x & 0 \\ \upsilon_{xy} \cdot E_y & E_y & 0 \\ 0 & 0 & \left(1 - \upsilon_{xy} \cdot \upsilon_{yx}\right) \cdot G_{xy} \end{pmatrix} \qquad \text{6.56}$$

Weiterhin gilt, dass das Material ein elastisches Potential besitzt (Green Material) [120]:

$$\frac{E_x}{E_y} = \frac{\upsilon_{xy}}{\upsilon_{yx}} \qquad \text{6.57}$$

damit verbleiben nur die Unbekannten: $E_x$, $E_y$, $v_{xy}$ und $G_{xy}$. Mit $\upsilon_{xy} \approx \upsilon_{yx}$ ergibt sich nach [120]:

$$G_{xy} \approx \frac{E_x + E_y}{4\left(1 + \upsilon\right)} \qquad \text{6.58}$$

### 6.5.2 Zustandsdeklaration und zyklisches Verhalten

Das unterschiedliche Druck-Zugverhalten von Mauerwerk bedingt zur Modellierung des phänomenologisch betrachteten Materialverhaltens eine differenzierte Betrachtung der Druck- und Zugbereiche mit unterschiedlichen Steifigkeiten der jeweiligen Richtungen. Es wird zwischen Druck und Zug in horizontaler sowie vertikaler Richtung unterschieden.

Die Degradierung der Materialmatrix wird getrennt für die jeweiligen Richtungen definiert - vier Zustände sind zu unterscheiden: Druck-Druck, Druck-Zug, Zug-Druck und Zug-Zug.

Zur Unterscheidung der aktiven Matrix sind die Spannungsverhältnisse des letzten Inkrements $\sigma_n$ sowie die zeitliche Änderung der Spannung $d\sigma_{n+1}$, d.h. des inkrementellen Zuwachses des aktuellen Schritts, zu bilden. Daraus ergeben sich verschiedene Lastschrittkombinationen. Die a priori Abschätzung der betragsmäßigen Spannungsinkremente im aktuellen Zeitschritt wird durch die Berechnung der Trialspannung unter der Annahme eines rein elastischen Verhaltens vorgenommen. Die Trialspannung stellt die Spannung dar, die auftreten würde, wenn ein rein elastisches Verhalten zu Grunde gelegt wird. Sie ist auch für das Return-Mapping Verfahren notwendig. Bei Änderung des Spannungszustands, d.h. eines Vorzeichenwechsel bei einer der Normalspannungen, liegt ein Zustandswechsel vor. Der Pfad der Spannungsänderung im Raum kann dabei eine doppelte Inkrementierung des global vorgegebenen Dehnungsvektors erforderlich machen, wenn ein Vorzeichenwechsel bei beiden Normalspannungen vorliegt. Das aktuelle, globale Dehnungsinkrement wird geteilt, so dass innerhalb der einzelnen Teile des Inkrements kein Spannungswechsel vorliegt und somit auch kein Zustandswechsel zu erwarten ist. Die Reste des Dehnungsvektors werden im nächsten lokalen Schritt aufgebracht, wobei auch hier eine Überprüfung des Dehnungszustands erfolgen muss.

Durch die differenzierte Betrachtung der unterschiedlichen Spannungsbereiche, lassen sich individuelle Schädigungen der Materialmatrix berücksichtigen. Dies ist insofern von Interesse, da bei einer Zugbelastung in y-Richtung (Klaffen der Lagerfuge) vor Aufbringung einer Druckbelastung der Riss komplett geschlossen sein sollte. Dies ist im plastizitätsdominierten Bereich einer Druckbelastung nicht der Fall. Die Unterscheidung der Zustände erlaubt so eine zyklische Modellierung mit unterschiedlichem Druck- und Zugverhalten. Eine spezifische Schädigung der Materialmatrix kann dadurch stattfinden. Diese Methode wurde von Mistler erfolgreich in einem Materialmodell für eine Normalspannung realisiert [117]. Exemplarisch werden unter Vernachlässigung der Normalspannung $\sigma_x$ (erster Index) mögliche Pfade angegeben (Abbildung 6.12):

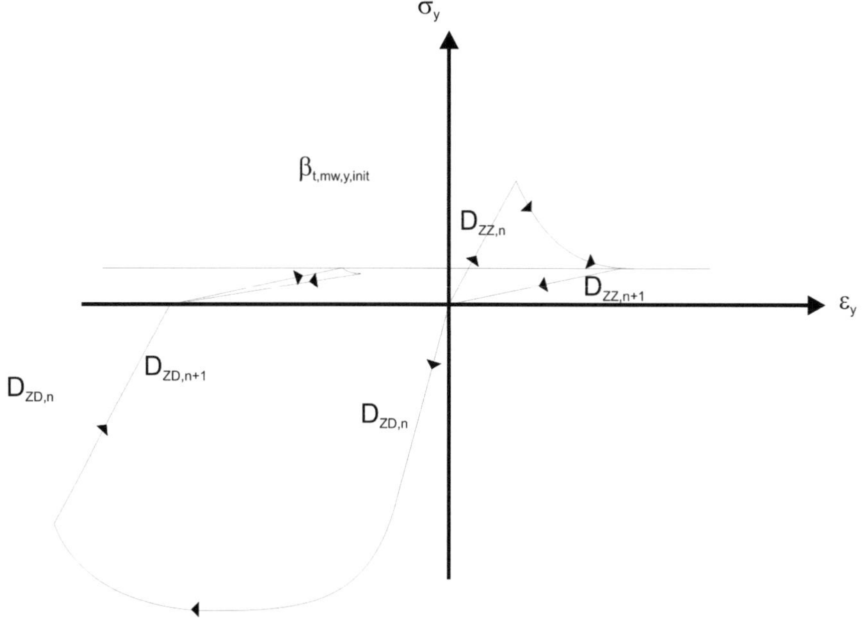



**Abbildung 6.12: Druck-Zug-Spannungspfad**

## 6.5.3 Plastische Umsetzung

Bei der Umsetzung wurde die „elastischer Prädiktor – plastischer Korrektor" Methode (operator split) [109] verwendet. Der elastische Prädikator wird mit den global vorgegebenen Verzerrungen rein elastisch berechnet und liefert den Trialspannungsvektor $\sigma_{trial,n+1}$. In einem darauf folgenden Korrektorschritt wird dieser Spannungszustand zurück auf die Fließflächen projiziert.

Zur Berechnung des Prädiktorspannungszustands werden von dem verformungs-gesteuerten, globalen Iterationsalgorithmus die Dehnungsinkremente $d\varepsilon_{x,n+1}$, $d\varepsilon_{x,n+1}$ und $d\gamma_{yx,n+1}$ sowie die absoluten Dehnungen $\varepsilon_{x,n+1}$, $\varepsilon_{x,n+1}$ und $\gamma_{yx,n+1}$ für den aktuellen Schritt vorgegeben.

Eine Verknüpfung von Spannungen und Dehnungen erfolgt im elastischen Bereich über das Stoffgesetz nach Hooke:

$$\sigma = D_0 \cdot \varepsilon^{el} = D_0 \cdot \left(\varepsilon - \varepsilon^{pl}\right)$$

$$6.59$$

Das Inkrement des elastischen Prädiktorzustands lässt sich darauf basierend, unter Einsetzen der Dehnungsinkremente aus dem globalen Algorithmus, berechnen:

$$\Delta\sigma_{trial} = D \cdot \left(d\varepsilon_{n+1}\right)$$

$$6.60$$

Der Prädikatorspannungszustand ist demnach:

$$\sigma_{trial} = \sigma_n + \Delta\sigma_{trial} = \sigma_n + D \cdot d\varepsilon_{n+1}$$

6.61

Eine Überschreitungsprüfung der Fließflächen $F_i(\sigma_{trial}, \kappa_{i,n})$ erfolgt mit Hilfe des Trialspannungszustands. Ist keine Fließfunktion verletzt, gilt also:

$$F_{i,n+1}(\sigma_{trial}, \kappa_{i,n}) \leq 0$$

6.62

so liegt ein elastischer Spannungszustand vor. Die in dem elastischen Prädiktor-schritt berechnete Spannung ist die aktualisierte Spannung des Schritts n+1:

$$\sigma_{n+1} = \sigma_{trial}$$

6.63

In diesem Fall ist das Aufbringen des Verzerrungsinkrements erfolgreich durchgeführt worden, die Subroutine UMAT wird beendet und gibt die aktualisierten Spannungen sowie die Tangentensteifigkeitsmatrix an den globalen Algorithmus zur Berechnung des Zeitinkrements n+2 zurück. Liegt der Spannungszustand jedoch außerhalb der Fließflächen, ist also mindestens eine der folgenden Bedingungen erfüllt:

$$F_{i,n+1}(\sigma_{trial}, \kappa_{i,n}) > 0 \; mit \; i \in [0;5]$$

6.64

so liegt ein Spannungszustand vor, der per Definition nicht existieren kann. Eine Spannungsrückführung auf die Fließflächen ist notwendig. Die Rückführung kann mit einer Berechnung des plastischen Mulitplikators $d_{\lambda i}$ gemäß Kapitel 6.3.2 erfolgen. Hier erfolgt er iterativ mit dem Return-Mapping Verfahren unter Verwendung einer lokalen Newton-Raphson Iteration. Der Newton-Raphson Algorithmus benötigt einen guten Startwert für die Konvergenz, andernfalls divergiert der Algorithmus. Bei einparametrigen Fließbedingungen wird zur Wahrung der Konvergenz deshalb ein Line Search Verfahren nachgeschaltet, um eventuelle Divergenzen bei dem Newton-Raphson Verfahren zu beheben. Als Line Search Verfahren wurde ein Bisektionsverfahren eingesetzt.

Die für jeden Schritt zu berechnenden Parameter, die für den lokalen Newton-Raphson Algorithmus notwendig sind, werden im Folgenden für jedes Fließkriterium hergeleitet. Der Newton-Raphson Algorithmus benötigt zur Berechnung einer besseren Näherung die Ableitung der Funktion nach der zu suchenden Variablen:

$$\frac{\partial F_i}{\partial d\lambda_{i,n+1}} = \gamma_{i,n+1}^T \frac{\partial \sigma_{n+1}}{\partial d\lambda_{i,n+1}} - h_{i,n+1}$$

6.65

$$\gamma_i = \frac{\partial F_i}{\partial \sigma_{n+1}} + \frac{\partial F_i}{\partial \kappa_{i,n+1}} \cdot \frac{\partial \kappa_{i,n+1}^c}{\partial \sigma_{n+1}}$$

6.66

$$h_i = \frac{\partial F_i}{\partial \kappa_{i,n+1}} \cdot \frac{\partial \kappa_{i,n+1}}{\partial d\lambda_{i,n+1}}$$

$$\text{6.67}$$

Für alle Fließflächen gilt:

$$\frac{\partial \sigma_{n+1}}{\partial d\lambda_{i,n+1}} = -D \cdot \frac{\partial Q_i}{\partial \sigma_{n+1}}$$

$$\text{6.68}$$

Und die Aktualisierung des Entfestigungsparameters:

$$\kappa_{i,n+1} = \kappa_{i,n} + d\kappa_{i,n+1}$$

$$\text{6.69}$$

### 6.5.3.1 Zugfestigkeit senkrecht zu den Lagerfugen (y-Richtung)

Zur Beschränkung der maximalen Zugfestigkeit in y-Richtung wird ein Zugkriterium als Fließfläche benutzt. Die Vernachlässigung der Abhängigkeit von der Schubspannung ergibt:

$$F_0 = \sigma_y - \beta_{t,mw,y,init} \cdot \Omega_{0,n+1} = \sigma_y - \beta_{t,mw,y}$$

$$\text{6.70}$$

$$\Omega_{0,n+1} = e^{\left( -\frac{\beta_{t,mw,y,init}}{g^F_{1,y}} \cdot \kappa_{0,n+1} \right)}$$

$$\text{6.71}$$

Die Ermittlung der Bruchenergie G wird anhand eines Verschiebungs-Spannungs-Diagramms berechnet. Die Bruchenergie kann zwischen 0,005 und 0,02 Nmm/mm² angenommen werden [186]. Um die Netzabhängigkeit zu minimieren und um eine korrekte Erfassung der Bruchenergie für unterschiedliche Elementgrößen zu gewährleisten, wurde die Arbeitslinie modifiziert. Für eine Netzunabhängigkeit muss die Elementgröße berücksichtigt werden, die Bruchenergie ergibt sich nach der folgenden Formel:

$$g^F_{1,y} = \frac{G^F_{1,y}}{h_{element}}$$

$$\text{6.72}$$

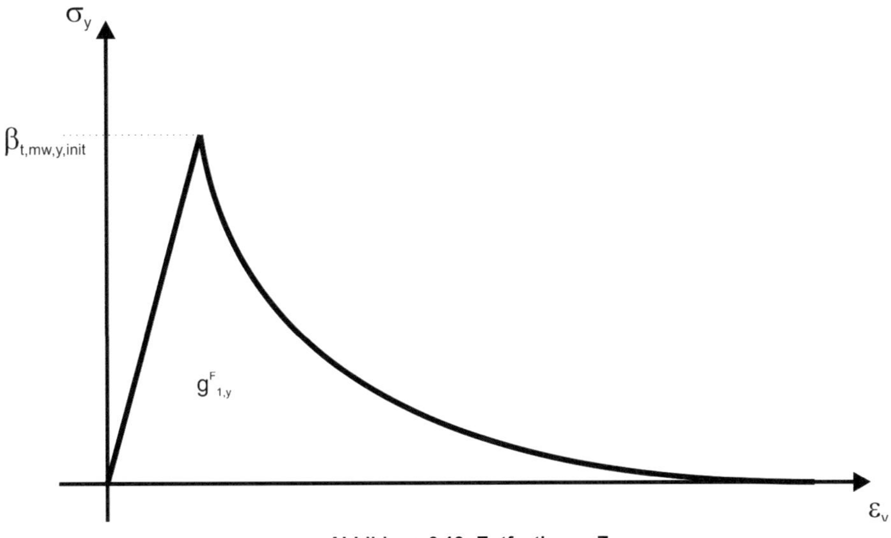



**Abbildung 6.13: Entfestigung Zug**

Die Zugfestigkeit von Mauerwerk lässt sich nach Kapitel 3 berechnen. Entscheidend ist dabei entweder die Zugfestigkeit des Mauersteins oder die Haftzugfestigkeit zwischen Fuge und Stein. Bei dem hier zur Verwendung gekommenen Mauerwerk ist die Haftzugfestigkeit maßgebend. Die Bandbreite der Haftzugfestigkeit liegt bei 0,14 bis 0,42 MN/m². Die Ableitungen zur Anwendung des Newton-Raphson Algorithmus ergeben sich unter Verwendung der Formeln:

$$\frac{\partial F_0}{\partial \sigma} = \frac{\partial Q_0}{\partial \sigma} = \begin{pmatrix} 0 & 1 & 0 \end{pmatrix}^T \tag{6.73}$$

$$\frac{\partial F_0}{\partial \kappa_0} = \beta_{t,my,y} \cdot \left( \frac{\beta_{t,my,y,init}}{g^F_{1,y}} \right) \tag{6.74}$$

$$\frac{\partial \kappa_{0,n+1}}{\partial \sigma} = 0 \tag{6.75}$$

$$\frac{\partial \kappa_{0,n+1}}{\partial d\lambda_0} = \sqrt{\left( \frac{\partial Q_0}{\partial \sigma_{n+1}} \right)^T \cdot \left( \frac{\partial Q_0}{\partial \sigma_{n+1}} \right)} \tag{6.76}$$

Die Spannung berechnet sich zu:

$$\sigma_{n+1} = \sigma_{trial} - D \cdot d\lambda_{0,n+1} \cdot \frac{\partial Q_0}{\partial \sigma} = \begin{pmatrix} \sigma_{x,trial} - d\lambda_{0,n+1} \cdot \left( D_{12} \right) \\ \sigma_{y,trial} - d\lambda_{0,n+1} \cdot \left( D_{22} \right) \\ \tau_{xy,trial} - d\lambda_{0,n+1} \cdot \left( D_{32} \right) \end{pmatrix} \tag{6.77}$$

### 6.5.3.2  Schubversagen

Die Fließfunktion $F_1$ stellt das Versagen durch Überschreiten der Schubtragfähigkeit in der Lagerfuge dar. Die Herleitung erfolgt am Einzelstein (Abbildung 3.18):

$$F_1 = \left| \tau_{yx} \right| - \frac{k_{LF} - \tan\varphi \cdot \left( \dfrac{2 \cdot d_y}{d_x} \cdot \left( k_{SF} - \tan\varphi_{SF} \cdot \sigma_x \right) + \sigma_y \right)}{1 + \tan\varphi_{LF} \cdot \dfrac{2 \cdot d_y}{d_x}} \leq 0 \tag{6.78}$$

Umgeschrieben folgt:

$$F_1 = \left| \tau_{yx} \right| - \overline{k}_{LF} + \tan\overline{\varphi}_{LF} \cdot \sigma_y - \tan\overline{\varphi} \cdot \left( \frac{2 \cdot d_y}{d_x} \cdot \left( k_{SF} - \tan\varphi_{SF} \cdot \sigma_x \right) \right) \leq 0 \tag{6.79}$$

Die reduzierten Materialparameter ergeben sich zu (Kapitel 3):

$$\tan\overline{\varphi}_{LF} = \tan\varphi_{LF,init} \cdot \frac{1}{1 + \tan\varphi_{LF,init} \cdot \dfrac{2 \cdot d_y}{d_x}} \tag{6.80}$$

und

$$\overline{k}_{LF} = k_{LF,init} \cdot \frac{1}{1 + \tan\varphi_{LF,init} \cdot \dfrac{2 \cdot d_y}{d_x}} \tag{6.81}$$

Das plastische Dehninkrement lässt sich auf eine inkrementelle Reduktion der Schubspannung zum Erreichen der Fließfläche reduzieren. Der Einbau der Ver- und Entfestigung ergibt die folgenden Zusammenhänge:

$$F_1 = \left| \tau \right| - \tilde{k}_{LF} + \tan\tilde{\varphi}_{LF} \cdot \sigma_y - \tan\tilde{\varphi}_{LF} \cdot \left( \frac{2 \cdot d_y}{d_x} \cdot \left( k_{SF} - \tan\varphi_{SF} \cdot \sigma_x \right) \right) \tag{6.82}$$

Unter Vernachlässigung der Abhängigkeit der Spannung in x-Richtung und der schwer zu ermittelnden Kohäsion in der Stossfuge $k_{SF}$ ergibt sich für die Fließfläche:

$$F_1 = \left| \tau \right| - \tilde{k}_{LF} + \tan\tilde{\varphi}_{LF} \cdot \sigma_y \tag{6.83}$$

Die Berücksichtigung der Entfestigung bei der Haftscherfestigkeit und dem Reibungswinkel wird in Abhängigkeit der plastischen Arbeit exponentiell definiert [101]. Die Entfestigungsvariablen ergeben sich zu:

$$\Omega_1 = \left( e^{\frac{-\overline{k}_{LF} \cdot \kappa_1}{g_2^F}} \right)$$

6.84

Die aktualisierten Materialparameter lassen sich berechnen:

$$\tilde{k} = \left( \Omega_1 \cdot \overline{k}_{LF} \right)$$

6.85

und

$$\tan \tilde{\varphi}_{LF} = \left( \tan \overline{\varphi}_{LF} + (\tan \overline{\varphi}_{r,LF} - \tan \overline{\varphi}_{LF}) \cdot (1 - \Omega_1) \right)$$

6.86

mit

$$\tan \overline{\varphi}_{r,LF} = \tan \overline{\varphi}_{LF} \cdot \tan_{redfak}$$

6.87

Die Dilatanz wird im Zuge der numerischen Umsetzung aufgrund der Zustandswechsel bei anisotropen Steifigkeitswerten nicht berücksichtigt. Da sich durch die Dilatanz die Rückzugsrichtung ändern würde und dann bei einem Rückzug einen Zustandswechsel hervorrufen könnte. Die Potentialfläche $Q_1$ ergibt sich:

$$Q_1 = |\tau| - \tilde{c}$$

6.88

Treten keine Zustandswechsel auf, da für alle Bereiche die gleichen Materialmatrizen und Schädigungen bestehen, erfolgt der Rückzug unter Berücksichtigung der Dilatanz. Die Abhängigkeit von dem Dilatanzwinkel ergibt sich dann bei der nichtassoziierten Fließregel durch Berücksichtigung bei der Potentialfunktion. Aufgrund physikalischer Überlegungen ist eine Beschränkung der Dilatanz festzulegen [117]:

$$\psi \leq \varphi$$

6.89

Für die Fließfläche $F_1$ wird auch hier eine nicht-assoziierte Fließregel angenommen, die Potentialfläche $Q_1$ wird dann wie folgt definiert:

$$Q_1 = |\tau| - \tilde{c} + \tan \overline{\psi} \cdot \Omega_{\overline{\psi}} \cdot \sigma_y$$

6.90

Der Entfestigungsparameter $\kappa_{1,n+1}$ ergibt als Summe aus den Entfestigungsparameterinkrementen $d\kappa_{1,n+1}$

$$d\kappa_{1,n+1} = d\varepsilon^{eps} = \sqrt{\left( d\varepsilon^{pl} \right)^T \cdot d\varepsilon^{pl}}$$

6.91

und unter Verwendung der Definition des plastischen Multiplikators $d\lambda_{1,n+1}$ zu [117]:

$$\kappa_{1,n+1} = \left(\lambda_{1,n} + d\lambda_{1,n+1}\right) \cdot \left|\frac{\partial Q_1}{\partial \sigma}\right| = \left(\lambda_{1,n} + d\lambda_{1,n+1}\right) \cdot \sqrt{1 + \left(\tan\overline{\psi} \cdot \Omega_{\overline{\psi}}\right)^2} \qquad \textbf{6.92}$$

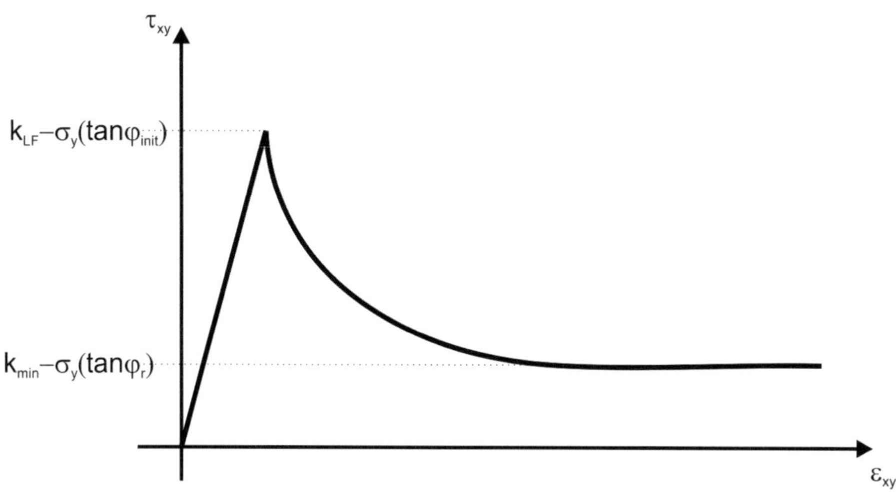


**Abbildung 6.14: Ver-/Entfestigung der Schubspannungstragfähigkeit**

Die Abhängigkeit der Reduktion des Dilatanzwinkels von der Normalspannung $\sigma_y$ wird durch eine Unterscheidung des Parameters $f_s$ erreicht [150], eine Richtungsänderung des Rückzugsvektors wird somit nur im Druckbereich berücksichtigt:

$$f_s = \begin{cases} \left|\sigma_y \cdot \tan\tilde{\varphi}\right| & \text{für } \sigma_y < 0 \\ 0 & \text{für } \sigma_y \geq 0 \end{cases} \qquad \textbf{6.93}$$

$$\Omega_{\overline{\psi}} = e^{\left(-\frac{f_s}{g_2^F}\cdot\kappa_1\right)} \qquad \textbf{6.94}$$

$$\tan\overline{\psi} = \tan\psi \cdot \frac{1}{1 + \tan\psi \cdot \dfrac{2 \cdot \Delta y}{\Delta x}} \qquad \textbf{6.95}$$

Zur Vermeidung von Netzabhängigkeiten wird auch hier die Bruchenergie an die Elementgröße gekoppelt:

$$g_2^F = \frac{G_2^F}{h_{element}} \qquad \textbf{6.96}$$

Die Spannung im Schritt n+1 ergibt sich zu:

$$\sigma_{n+1} = \sigma_{trial} - D \cdot d\lambda_{1,n+1} \cdot \frac{\partial Q_1}{\partial \sigma} = \begin{pmatrix} \sigma_{x,trial} - d\lambda_{1,n+1} \cdot \left(D_{12} \cdot \tan\overline{\psi} \cdot \Omega_{\overline{\psi}} + D_{13} \cdot sign(\tau)\right) \\ \sigma_{y,trial} - d\lambda_{1,n+1} \cdot \left(D_{22} \cdot \tan\overline{\psi} \cdot \Omega_{\overline{\psi}} + D_{23} \cdot sign(\tau)\right) \\ \tau_{xy,trial} - d\lambda_{1,n+1} \cdot \left(D_{32} \cdot \tan\overline{\psi} \cdot \Omega_{\overline{\psi}} + D_{33} \cdot sign(\tau)\right) \end{pmatrix} \qquad \text{6.97}$$

Das plastische Dehninkrement unter Berücksichtigung der Dilatanz gestaltet sich somit wie folgt:

$$d\varepsilon^{pl} = d\lambda_1 \cdot \begin{pmatrix} 0 \\ \tan\overline{\psi} \cdot \Omega_{\overline{\psi}} \\ sign(\tau) \end{pmatrix}^T \qquad \text{6.98}$$

Die partiellen Ableitungen zur Berechnung der Ableitung für den lokalen Newton-Raphson Algorithmus ergeben sich zu:

$$\frac{\partial F_1}{\partial \sigma} = \begin{pmatrix} \tan\tilde{\varphi} \cdot \dfrac{2 \cdot \Delta y}{\Delta x} \cdot \tan\varphi_{sf} \\ \tan\tilde{\varphi} \\ sign(\tau) \end{pmatrix} \qquad \text{6.99}$$

Bei Vernachlässigung der Spannung in x-Richtung ergibt sich die partielle Ableitung:

$$\frac{\partial F_1}{\partial \sigma_x} = 0 \qquad \text{6.100}$$

Die weiteren, benötigten Werte sind die Ableitung der Potentialfläche nach der Spannung:

$$\frac{\partial Q_1}{\partial \sigma} = \begin{pmatrix} 0 \\ \tan\overline{\psi} \cdot \Omega_{\overline{\psi}} \\ sign(\tau) \end{pmatrix} \qquad \text{6.101}$$

Die Ableitung der Fließfläche nach dem Entfestigungsparameter:

$$\frac{\partial F_1}{\partial \kappa_1} = \left( \frac{\overline{k}_{LF}}{g_2^F} \cdot \overline{k}_{LF} \cdot e^{\frac{-\overline{k}_{LF} \cdot \kappa_1}{g_2^F}} \right) + \left( \frac{-\overline{k}_{LF}}{g_2^F} \cdot (\tan\overline{\varphi}_{r,LF} - \tan\overline{\varphi}_{LF}) \cdot (-e^{\frac{-\overline{k}_{LF} \cdot \kappa_1}{g_2^F}}) \right) \cdot \sigma_y \qquad \text{6.102}$$

Die Ableitung des Entfestigungsparameters nach der Spannung ist:

$$\frac{\partial \kappa_1}{\partial \sigma} = 0 \qquad \text{6.103}$$

Die Ableitung des Entfestigungsparameters nach dem plastischen Multiplikator:

$$\frac{\partial \kappa_1}{\partial d\lambda_1} = \sqrt{1 + \left(\tan\overline{\psi} \cdot \Omega_{\overline{\psi}}\right)^2}$$

6.104

Sowie die Ableitung der Spannung nach dem plastischen Multiplikator:

$$\frac{\partial \sigma_{n+1}}{\partial d\lambda_1} = -\begin{pmatrix} D_{12} \cdot \tan\overline{\psi} \cdot \Omega_{\overline{\psi}} + D_{13} \cdot sign(\tau) \\ D_{22} \cdot \tan\overline{\psi} \cdot \Omega_{\overline{\psi}} + D_{23} \cdot sign(\tau) \\ D_{32} \cdot \tan\overline{\psi} \cdot \Omega_{\overline{\psi}} + D_{33} \cdot sign(\tau) \end{pmatrix}$$

6.105

### 6.5.3.3    Mauersteinzugversagen

Das Bruchkriterium „Überschreiten der Mauersteinzugfestigkeit" wird durch die stark voneinander differierenden Querdehnungen von Mörtel und Mauerstein gebildet. Das Bruchkriterium wird aus dem Hauptspannungskriterium abgeleitet (Kapitel 3.4.1.2).

Aufgrund der Unterscheidung in die verschiedenen Spannungszustände erfolgt bei einem assoziierten Rückzug in unmittelbarer Nähe zu den Ebenen, auf denen die Normalspannungen Null sind ein Zustandswechsel, dies führt bei dem iterativen Vorgehen zu einer deutlichen Erhöhung des numerischen Aufwands und ist zu beachten. Im Falle numerischer Schwierigkeiten ist ein nichtassoziierter Rückzug implementiert, der der Behebung der Problematik mit den Zustandsänderungen in Richtung der Schubspannung $\tau_{xy}$ dient. Die Spannungen $\sigma_x$ und $\sigma_y$ sind zu kontrollieren, da der Rückzug im Bereich der Apex der Fließfläche nicht definiert ist. Eine Lösung des Problems wurde durch einen zwischengeschalteten, unabhängigen Rückzug auf eine reduzierte Fließfläche $F_0$ bzw. $F_3$ erreicht. Die Fließfläche ist:

$$F_2 = \left|\tau_{yx}\right| - 0,5 \cdot \left(c_{SF} - \tan\varphi_{SF} \cdot \sigma_x\right) - \frac{1}{2,3}\sqrt{\beta_{t,st}^{\,2} - \beta_{t,st} \cdot \left(\sigma_y - \sigma_x\right) + \sigma_x \cdot \sigma_y}$$

6.106

Unter Vernachlässigung der Stossfugeneigenschaften ergibt sich die Fließfläche zu:

$$F_2 = \frac{\sigma_x + \sigma_y}{2} + \sqrt{\left(\frac{\left(\sigma_x - \sigma_y\right)}{2}\right)^2 + \left(\tau_{fak} \cdot \tau_{yx}\right)^2} - \beta_{t,st}$$

6.107

Für eine assoziierte Plastizität ist:

$$Q_2 = F_2$$

6.108

Die Steuerung der Ver- und Entfestigung erfolgt über die Definition der Arbeit:

$$\beta_{t,st} = \beta_{t,st,init} \cdot \Omega_2$$

6.109

mit

$$\Omega_2 = e^{\left(-\frac{\beta_{t,st,init}}{g_1^z}\cdot\kappa_2\right)}$$

6.110

und

$$g_1^z = \frac{G_2^z}{\sqrt{2}\cdot h_{element}}$$

6.111

Der Entfestigungsparameter ist:

$$\kappa_2 = \left(\lambda_2 + d\lambda_2\right)\cdot\left|\frac{\partial Q_2}{\partial\sigma}\right| = \left(\lambda_2 + d\lambda_2\right)\cdot\left(\left(\frac{\partial Q_2}{\partial\sigma}\right)^T\cdot\frac{\partial Q_2}{\partial\sigma}\right)$$

6.112

Der Wert $\tau_{fak}$ ergibt sich aus FE Betrachtungen am Einzelstein von Mann und Müller [125] zu $\tau_{fak}$=2,3. Dabei wurde die maximale Schubspannung in Steinmitte ermittelt. Spätere Veröffentlichungen identifizierten den Wert als zu konservativ. Berechnungen auf Basis feiner diskretisierter Modelle ergaben einen Wert von $\tau_{fak}$=2,13 [117]. In dieser Arbeit wurde dem konservativen Ansatz von Mann Müller folgend der Wert $\tau_{fak}$=2,3 verwendet.

Die Ableitungen für den lokalen Newton-Raphson Algorithmus ergeben sich aus:

$$\frac{\partial F_2}{\partial\sigma} = \frac{\partial Q_2}{\partial\sigma} = \begin{pmatrix} \frac{1}{2} + \dfrac{\frac{1}{2}\cdot\left(\sigma_x - \sigma_y\right)}{2\cdot\sqrt{\left(\dfrac{\sigma_x - \sigma_y}{2}\right)^2 + \left(\tau_{fak}\cdot\tau_{xy}\right)^2}} \\[4em] \frac{1}{2} + \dfrac{\frac{1}{2}\cdot\left(\sigma_y - \sigma_x\right)}{2\cdot\sqrt{\left(\dfrac{\sigma_x - \sigma_y}{2}\right)^2 + \left(\tau_{fak}\cdot\tau_{xy}\right)^2}} \\[4em] \dfrac{2\cdot\tau_{fak}^2\cdot\tau_{xy}}{2\cdot\sqrt{\left(\dfrac{\sigma_x - \sigma_y}{2}\right)^2 + \left(\tau_{fak}\cdot\tau_{xy}\right)^2}} \end{pmatrix}$$

6.113

$$\frac{\partial F_2}{\partial\kappa_2} = -\beta_{t,st}\cdot\frac{\beta_{t,st,init}}{g^z}$$

6.114

$$\frac{\partial \kappa_2}{\partial \sigma} = \begin{pmatrix} \left(\lambda_2 + d\lambda_2\right) \cdot \dfrac{0{,}5}{\left(\dfrac{\partial \mathbf{Q}_2}{\partial \sigma}\right)^T \cdot \dfrac{\partial \mathbf{Q}_2}{\partial \sigma}} \left( 2\dfrac{\partial Q_2}{\partial \sigma_x} \cdot \dfrac{\partial^2 Q_2}{\partial \sigma_x^2} + 2\dfrac{\partial Q_2}{\partial \sigma_y} \cdot \dfrac{\partial^2 Q_2}{\partial \sigma_y \partial \sigma_x} + 2\dfrac{\partial Q_2}{\partial \tau_{xy}} \cdot \dfrac{\partial^2 Q_2}{\partial \tau_{xy} \partial \sigma_x} \right) \\[2em] \left(\lambda_2 + d\lambda_2\right) \cdot \dfrac{0{,}5}{\left(\dfrac{\partial \mathbf{Q}_2}{\partial \sigma}\right)^T \cdot \dfrac{\partial \mathbf{Q}_2}{\partial \sigma}} \left( 2\dfrac{\partial Q_2}{\partial \sigma_x} \cdot \dfrac{\partial^2 Q_2}{\partial \sigma_x \partial \sigma_y} + 2\dfrac{\partial Q_2}{\partial \sigma_y} \cdot \dfrac{\partial^2 Q_2}{\partial \sigma_y^2} + 2\dfrac{\partial Q_2}{\partial \tau_{xy}} \cdot \dfrac{\partial^2 Q_2}{\partial \tau_{xy} \partial \sigma_y} \right) \\[2em] \left(\lambda_2 + d\lambda_2\right) \cdot \dfrac{0{,}5}{\left(\dfrac{\partial \mathbf{Q}_2}{\partial \sigma}\right)^T \cdot \dfrac{\partial \mathbf{Q}_2}{\partial \sigma}} \left( 2\dfrac{\partial Q_2}{\partial \sigma_x} \cdot \dfrac{\partial^2 Q_2}{\partial \sigma_x \partial \tau_{xy}} + 2\dfrac{\partial Q_2}{\partial \sigma_y} \cdot \dfrac{\partial^2 Q_2}{\partial \sigma_y \partial \tau_{xy}} + 2\dfrac{\partial Q_2}{\partial \tau_{xy}} \cdot \dfrac{\partial^2 Q_2}{\partial \tau_{xy}^2} \right) \end{pmatrix} \qquad 6.115$$

Die für die Berechnung notwendigen, zweiten Ableitungen der Potentialfläche nach den Spannungen werden der Übersicht halber an dieser Stelle nicht aufgeführt.

$$\frac{\partial \sigma_{n+1}}{\partial d\lambda_2} = -D \cdot \frac{\partial Q_2}{\partial \sigma} \qquad\qquad 6.116$$

Die Spannung $\sigma_{n+1}$ lässt sich wie folgt berechnen:

$$\sigma_{n+1} = \sigma_{trial} - d\lambda_2 \cdot D \cdot \left(\frac{\partial Q_2}{\partial \sigma}\right) \qquad\qquad 6.117$$

Eine einparametrige Lösung der Gleichung ist aufgrund der Kopplung zwischen den Spannungen und dem Ver-/Entfestigungsparameter nicht möglich. Die Spannungen werden als Unbekannte in das Gleichungssystem aufgenommen. Eine Lösung des Newton-Raphson Verfahrens wird aufgrund der besseren Stabilität durch eine QR-Zerlegung unter Verwendung einer Householder Transformation erreicht. Der zu lösende Satz an Gleichungen zur Berechnung der Unbekannten $\sigma_{n+1}$ und $d\kappa_{2,n+1} = d\lambda_{2,n+1}$ ergibt sich wie folgt:

$$D^{-1}\left(\sigma_{n+1} - \sigma_{trial}\right) + d\lambda_{2,n+1} \cdot \left(\frac{\partial Q_2}{\partial \sigma}\right) = 0 \qquad\qquad 6.118$$

und

$$F_{2,n+1} = 0 \qquad\qquad 6.119$$

Die daraus zu entwickelnde Jacobi-Matrix für das lokale Newton-Raphson Verfahren ist:

$$J_2 = \begin{bmatrix} D^{-1} + d\lambda_{2,n+1} \dfrac{\partial^2 Q_2}{\partial \sigma^2} & \dfrac{\partial Q_2}{\partial \sigma} + d\lambda_{2,n+1} \dfrac{\partial^2 Q_2}{\partial \sigma \partial \kappa_2} \\[2ex] \left( \dfrac{\partial F_2}{\partial \sigma} \right)^T & \dfrac{\partial F_2}{\partial \kappa_2} \end{bmatrix}$$

6.120

## 6.5.3.4   Zugversagen in x-Richtung

Bei der Modellierung des Zugversagens in x-Richtung wird eine assoziierte Plastizität verwendet. Die Entfestigung wird über die Energie gesteuert. Die algorithmische Umsetzung für das lokale Newton-Raphson Verfahren erfolgt analog zu dem Zugversagen in y-Richtung.

Das Mauerwerkszugversagen in x-Richtung wird hervorgerufen durch eine Überschreitung der Haftreibung in den Lagerfugen oder einem Mauersteinzugversagen (Kapitel 3.4.1.1.2). In direktem Vergleich zu dem Versagen in y-Richtung (Haftzugfestigkeit) muss eine höhere Energie angenommen werden. Literaturwerte für die Energie wurden [117] entnommen. Die Fließfläche ergibt sich zu:

$$F_3 = \sigma_x - \beta_{t,mw,x,init} \cdot \Omega_{3,n+1} = \sigma_x - \beta_{t,mw,x}$$

6.121

Mit:

$$\Omega_{3,n+1} = e^{\left( -\dfrac{\beta_{t,mw,x,init}}{G^F_{1,x}} \cdot \kappa_{3,n+1} \right)}$$

6.122

Um eine Netzunabhängigkeit zu erreichen, wurde die Arbeitslinie modifiziert und in Abhängigkeit der Elementgröße definiert:

$$g^F_{1,x} = \dfrac{G^F_{1,x}}{h_{element}}$$

6.123

## 6.5.3.5   Druckversagen im Mauerwerk in y-Richtung

Die Fließfläche geht bei dem Druckversagen von den Mann/Müller Kriterien aus. Zur numerischen Umsetzung wurde die Abhängigkeit von der Schubspannung $\tau_{xy}$ vernachlässigt. Dies führt auf die Fließfläche:

$$F_4 = -\sigma_y + \beta_{c,mw,y}$$

6.124

Es wird von einer assoziierten Plastizität ausgegangen, die Potentialfläche entspricht der Fließfläche:

$$Q_2 = F_2$$

6.125

Der Entfestigungsparameter ergibt sich zu:

$$\kappa_4 = \left(\lambda_{4,n} + d\lambda_{4,n+1}\right) \cdot \left|\frac{\partial Q_4}{\partial \sigma}\right| \qquad \textbf{6.126}$$

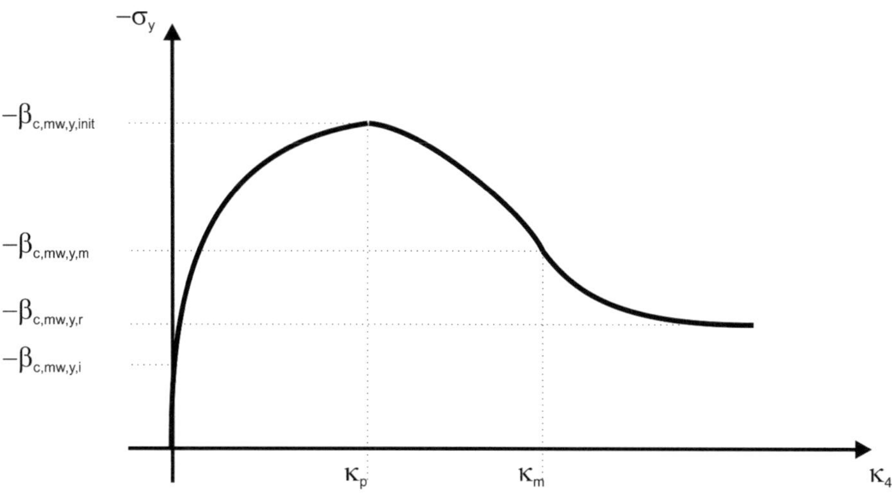



**Abbildung 6.15: Ver-/Entfestigung der Druckspannungstragfähigkeit von Mauerwerk**

Die Ver-/Entfestigung der Materialfestigkeit $\beta_{c,mw,y}$ ergibt sich abschnittsweise (Abbildung 6.15). In Abhängigkeit der in der Zeichnung dargestellten Parameter werden die Abschnitte wie folgt unterschieden [101, 117]:

$\underline{\kappa_4 \in \left]0; \kappa_{4p}\right]:}$

$$\beta_{c,mw,y} = \beta_{c,mw,y,i} + \left(\beta_{c,mw,y,init} - \beta_{c,mw,y,i}\right) \cdot \sqrt{\frac{2 \cdot \kappa_4}{\kappa_{4p}} - \frac{\kappa_4^{\,2}}{\kappa_{4p}^{\,2}}}$$

$$\frac{\partial F_{4,n+1}}{\partial \kappa_4} = \frac{\left(\beta_{c,mw,y,init} - \beta_{c,mw,y,i}\right)}{2 \cdot \sqrt{\dfrac{2 \cdot \kappa_4}{\kappa_{4p}} - \dfrac{\kappa_4^{\,2}}{\kappa_{4p}^{\,2}}}} \cdot \left(\frac{2}{\kappa_{4p}} - \frac{2 \cdot \kappa_4}{\kappa_{4p}^{\,2}}\right) \qquad \textbf{6.127}$$

$\underline{\kappa_4 \in \left]\kappa_{4p}; \kappa_{4m}\right]:}$

$$\beta_{c,mw,y} = \beta_{c,mw,y,m} + \left(\beta_{c,mw,y,init} - \beta_{c,mw,y,m}\right) \cdot \cos\left(\frac{\pi}{2} \cdot \frac{\kappa_4 - \kappa_{4p}}{\kappa_{4m} - \kappa_{4p}}\right) \qquad \textbf{6.128}$$

$$\frac{\partial F_{4,n+1}}{\partial \kappa_4} = \left( \beta_{c,mw,y,m} - \beta_{c,mw,y,init} \right) \cdot \left( \frac{\pi}{2} \cdot \frac{1}{\kappa_{4m} - \kappa_{4p}} \right) \cdot \sin\left( \frac{\pi}{2} \cdot \frac{\kappa_4 - \kappa_{4p}}{\kappa_{4m} - \kappa_{4p}} \right)$$

$$\kappa_4 \in \left] \kappa_{4m}; \infty \right] :$$

$$\beta_{c,mw,y} = \beta_{c,mw,y,r} + \left( \frac{\beta_{c,mw,y,m} - \beta_{c,mw,y,r}}{\left(1 + m \cdot \left( \kappa_4 - \kappa_{4m} \right) \right)^2} \right)$$

$$m = \beta_{c,mw,y,r} + \frac{\pi}{4} \cdot \frac{\beta_{c,mw,y,m} - \beta_{c,mw,y,init}}{\beta_{c,mw,y,m} \cdot \left( \kappa_{4p} - \kappa_{4m} \right) + \beta_{c,mw,y,r} \cdot \left( \kappa_{4m} - \kappa_{4p} \right)}$$

6.129

$$\frac{\partial F_{4,n+1}}{\partial \kappa_4} = -2 \cdot \left( \frac{\beta_{c,mw,y,m} - \beta_{c,mw,y,r}}{\left(1 + m \cdot \left( \kappa_4 - \kappa_{4m} \right) \right)^3} \right) \cdot n$$

Der Wert $\kappa_{4p}$ kann zu $2 \cdot 10^{-3}$ angenommen werden [101]. Der Wert $\kappa_{4m}$ wird als Näherung zu $2 \cdot \kappa_{4p}$ angenommen [117].

Die für das lokale Newton-Raphson Verfahren notwendigen Ableitungen ergeben sich zu:

$$\frac{\partial F_4}{\partial \sigma} = \frac{\partial Q_4}{\partial \sigma} = \begin{pmatrix} 0 \\ 1 \\ 0 \end{pmatrix}$$

6.130

$$\frac{\partial \kappa_{4,n+1}}{\partial \sigma} = 0$$

6.131

$$\frac{\partial \kappa_4}{\partial d\lambda_4} = \left| \frac{\partial Q_4}{\partial \sigma} \right|$$

6.132

Die Spannung berechnet sich zu:

$$\sigma_{n+1} = \sigma_{trial} - D \cdot d\lambda_{4,n+1} \cdot \frac{\partial Q_4}{\partial \sigma} = \begin{pmatrix} \sigma_{x,trial} - d\lambda_{4,n+1} \cdot \left( -D_{12} \right) \\ \sigma_{y,trial} - d\lambda_{4,n+1} \cdot \left( -D_{22} \right) \\ \tau_{xy,trial} - d\lambda_{4,n+1} \cdot \left( -D_{32} \right) \end{pmatrix}$$

6.133

### 6.5.3.6 Druckversagen in x-Richtung

Das Druckversagen in x-Richtung dient zur Beschränkung auftretender Druckspannungen in horizontaler Richtung. Die Fließfläche ergibt sich zu:

$$F_5 = -\sigma_x + \beta_{c,mw,x}$$

6.134

Eine Herleitung der für den Rückzug erforderlichen Werte ergibt sich analog zu der Druckspannungsbeschränkung in y-Richtung ($F_4$).

### 6.5.3.7 Kopplung der Entfestigungsparameter

Eine Kopplung der Entfestigungsparameter ermöglicht die gegenseitige Berücksichtigung einer Entfestigungsparametererhöhung bei zwei in Verbindung stehenden Versagensmechanismen. Eine Kopplung von Versagenskriterien bedeutet z. B. eine Erhöhung der Ver-/Entfestigungsparameter des Versagenskriterium Klaffen in der Fuge, wenn vorher ein Schubversagen stattgefunden hat und der Entfestigungsparameter dieses Versagens erhöht wurde. Physikalisch lässt sich dies durch eine Festigkeitsreduktion im Zugbereich erklären, die durch eine Schubbeanspruchung hervorgerufen wird. Dabei sind die Verbindungen teilweise zerstört und die volle Zugfestigkeit kann nicht mehr angesetzt werden.

Eine Kopplung ist im Zuge dieser Arbeit insbesondere zwischen dem Abgleiten auf der Lagerfuge und dem Versagen aufgrund einer Überschreitung der Mauerwerkszugfestigkeit realisiert. Die Kopplung wird gemäß [101, 117] wie folgt ausgedrückt:

$$d\kappa_0^{\ c} = \sqrt{\left(d\lambda_0\right)^2 + \left(\frac{g_{1,y}^f}{g_2^f} \cdot \frac{k_{LF}}{\beta_{t,mw,y,init}} \cdot d\lambda_1\right)^2}$$

6.135

und

$$d\kappa_1^{\ c} = \sqrt{\left(d\lambda_1\right)^2 + \left(\frac{g_2^f}{g_{1,y}^f} \cdot \frac{\beta_{t,mw,y,init}}{k_{LF}} \cdot d\lambda_0\right)^2}$$

6.136

## 6.5.4 Berücksichtigung der Verstärkung

Eine Berücksichtigung der Verstärkungsmaßnahmen erfolgt direkt über die Anpassung der Materialparameter. Die Fließflächen, die in den vorherigen Kapiteln erläutert wurden, finden weiterhin Verwendung. Die Modifizierungen der Fließflächen werden im Folgenden dargelegt.

$F_0$: Die Zugfestigkeit in y-Richtung wird maßgeblich durch das Mode I Rissverhalten beeinflusst. Eine Berücksichtigung erfolgt in Anlehnung an die Versuchsergebnisse, die aus den Zug-Kleinversuchen gewonnen wurden. Die numerische Umsetzung des Mehrflächenfließmodells erfordert zur Wahrung der Konvergenz eine Beschränkung der positiven Normalspannungen in y-Richtung. Die Schnittkurve der Fließfläche $F_2$ mit der $\sigma_x=\sigma_y=0$ Ebene ergibt sich zu:

$$\sigma_n = \beta_{t,st} \,,\, n = x,y$$

6.137

Die Fließfläche $F_1$ weist im positiven Spannungsbereich $\sigma_y>0$ ebenfalls eine Schnittgerade mit der $\sigma_x=\sigma_y=0$ Ebene auf:

$$\sigma_y = \frac{\tilde{c}}{\tan\tilde{\varphi}}$$

6.138

D.h. eine höhere Zugspannung, als die in obigen Gleichungen genannten, kann aus numerischen Gründen bei gleichzeitiger Überschreitung der Fließfläche $F_1$ oder $F_2$ nicht zum Tragen kommen. Die Zugfestigkeit des verstärkten Mauerwerkkörpers ergibt sich in Abhängigkeit der Dicke des FVW $d_{FVW}$ und des Mauerwerk $d_z$ zu:

$$\beta_{t,mwverst,y,init} = \frac{\beta_{t,mw,y} \cdot d_z + \beta_{t,verst,y} \cdot 2 \cdot d_{FVW}}{d_z} = \frac{\beta_{t,mw,y} \cdot 115\,mm + \beta_{t,verst,y} \cdot 2 \cdot 10\,mm}{115\,mm}$$

6.139

Die Zugfestigkeit mit der Verstärkung lässt sich aus den Versuchsergebnissen der Kleinversuche ableiten. Die Versuche ergaben experimentelle Spitzenlasten für die hier untersuchten Werkstoffkombinationen in Höhe von 9,3 kN. Bei einer Risslänge von 113 mm und einer Dicke des FVW von 10 mm ergeben sich in dem FVW somit maximale Zugspannungen in Höhe von

$$\beta_{t,verst,y,init} = \frac{F_{t,max}}{d_y \cdot 2 \cdot d_{FVW}} = \frac{F_{t,max}}{113\,mm \cdot 2 \cdot 10\,mm}$$

6.140

Die von dem Textil aufnehmbaren Lasten in Höhe von 13,56 kN werden aufgrund eines früher eintretenden Versagens des Verbunds nicht erreicht.

Eine Gleichverteilung der Spannung über die Risslänge ergibt somit das Verstärkungspotential. In dem Fall der hier abgebildeten verstärkten Mauerwerkskörper (QUAD_05 & Sika 720 EpoCem) ist dies eine Erhöhung der Zugspannung um

$$\beta_{t,verst,y,init} = 1{,}04\,N\,/\,mm^2$$

6.141

$F_1$: Die Verbesserungen der Schubfestigkeiten ergeben sich direkt aus den Kleinversuchen zum Schubverhalten. Die Verstärkung ermöglicht eine Verbesserung der Haftscherfestigkeiten und des Reibungswinkels.

Bei verstärktem Mauerwerk kann von einer Haftscherfestigkeit von $k_{LF}=0{,}4$ N/mm² (statt 0,1 N/mm² bei unverstärktem Mauerwerk) ausgegangen werden. Der Reibungswinkel $\tan\varphi_{LF}$ erhöht sich moderat von 0,6342 auf 0,68.

$F_2$: Die Verbesserung der Zugfestigkeit der Mauersteine hängt theoretisch von zwei unterschiedlichen Vorgängen ab:

- Behinderung der Rotationsfreiheit der einzelnen Mauersteine
- Direkte Erhöhung der Zugfestigkeit in der x-y Ebene durch den FVW

Eine quantitative Abschätzung der Mauersteinrotation erscheint aufgrund fehlender Messungen am Einzelstein nicht zuverlässig und wird im Folgenden vernachlässigt.

Eine Berücksichtigung der Verstärkungsmaßnahmen erfolgt über eine direkte Erhöhung der Steinzugfestigkeit. Aufgrund der ebenen Betrachtung des Problems erfolgt eine um die Festigkeit des FVW erhöhte Zugfestigkeit analog zu $F_0$. Dies erscheint gerechtfertigt, da bei der Versuchsdurchführung stets eine Rissfortsetzung im FVW direkt über dem entsprechenden Riss im Mauerwerk festgestellt werden konnte. Dadurch ist eine Aktivierung der Fasern in Zugrichtung möglich, die Zugfestigkeit kann voll angesetzt werden. Vereinfachend wird von einem isotropen Faserverhalten innerhalb des flächigen Textiles ausgegangen. Bei den Versuchsauswertungen konnten Risse parallel zur Oberfläche im Steininneren nur in den Eckbereichen beobachtet werden. Die Rissentwicklung und ein darauf basierendes Versagen kann durch die Verwendung eines FVW nicht beeinflusst werden.

$F_3$: Eine Erhöhung der Mauerwerkszugfestigkeit in x-Richtung erfolgt analog zu der Zugfestigkeit in y-Richtung. Eine additive Zusammensetzung der Zugfestigkeiten des Mauerwerks und der Verstärkung bringt auch hier eine deutliche Verbesserung der Materialparameter mit sich. Wie bei dem Einfluss der Verstärkung auf das Zugversagen in y-Richtung ($F_0$) ist eine numerisch bedingte Reduktion der Zugfestigkeit von Nöten, wenn die Mauersteinzugfestigkeit $\beta_{t,st}$ im Laufe der Iteration die Mauerwerkszugfestigkeit $\beta_{t,mw,x}$ durch Entfestigung unterschreiten würde.

$F_4$: Die Mauerwerksdruckfestigkeit kann durch eine textile Verstärkung aufgrund der Druckschlaffheit nicht beeinflusst werden. Die zusätzlich aufnehmbaren Druckspannungen durch die Matrix selbst werden wie folgt veranschlagt:

$$\beta_{c,mwverst,y,init} = \frac{d_z \cdot \beta_{c,mw,y} + d_{FVW} \cdot \beta_{c.matrix}}{d_z} \qquad \text{6.142}$$

Die Materialprüfungen ergaben eine Druckfestigkeit der Matrix von $\beta_{c,matrix}$=36,54 N/mm². Eine aus den Querschnittsanteilen berechenbare, verschmierte Ersatzspannung ist somit möglich und führt für eine Mauerwerksdruckfestigkeit von $\beta_{c,mw,y,init}$=-12,0 N/mm² auf eine verstärkte Mauerwerksdruckfestigkeit von:

$\beta_{c,mwverst,y,init}$=-15,05 N/mm².

$F_5$: Für die Druckfestigkeit in y-Richtung wurde ein zu $F_4$ analoges Vorgehen verwendet.

# 7 Versuchsnachrechnung mit dem erweiterten Makromodell

## 7.1 Kontrolle der Fließflächen

Die Kontrolle der Fließflächen erfolgt anhand modellhafter Betrachtungen an Ein- oder Mehrelementmodellen. Hierbei wird neben der grundsätzlichen Funktionsfähigkeit des Modells auch die Plausibilität der Ergebnisse einer Überprüfung unterzogen. Aus Gründen der Übersichtlichkeit wurde auf die Darstellung aller Untersuchungen der verschiedenen Fließflächen an dieser Stelle verzichtet. Im folgenden Kapitel wird exemplarisch die Fließfläche 0 einer zyklischen Verformung unterzogen. Anhand der Ergebnisse kann die Funktionsweise überprüft werden. Im weiteren Verlauf wurden Versuchsaufbauten aus der Literatur und eigene experimentelle Untersuchungen modelliert und die Fließflächen an diesen überprüft. Dazu werden im Folgenden Versuche zur Zugfestigkeit, Druckfestigkeit und zum Schubverhalten abgebildet.

### 7.1.1 Zugbelastung – prinzipielle Funktion

Ein einfaches Modell wird einer zyklischen Zugbelastung unterzogen, um die allgemeine Funktionsweise der zugrundegelegten Algorithmen stellvertretend für alle Fließflächenrückzüge zu belegen. Die hier vorliegende Belastung in Form einer zyklischen Verformung in y-Richtung produziert vorwiegend eine Zugspannung in y-Richtung. Das Modell zur Überprüfung der prinzipiellen Funktion wird in der folgenden Darstellung gezeigt:

**Abbildung 7.1: Vier-Element Modell zur Überprüfung der Funktionsfähigkeit**

Die zugrundegelegte Zeit-Verschiebungsrelation wird in folgendem Schaubild neben dem Weg-Spannungsverlauf gezeigt:

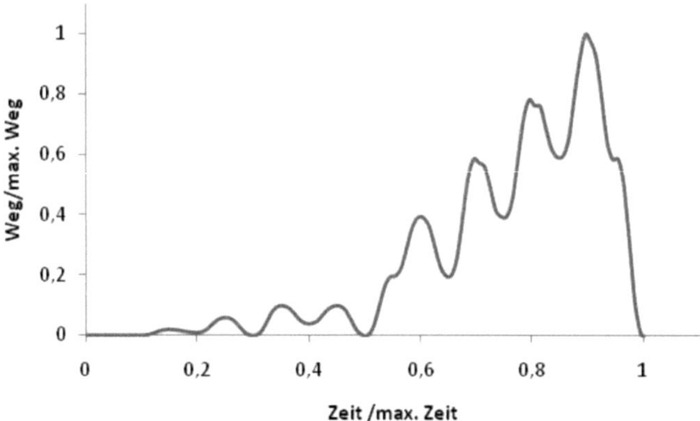


**Abbildung 7.2: Zeit-Weg-Verlauf**

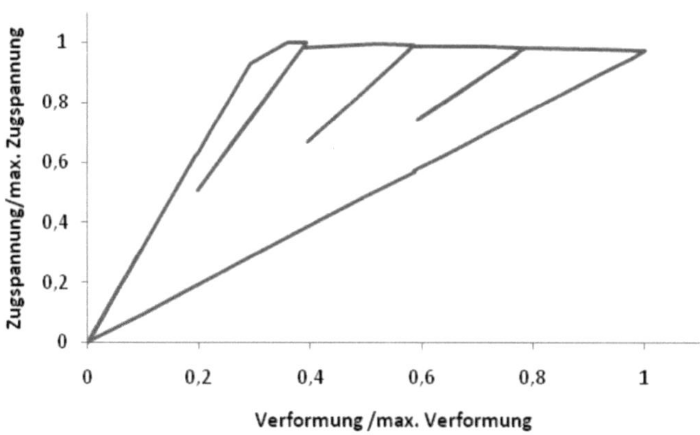


**Abbildung 7.3: Kraft-Verformungs-Verlauf**

Die Reduktion der Steifigkeit wird gut gezeigt und führt im Zugbereich zu einem Schließen der Fuge ohne plastische Verformung durch den Rückzug zum Ursprung. Dieses Verhalten kann bei einer Zugbelastung und einer dadurch entstehenden Lagerfugenöffnung auch in Versuchen beobachtet werden. Die allgemeine Funktionsweise kann somit gezeigt werden.

## 7.1.2 Nachrechnung der Kleinversuche zum Mode I Rissverhalten

Die Verbindung der Fließflächen mit Parametern, die in experimentellen Versuchen ermittelt wurden, kann durch Modellierung der Kleinversuche zum Mode I Rissverhalten überprüft werden.

Im Folgenden wird der Mittelwert der Zugversuche nachgebildet, die zu dem quaddirektionalen Textil QUAD_10 in Verbindung mit der Sika Matrix 720 EpoCem durchgeführt wurden.

Die nachfolgende Abbildung zeigt das verwendete Modell:

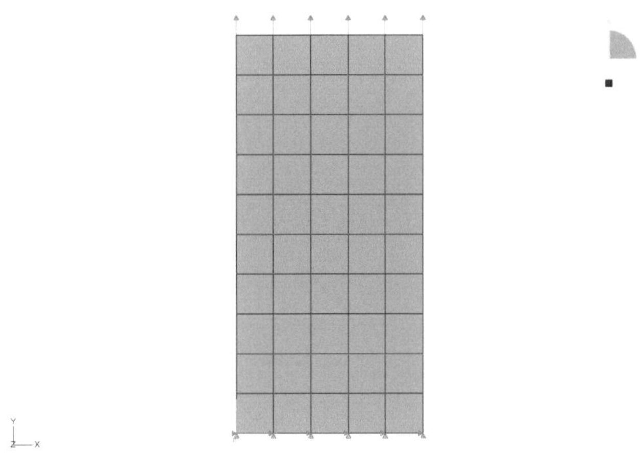

**Abbildung 7.4: FE-Modell des Mode I Kleinversuchs**

Das nachfolgende Diagramm zeigt die Versuchsergebnisse der Kleinversuche zum Mode I Rissverhalten:

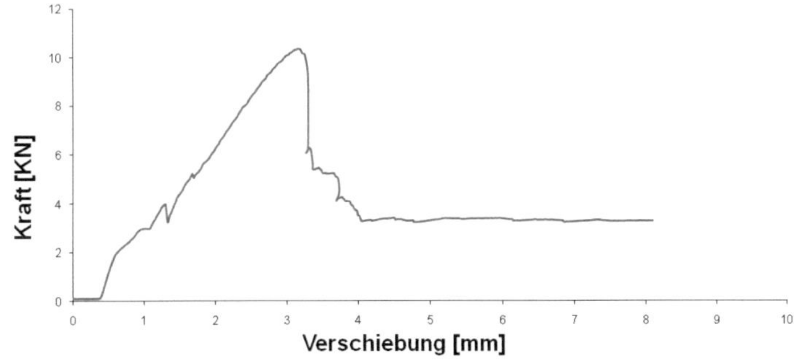


**Abbildung 7.5: experimenteller Kraft-Verschiebungs-Verlauf (Mode I)**

Aus den Versuchsergebnissen der Kleinversuche lässt sich nach Kapitel 6.5.4 der E-Modul des verschmierten Materialmodells berechnen. Durch die nicht vermörtelte Stossfuge wird ein geringer E-Modul in Zugrichtung als Mittelwert der experimentellen Versuchsergebnisse beobachtet. Die durch die Versuche bestätigten Werte dienen der Eingabe in Abaqus. Die zur Anwendung gekommenen Parameter sind wie folgt:

**Tabelle 7.1: Eingabeparameter Materialmodell Nachrechnung Mode I Rissversuche**

Verformungseigenschaften

| | | |
|---|---|---|
| $E_{x,t,init}$ | 1980 | [N/mm²] |
| $E_{y,t,init}$ | 58 | [N/mm²] |
| $E_{x,c,init}$ | 1980 | [N/mm²] |
| $E_{y,c,init}$ | 2980 | [N/mm²] |

Geometrie

| | | |
|---|---|---|
| $d_x$ | 240 | [mm] |
| $d_y$ | 113 | [mm] |
| $d_z$ | 115 | [mm] |

Ver-/Entfestigung

| | | |
|---|---|---|
| $G_{1,y}^{F}$ | 0,019 | [N/mm²] |

Materialfestigkeiten

| | | |
|---|---|---|
| $\beta_{t,mw,y,init}$ | 0,91 | [N/mm²] |

Schädigung

| | | |
|---|---|---|
| $\beta_0$ | 1,00 | [-] |

Durch die Verwendung der E-Module aus den Versuchsaufbauten ist eine gute Übereinstimmung mit den experimentellen Ergebnissen festzustellen. Die absoluten Werte der Widerstandskraft befinden sich nur geringfügig unter denen der Versuche und sind als sehr gut zu bezeichnen. Das nachfolgende Schaubild zeigt das Ergebnis der numerischen Abbildung.

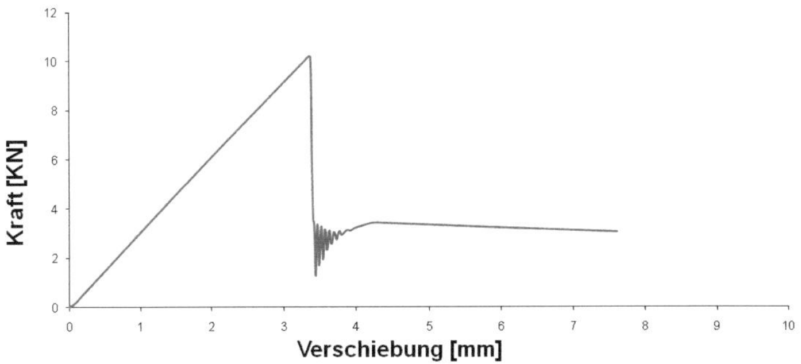

**Abbildung 7.6: numerischer Kraft-Verschiebungs-Verlauf (Mode I)**

## 7.1.3 Zyklische Druckversuche nach Naraine und Sinha

Eine weitere Überprüfung erfolgt im Weiteren anhand der zyklischen Versuche von Naraine und Sinha [128; 129]. Naraine und Sinha untersuchten das zyklische Druckverhalten von Mauerwerksversuchskörpern anhand Versuchskörper mit den Abmessungen 700 mm x 700 mm x 100 mm. Die Ergebnisse der numerischen Abbildung lassen sich der folgenden Abbildung entnehmen. Die bei der numerischen Modellierung zu berücksichtigenden Parameter lassen sich nach [117] wie folgt annehmen:

**Tabelle 7.2:Eingabeparameter Materialmodell Nachrechnung Naraine und Sinha [117]**

Verformungseigenschaften

| | | |
|---|---|---|
| $E_{x,t,init}$ | 1980 | [N/mm²] |
| $E_{y,t,init}$ | 2780 | [N/mm²] |
| $E_{x,c,init}$ | 1980 | [N/mm²] |
| $E_{y,c,init}$ | 2780 | [N/mm²] |

Geometrie

| | | |
|---|---|---|
| $d_x$ | 230 | [mm] |
| $d_y$ | 80 | [mm] |

Ver-/Entfestigung

| | | |
|---|---|---|
| $\kappa_{4p}$ | 0,011 | [-] |

Materialfestigkeiten

| | | |
|---|---|---|
| $\beta_{c,mw,y,init}$ | -5,24 | [N/mm²] |

Schädigung

| | | |
|---|---|---|
| $\beta_4$ | 0,351 | [-] |

$\kappa_{4p}$ lässt sich unter Verwendung der plastischen Dehnung nach 117 berechnen:

$$\kappa_p = \left( \varepsilon_{yy,p} - \frac{f_{my}}{E_y} \right) \cdot \left| \frac{\partial Q}{\partial \sigma} \right| = \left( \varepsilon_{yy,p} - \frac{f_{my}}{E_y} \right) \cdot \left( \sqrt{1 + 4\frac{\Delta y^2}{\Delta x^2}} \right) \qquad \text{7.1}$$

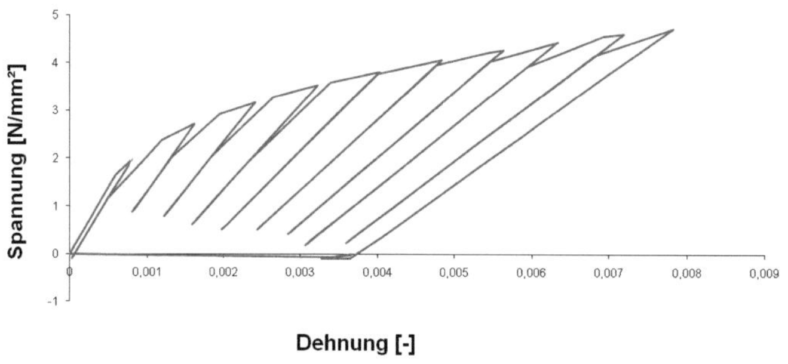


**Abbildung 7.7: Ergebnisse der numerischen Simulation**

Bei der Versuchsdurchführung konnten Naraine und Sinha Werte bei der Spannung in y-Richtung von 5,1 N/mm² beobachten, die bei einer Dehnung in vertikaler Richtung von 0,0055 auftraten. Die Nachrechnungen mit dem hier vorgestellten Materialmodell brachten eine maximale Spannung in y-Richtung von 4,72 N/mm² (Abbildung 7.7: Ergebnisse der numerischen Simulation). Die maximale Spannung liegt bei den hier verwendeten Materialparametern nur wenig unter den von Naraine und Sinha experimentell beobachteten Werten. Die maximale Spannung tritt in der hier vorgestellten Nachrechnung bei einer Dehnung von 0,007 auf. Die Berechnung der Spannung ergibt somit gute Ergebnisse und liegt mit einer Abweichung von 8 % nahe den experimentellen Untersuchungen.

## 7.2 Nachrechnung der SW Versuche

Die algorithmische Umsetzung der Materialmodellierung wurde anhand von Ein-Element sowie Mehr-Element-Modellen im Zug der Materialmodellentwicklung überprüft. Dabei wurden die Konvergenz des lokalen Newton-Raphson Verfahrens und die Stabilität des Return-Mapping-Verfahrens kontrolliert.

Die materialspezifische Verifizierung der Modellierung erfolgt anhand der kleinen Wandversuche. Die im Zuge der Arbeit durchgeführten Versuche an den kleinen Wandscheiben weisen, aufgrund der konstanten vertikalen Auflast, eine homogene Spannungsverteilung im Versuchskörper auf und sind dadurch numerisch gut zu simulieren.

Aufgrund der großen Versuchsanzahl und der Ergebnisdarstellung anhand gemittelter Kraft-Verformungskurven kann dabei von einem experimentell bestätigten Verhalten ausgegangen werden.

Das Modell wird in Abbildung 7.8 dargestellt.

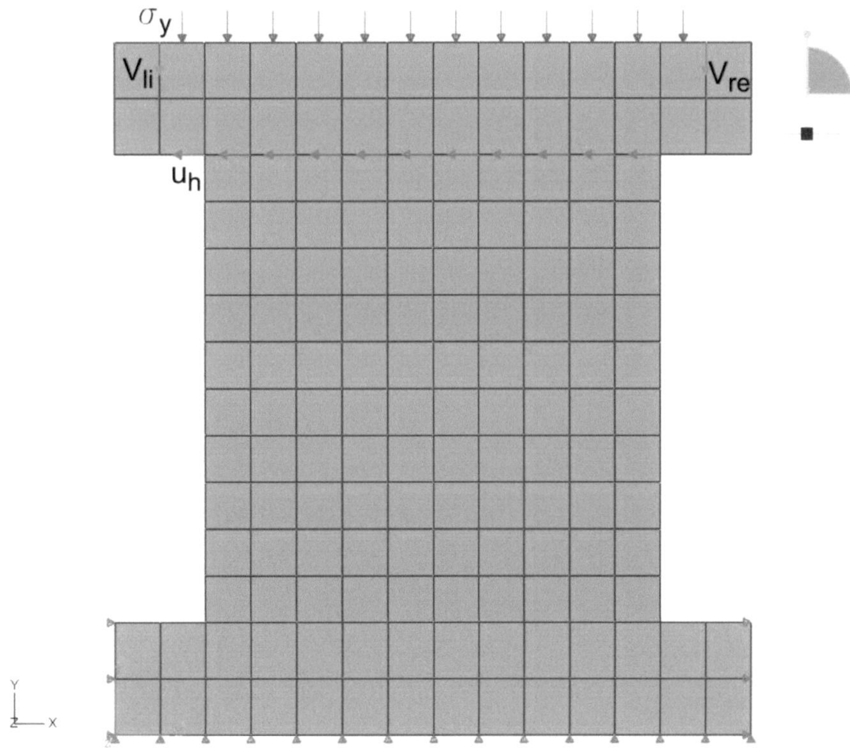


**Abbildung 7.8: Modellierung der Mauerwerksscheiben**

Die Verwendung linearer Elemente ist für die vorliegende Problemstellung ausreichend [172]. Bei der Modellierung wurden Vier-Knoten Elemente für den ebenen Spannungszustand mit einem linearen Ansatz verwendet. Zu berücksichtigen ist die Schubversteifung des Elementtyps (shear locking). Eine Analyse zur Elementgröße fand im Vorfeld statt, da bilineare Elemente erst mit zunehmender Netzverfeinerung akzeptable Resultate aufweisen. Dabei wurde bei der verwendeten Elementgröße das Verhältnis zwischen Rechenzeit und Genauigkeit als ausreichend gefunden, die ermittelten, globalen Ergebnisse änderten sich durch eine weitere Netzverfeinerung nicht mehr wesentlich.

Auf globaler Ebene kam ein Newton Verfahren zur Gleichungslösung zum Einsatz. Die Berechnungen erfolgten implizit dynamisch.

Die vertikale Lasteinleitung erfolgt über eine Gleichstreckenlast auf dem oberen Stahlbalken ($\sigma_y$). Die Annahme ist gerechtfertigt durch die bei den experimentellen Versuchen zur Anwendung gekommene, mechanische Lastverteilung und dadurch einer gleichverteilten Spannung. Die vertikale Last bleibt während der Berechnung konstant.

Die in den Versuchen verwendeten Spannstahlstangen zur Rotationsminderung wurden durch Knotenlasten ($V_{li}$ und $V_{re}$) simuliert. Der dabei verwendete Kraft-Zeit-Verlauf wurde den experimentellen Untersuchungen entnommen und ermöglicht so die exakte Abbildung der eingetragenen Vertikallasten.

Die horizontale Lasteinleitung erfolgt am oberen Scheibenrand des Mauerwerks und vernachlässigt dadurch mögliche Verformungen durch den Stahlbalken, der in den Experimenten verwendet wurde. Das experimentelle Verhalten wird gut abgebildet, da die Verformungen in horizontaler Richtung ($u_h$) direkt am oberen Rand der Mauerwerksscheibe aufgezeichnet wurden.

Der Kraft-Verformungsverläufe der Kräfte $V_{li}$ und $V_{re}$ sowie der dazugehörigen Horizontalverschiebung $u_h$ des Scheibenrands sind in Abbildung 7.9 dargestellt.

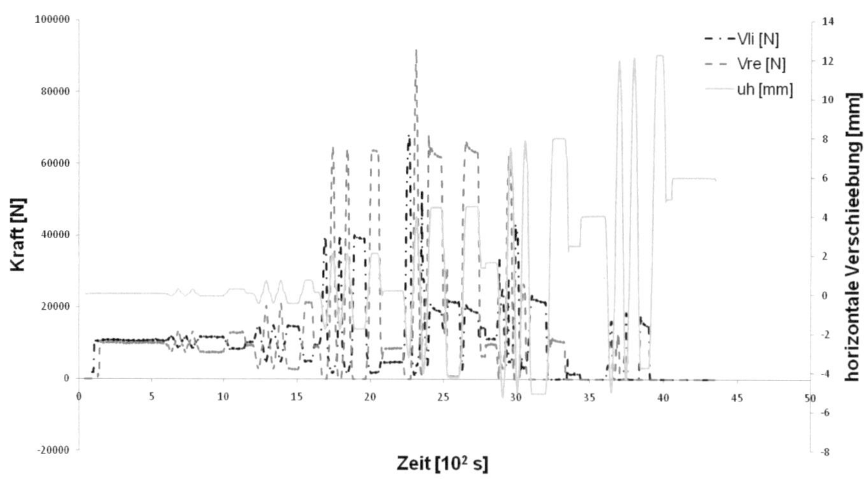


**Abbildung 7.9: Kraft-Zeit-Verlauf SW_14**

Der unter dieser Belastung zu beobachtende, experimentell ermittelte Kraft-Zeit-Verlauf der Horizontalkraft $F_h$ ist in Abbildung 7.10 dargestellt:

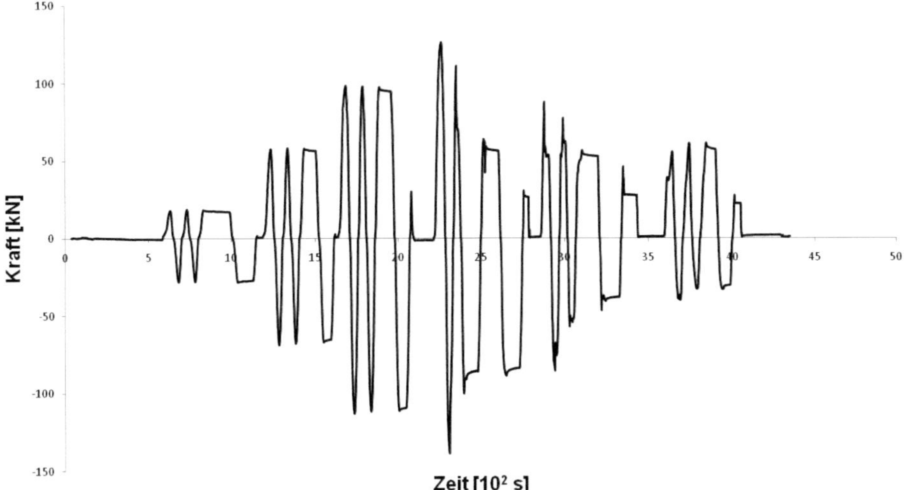


**Abbildung 7.10: Kraft-Zeit-Verlauf der Horizontalkraft im Experiment von SW_14**

Die numerische Modellierung erfolgt unter Verwendung des Mehr-Flächen-Fließmodells aus Kapitel 6.5. Die zugrundeliegenden Materialparameter wurden den entsprechenden Kleinversuchen entnommen. Fehlende Werte wurden durch Literaturwerte (Kapitel 1) ergänzt. In einer Parameterstudie wurde die Überprüfung des in der Literatur [155] angegebenen E-Moduls durchgeführt. Zu Vergleichszwecken wurde eine Variation des E-Moduls von 2000 bis 6000 N/mm² durchgeführt und mit dem ersten Zyklus der experimentellen Ergebnisse aus den Versuchen an der Mauerwerksscheibe SW_14 verglichen. Die Wand befindet sich hierbei im elastischen Bereich:

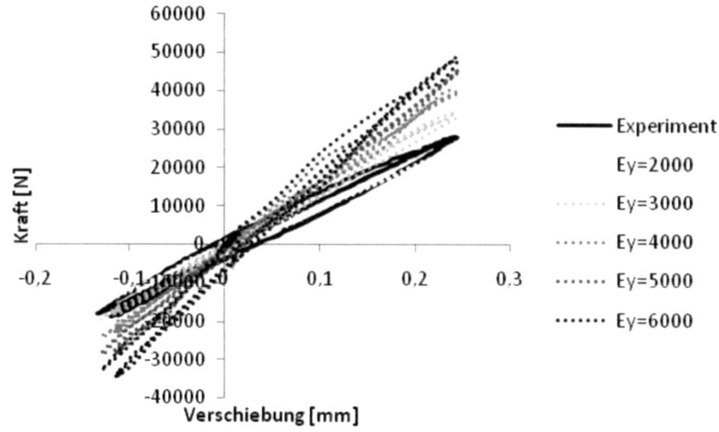

Abbildung 7.11: Hysterese im elastischen Bereich zur Analyse der Steifigkeit

Ein für Mauerwerk aus Mauersteinen der Festigkeitsklasse 20 und einem NM II der Literatur zu entnehmender E-Modul in Höhe von 6300 N/mm² weist ein deutlich zu steifes Verhalten auf. Die Experimente können im elastischen Bereich realitätsnah durch ein E-Modul von 2500 N/mm² abgebildet werden. Schermer [147] konnte in seinen Studien einen ähnlichen Sachverhalt feststellen. Die Ergebnisse der numerischen Nachrechnung der Versuche unter Verwendung des reduzierten E-Moduls werden in Abbildung 7.12 dargestellt:

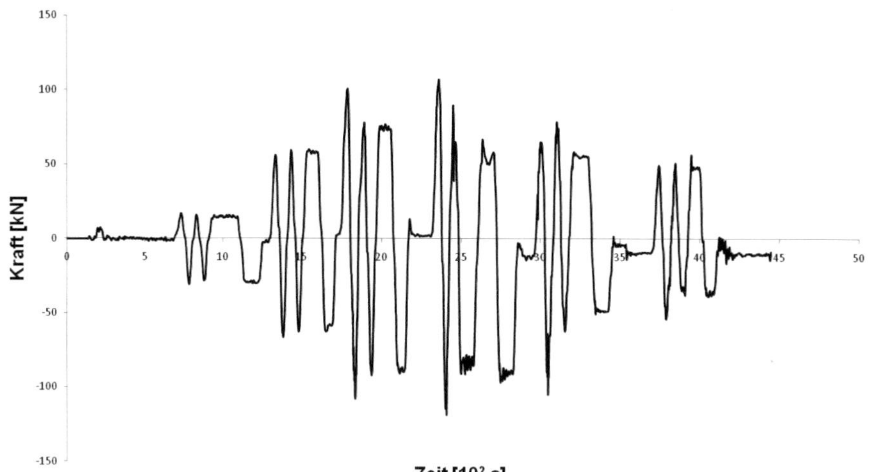

Abbildung 7.12: Kraft-Zeit-Verlauf der Horizontalkraft in der numerischen Simulation von SW_14

Die verwendeten Materialwerte sind:

**Tabelle 7.3: Materialparameter für die numerische Simulation**

Verformungseigenschaften

| | | |
|---|---|---|
| $E_{x,t,init}$ | 2400 | [N/mm²] |
| $E_{y,t,init}$ | 12000 | [N/mm²] |
| $E_{x,c,init}$ | 2500 | [N/mm²] |
| $E_{y,c,init}$ | 2500 | [N/mm²] |

Geometrie

| | | |
|---|---|---|
| $d_x$ | 240 | [mm] |
| $d_y$ | 113 | [mm] |
| $d_z$ | 240 | [mm] |

Ver-/Entfestigung

| | | |
|---|---|---|
| $G_{1,y}^F$ | 0,006 | [N/mm²] |
| $G_{1,x}^F$ | 0,018 | [N/mm²] |
| $G_2^F$ | -0,08-0,64$\sigma_y$ | [N/mm²] |
| $G^Z$ | 0,061 | [N/mm²] |
| $\kappa_{4p}$ | 0,002 | [-] |

Materialfestigkeiten

| | | |
|---|---|---|
| $\tan \overline{\varphi}_{LF,init}$ | 0,63 | [-] |
| $\overline{k}_{LF,init}$ | 0,40 | [N/mm²] |
| $\tau_{fak}$ | 2,30 | [-] |
| $\beta_{t,mw,x,init}$ | 1,00 | [N/mm²] |
| $\beta_{t,mw,y,init}$ | 0,40 | [N/mm²] |
| $\beta_{c,mw,x,init}$ | -8,00 | [N/mm²] |
| $\beta_{c,mw,y,init}$ | -12,00 | [N/mm²] |
| $\beta_{t,st,init}$ | 2,15 | [N/mm²] |

Schädigung

| | | |
|---|---|---|
| $\beta_0$ | 1,00 | [-] |
| $\beta_1$ | 0,00 | [-] |
| $\beta_2$ | 0,00 | [-] |
| $\beta_3$ | 0,00 | [-] |
| $\beta_4$ | 0,00 | [-] |
| $\beta_5$ | 0,00 | [-] |

Die maximalen Werte für die Horizontalkraft bei den einzelnen Zyklen werden gut getroffen. Das Materialverhalten lässt sich auch im Nachbruchbereich sehr gut darstellen. Die Entfestigung tritt bei der numerischen Simulation früher ein. Eine mögliche Verbesserung kann durch Verwendung erhöhter Energien erfolgen. Die in dieser Arbeit verwendeten Energien wurden statisch ermittelt und führen zu einer frühzeitigeren Entfestigung.

Eine Gegenüberstellung der experimentellen und numerischen Untersuchung der verstärkten Mauerwerksscheibe SW_08 erfolgt in den nachfolgenden Kraft-Verformungskurven. Zugrundegelegt wird dabei, wie bei den unverstärkten Wandscheiben, der in den Versuchen aufgezeichneten Kraft-Zeit-Verläufe für die Vertikallasten sowie der Horizontalverschiebung. Der experimentelle Versuchsaufbau ermöglicht die Verformungsmessung an unterschiedlichen Stellen. Die Aufzeichnung der Horizontalverschiebung an dem Hydraulikzylinder bietet den Vorteil, dass über den gesamten Verformungsbereich zuverlässige Ergebnisse produziert werden. Vorteil hierbei ist, dass eventuelle Teilbruchstücke die Messergebe nicht verfälschen. Hierbei ist das Spiel des Versuchsaufbaus jedoch nicht ohne weiteres getrennt zu betrachten. Die direkte Aufzeichnung der Horizontalverschiebung an der Mauerwerksscheibe bietet die genauesten Ergebnisse, diese sind jedoch nur im elastischen Bereich zuverlässig, da im nichtelastischen Bereich eine Ergebnisverfälschung durch Rissentwicklung auftreten kann. Zur Modellbildung wurde für den nichtelastischen Bereich die Annahme eines konstanten Spiels des Versuchsaufbaus angenommen, während für den elastischen Bereich der Weg-Zeit-Verlauf des Wegaufnehmers der Mauerwerksscheibe verwendet wird. Die Kurven sind in der nachfolgenden Abbildung 7.13 dargestellt.

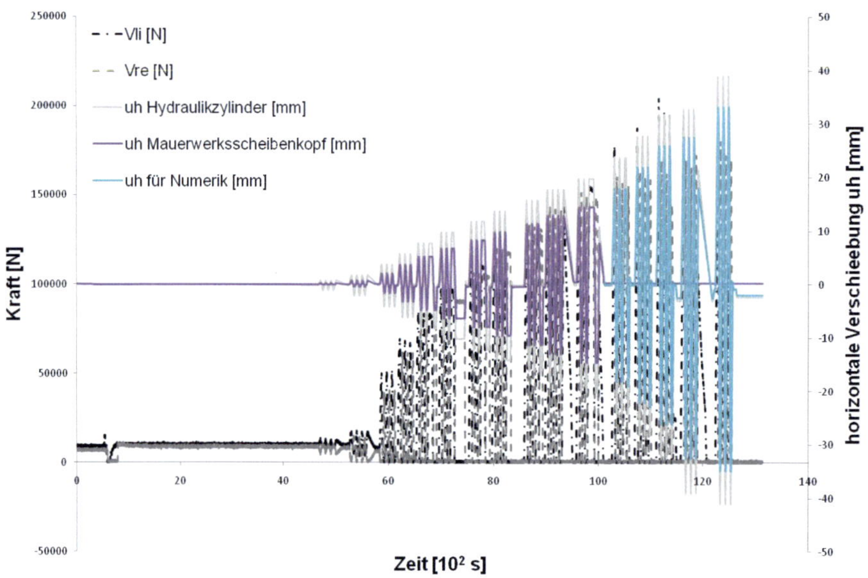


**Abbildung 7.13: Kraft-Zeit-Verlauf und Weg-Zeit-Verlauf der verstärkten Mauerwerksscheibe SW_08**

Die experimentell zu beobachtende Kraft-Zeit-Kurve der Horizontalkraft $F_h$ wird in Abbildung 7.14 dargestellt.

Die numerische Abbildung ergibt sich unter Verwendung der zu berücksichtigenden Verstärkungseffekte. Die Verstärkungseffekte wurden im Kapitel 6.5.4 berechnet und entsprechend in der Simulation berücksichtigt.

Verkantungen oder Verblockungen wurden bei den verstärkten Mauerwerksscheiben experimentell nicht beobachtet. Die Verstärkung verhinderte weitgehend die Mauersteinrotation, so dass vorwiegend Schubversagensmechanismen zu beobachten waren. Die maximalen Lasten werden dadurch sehr gut abgebildet.

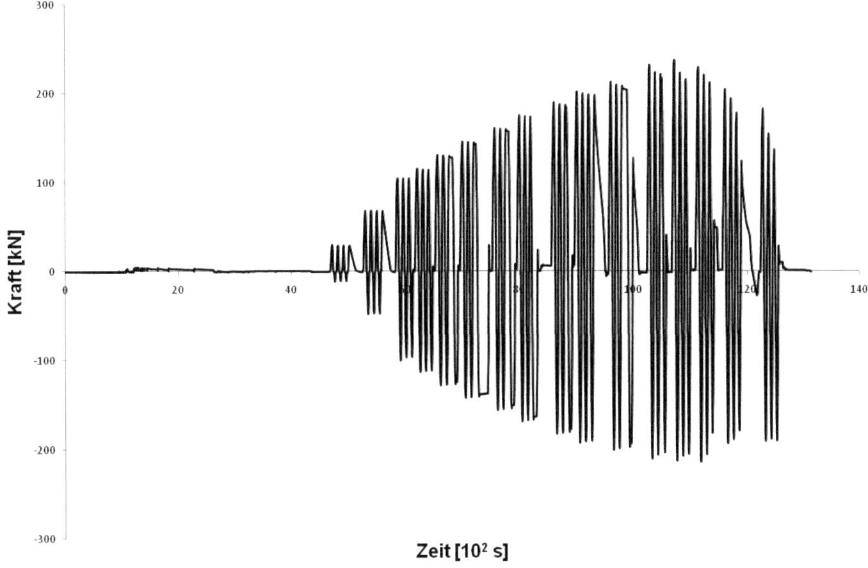

Abbildung 7.14: Kraft-Zeit-Verlauf der Horizontalkraft im Experiment von SW_08

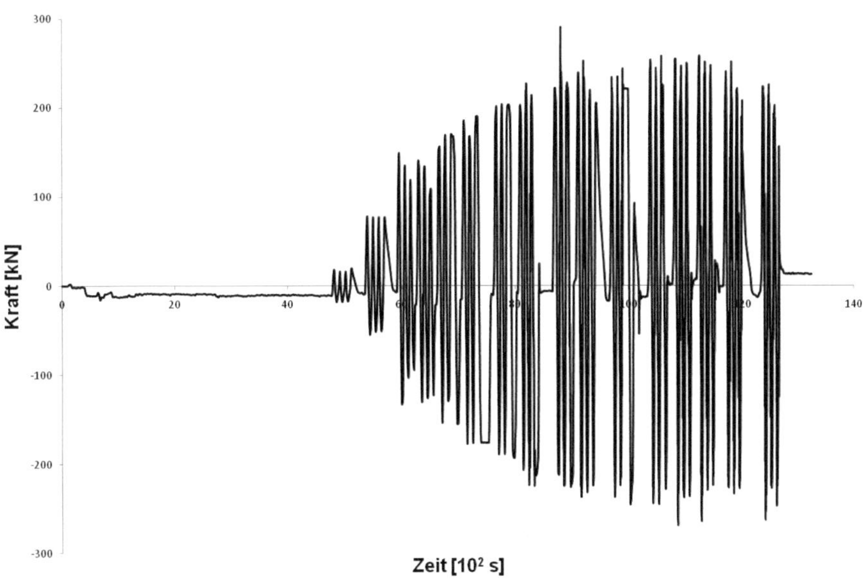

Abbildung 7.15: Kraft-Zeit-Verlauf der Horizontalkraft in der numerischen Simulation von SW_08

## 7.3 Parametervariation

Die numerische Modellierung wird im Folgenden für eine Variation der Mauerwerksparameter verwendet. Dabei zu verändernde Parameter ergeben sich aus den Materialeigenschaften von Mauersteinen und Mörtel. Ausgehend von den Eigenschaften der experimentell untersuchten Mauerwerksscheiben, bei denen Mörtel niedriger Qualität und Mauersteine mit einer hohen Festigkeit untersucht wurden, wurde die Mörtelqualität in den nachfolgenden Untersuchungen erhöht und die Mauersteinfestigkeit herabgesetzt. Dies entspricht einer Variation der Parameter, die wahrscheinlich ist und in der Praxis häufig vorkommen wird.

Eine Verbesserung der Mörtelqualität steigert die Schubtragfähigkeit bei dem Versagensmechanismus der Fließfläche $F_1$. Aus vergleichstechnischen Gründen wird im Folgenden die Haftscherfestigkeit der Mörtelfuge einer verstärkten Mauerwerksscheibe schrittweise erhöht und die Auswirkung auf das Gesamtverhalten beobachtet:

**Tabelle 7.4: Parametervariation $k_{LF}$**

| VKLF | URM | RM |
|---|---|---|
| [N/mm²] | Name | Name |
| 0,3 | SW_VKLF_URM_0 | SW_VKLF_RM_0 |
| 0,4 | SW_VKLF_URM_1 | SW_VKLF_RM_1 |
| 0,65 | SW_VKLF_URM_2 | SW_VKLF_RM_2 |
| 0,9 | SW_VKLF_URM_3 | SW_VKLF_RM_3 |
| 1,15 | SW_VKLF_URM_4 | SW_VKLF_RM_4 |
| 1,4 | SW_VKLF_URM_5 | SW_VKLF_RM_5 |

Die hier untersuchten, erhöhten Werte für die Haftscherfestigkeit entsprechen einer deutlichen Verbesserung der Mörtelqualität. Zu berücksichtigen ist dabei, dass, wie bei den vorherigen Rechnungen, die Haftscherfestigkeiten $k_{LF}$ nach der alten Norm angesetzt werden, da diese bei der numerischen Modellierung deutlich realistischere Resultate liefern.

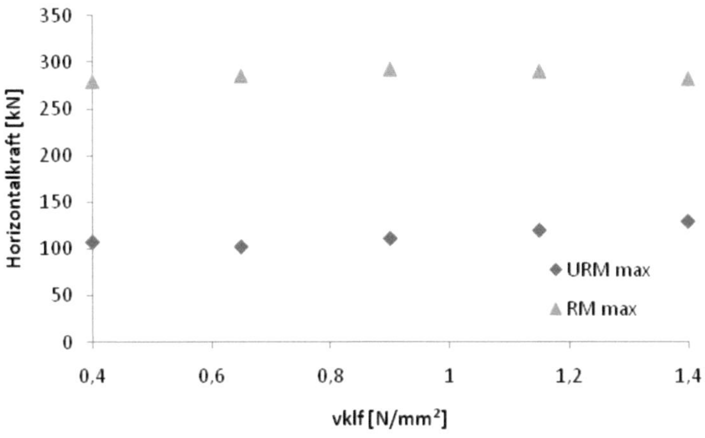


**Abbildung 7.16:  Maximale Horizontalkraft bei Variation der Haftscherfestigkeit** $k_{LF}$

Bei den unverstärkten Mauerwerksscheiben sind Wachstumsraten von 8 % bei der maximalen Horizontalkraft $F_h$ zu beobachten. Die verstärkten Mauerwerksscheiben, lassen sich durch eine Verbesserung der Mörtelqualität bis zu einem Haftreibungswert von 0,9 verbessern, danach wird das Versagensregime Mauersteinzugversagen maßgebend, eine weitere Steigerung scheint nicht möglich.

In einer weiteren Parametervariation wird die Einwirkung eines erhöhten Reibungswinkels untersucht.

Dabei wird von einer konstanten Differenz zwischen verstärktem und unverstärktem Materialverhalten ausgegangen. Es wird angenommen, dass

$$\tan \varphi_{verst} = \tan \varphi_{unverst} + \Delta_{\tan \varphi}$$

gilt. Die Differenz kann aus den Versuchsergebnissen (Kapitel 5.3.3) entnommen werden.

**Tabelle 7.5: Parametervariation** $\tan \varphi_{LF}$

| URM | | RM | |
|---|---|---|---|
| Name | $\tan \varphi_{unverst}$ | Name | $\tan \varphi_{verst}$ |
| SW_TANALF_URM_0 | 0,7 | SW_TANALF_RM_0 | 0,8 |
| SW_TANALF_URM_1 | 0,8 | SW_TANALF_RM_1 | 0,9 |
| SW_TANALF_URM_2 | 0,9 | SW_TANALF_RM_2 | 1,0 |
| SW_TANALF_URM_3 | 1 | SW_TANALF_RM_3 | 1,1 |
| SW_TANALF_URM_4 | 1,1 | SW_TANALF_RM_4 | 1,2 |
| SW_TANALF_URM_5 | 1,2 | SW_TANALF_RM_5 | 1,3 |

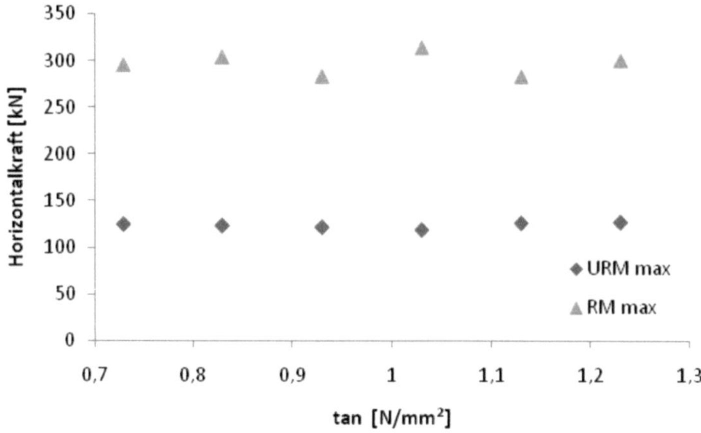

Abbildung 7.17: Maximale Horizontallasten bei Variation des Reibungsbeiwerts
$$\tan\varphi_{LF}$$

Hierbei kann keine Veränderung der Ergebnisse festgestellt werden. Das Versagen wird in diesen Bereichen maßgeblich durch die Mauersteinzugfestigkeit bestimmt. Eine Verbesserung der Mörtelqualität bringt somit keine nennenswerten Verbesserungen.

In einer letzten Parametervariation wird die Änderung der Mauersteinzugfestigkeit in Bezug auf die dadurch veränderten Materialeigenschaften untersucht.

Dabei werden zwei unterschiedliche Steintypen untersucht. Die zugrundeliegenden Parameter sind:

Tabelle 7.6: Materialparameter Mauerstein und Mauerwerkdruckfestigkeit

|  |  | KS | HLZ |
|---|---|---|---|
| $\beta_{t,st}$ | [N/mm²] | 2,17 | 0,6 |
| $\beta_{c,mw,x}$ | [N/mm²] | -7,79 | -1,72 |
| $\beta_{c,mw,y}$ | [N/mm²] | -10,98 | -6,37 |

Die Verwendung von Hochlochziegel (HLZ) statt Kalksandvollsteinen (KS) macht den starken Einfluss der Mauersteinzugfestigkeit auf das Gesamttragverhalten der Mauerwerksscheibe deutlich.

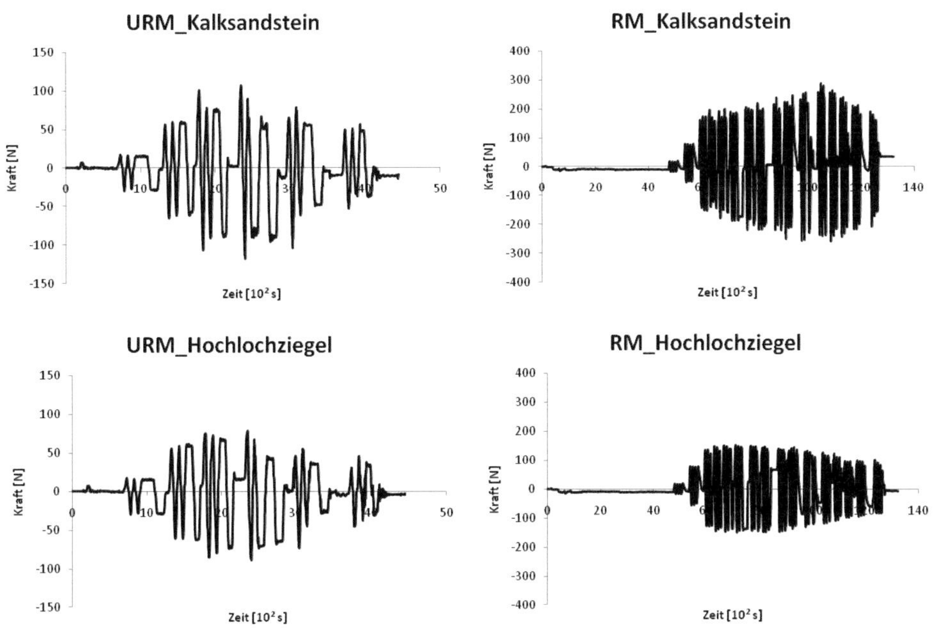


**Abbildung 7.18: Ergebnisse der Numerik unter Variation der Mauersteinparameter**

Bei einer Verstärkung von HLZ Scheiben lässt sich ein niedrigerer Verstärkungsgrad erreichen als bei Kalksandsteinen. Dies wird durch den Wert $F_{h,max,URM}/F_{h,max,RM}$ ausgedrückt. Für KS liegt dieser bei 0,45, für HLZ bei 0,69. Die numerischen Untersuchungen ergeben somit einen niedrigeren Verstärkungseffekt bei Mauerwerk aus niedrigfesten Mauersteinen, während der Einfluss einer besseren Mörtelqualität keinen maßgeblichen Einfluss aufweist.

Abschließend kann gesagt werden, dass die Makromodellierung von unverstärktem Mauerwerk zuverlässig und robust unter Verwendung des hier vorgestellten Materialmodells zu bewerkstelligen ist. Der Vorteil der Makromodellierung ist dabei in dem wesentlich geringeren Modellierungsaufwand im Vergleich zu der Mikromodellierung zu sehen. Lokale Verkantungen oder Verblockungen durch eine Steinrotation können dabei systembedingt nicht direkt berücksichtigt werden. Die maximalen Schubtragfähigkeiten sind daher bei der Makromodellierung geringfügig unter denen der experimentellen Untersuchungen.

Die Makromodellierung von verstärkten Mauerwerksscheiben mit einem verschmierten Ansatz eignet sich - ebenso wie die bei unverstärkten Mauerwerks-scheiben - gut um die maximalen Traglasten festzustellen.

Berücksichtigt wurde hier jedoch nicht, dass Verformung benötigt um die in der Mauerwerksscheibe vorhandenen Kräfte aufzunehmen, da die Textilien im FVW nicht vorgespannt werden.

# 8 Zusammenfassung und Ausblick

Mauerwerksstrukturen in erdbebengefährdeten Gebieten unterliegen erhöhten Belastungen durch seismische Einwirkungen. Insbesondere Gebäude aus älterem Mauerwerk bieten keine ausreichenden Reserven, um diesen Einwirkungen widerstehen zu können. Die Verwendung von Faserverbundwerkstoffen zur Verstärkung hat sich als effektive Methode herausgestellt. Frühere Forschungsarbeiten untersuchten dabei das Verhalten verstärkter Mauerwerksstrukturen unter Verwendung von Epoxydharz als Matrixmaterial der Verstärkungsschicht. Jüngere Arbeiten beschäftigten sich aufgrund der günstigeren Eigenschaften mit der Verwendung von zementösen Matrizen.

Aufbauend auf diesen Arbeiten, lag das Ziel der vorliegenden Arbeit in der Entwicklung und der Analyse hybrider, textiler Strukturen. Hybride Textilstrukturen bieten aufgrund der Kombination der unterschiedlichen Fasereigenschaften in einer Faserrichtung die Möglichkeit, nicht nur eine Verbesserung der maximalen Traglast herbeizuführen, sondern erlauben darüber hinaus eine Verbesserung der Tragfähigkeit auch unter großen Verformungen. Diese Verbesserung der Duktilität wird durch die Verwendung hochdehnbarer Fasern erreicht, die zusammen mit den traglasterhöhenden, hochfesten Fasern in einer Richtung angeordnet sind. Eine weitere, mauerwerksspezifische Anpassung der Faserverbundwerkstoffe an das anisotrope Verhalten von Mauerwerk kann durch eine Mehrdirektionalität der Fasern erreicht werden. Durch Verwendung quaddirektionaler Textilstrukturen wird eine Verstärkung erreicht, die dem richtungsabhängigen Materialverhalten gerecht werden kann.

Die durch die Verwendung hybrider, mehrdirektionaler Textilien erreichbaren maximalen Spannungen führen zu einer Verbesserung des Materialverhaltens in direktem Vergleich mit einer unverstärkten Mauerwerksscheibe. Die Verwendung hochdehnbarer Fasern ermöglicht Verformungen der Struktur, die ohne FVW-Verstärkung zu einem Zusammensturz der Scheibe führen würden. Erreicht wird dies durch den Zusammenhalt der Mauerwerkskomponenten durch das Textil, das durch die hochdehnbaren Fasern auch bei der Entstehung von großen Rissen eine Rissüberbrückung ermöglicht und somit Kräfte aufnehmen kann. Die Mauerwerkscheibe ist dadurch auch bei großen Verformungen in der Lage die Schwerelasten sicher abzutragen. Die hochfesten Fasern gewährleisten darüber hinaus eine Erhöhung der Tragfähigkeit. Die Kombination ermöglicht somit hohe Traglasten unter Verbesserung der Verformungen beim Eintritt eines Versagens.

Die Überprüfung erfolgte anhand realitätsnaher Mauerwerksscheiben. Die Versuche an den Wandscheiben wurden anhand von zwei unterschiedlichen Versuchsaufbauten überprüft. Zur Analyse des Scheibenverhaltens wurden Versuche anhand von Versuchskörpern der Größe 1,25 m x 1,25 m durchgeführt. Dabei erfolgte eine Variation der Materialien und der vertikalen Vorlast. Eine Optimierung des FVW unter variierenden Bedingungen wurde durchgeführt.

Eine Variation der Vertikallasteinbringung erfolgte durch ein variables Kopfmoment bei geschosshohen Mauerwerksscheiben (2,5 m x 2,5 m). Dadurch konnten unterschiedliche Spannungszustände in der Scheibe erreicht werden. Untersucht wurden darüber hinaus verschiedene Steuerungsarten der Vertikallast. Insbesondere die Steuerung des Wandmoments wurde dabei als zuverlässige Variante mit reproduzierbaren Ergebnissen identifiziert. Nachteil dabei ist die große Beeinflussung der Traglast durch die Erhöhung der Vertikallast zur Regulierung des Moments. Die Erhöhung ist insbesondere bei Scheiben mit hohen Horizontaltraglasten (z.B. verstärkten Mauerwerksscheiben) notwendig, um einem durch die Horizontalkraft generierten Moment entgegenzuwirken und somit die Rotation des Wandkopfes zu kontrollieren. Alternativ wurde eine kombinierte Weg-Kraft-Steuerung implementiert, die diesem Problem entgegenwirkt.

Ergänzt wurden die Wandscheibenversuche durch Kleinversuche zu den Materialkennwerten. Diese liefern notwendige Materialparameter für die numerische Simulation und erlauben je nach Versagensmechanismus spezifische Materialkennwerte, die eine qualitative Bewertung der Verstärkungsmaßnahme erlauben.

Die Leistungsfähigkeit von FVW unter Verwendung hybrider, multidirektionaler Textilien konnte experimentell aufgezeigt werden.

Die numerische Beschreibung des Materials erfolgte anhand einer Mehrflächen-Plastizitäts-Modellierung. Die mauerwerksspezifischen Eigenschaften können durch Verwendung von unterschiedlichen Fließflächen für die Versagensmechanismen realitätsnah abgebildet werden. Die verformungsabhängige Änderung der Festigkeiten des Materials wird durch die Ver-/Entfestigung zuverlässig beschrieben, während die Reduktion der Steifigkeiten die Materialdegradation berücksichtigt.

Das zyklische Verhalten von unverstärktem und verstärktem Mauerwerk konnte abgebildet werden. Der durch die Makromodellierung des Materials reduzierte Rechen- und Modellierungsaufwand bringt Vorteile bei Berechnungen großer Strukturen im Vergleich mit einer Mikromodellierung. Die Numerik ist dabei in der Lage die Versuchsergebnisse überwiegend gut abzubilden. Zahlreiche, frühere Forschungsarbeiten zu den Materialparametern und der Materialmodellierung bilden dabei eine sichere Grundlage für die Modellierung.

Die Verwendung laminarer, oberflächennaher FVW in hybrider, multidirektionaler Bauweise zeigt insbesondere bei schubbelasteten Wandscheiben ein gutes Verstärkungspotential auf. Weiterführende Forschung, insbesondere für die Ausführung von Detaillösungen für Eckbereiche oder bei der Gestaltung der Verstärkungsführung im Bereich von Öffnungen, kann die Verwendung von FVW in der Praxis auf ein sichereres Fundament stellen.

# 9 Tabellenverzeichnis

# 10 Abbildungsverzeichnis

# 11 Literaturverzeichnis


[1]     Abaqus: ABAQUS Keywords - Version 6.7; Hibbitt, Karlsson & Sorensen; 2002

[2]     Abaqus: ABAQUS Theory Manual; Version 6.7; 2002

[3]     Abrams, D. P.: Seismic Rehabilitation Technologies for Masonry Walls; Society of American Military Engineers, The Cidatel, Charleston,SC; 2001

[4]     Andreaus, U.: Failure criteria for masonry panels under in-plane loading; Vol. 122; ASCE Journal of Structural Engineering; S. 37-46; 1996

[5]     Ashbee, Ken: Fiber Reinforced Composites; Technomic Publishing Company; 1993

[6]     Bachmann, H.: Erdbebengerechter Entwurf von Hochbauten - Grundsätze für Ingenieure, Architekten, Bauherren und Behörden; Bundesamt für Wasser und Geologie (BWG); 2002

[7]     Bachmann, H.: Erdbebensicherung von Bauwerken; Birkhäuser; 2002

[8]     Bachmann, H.; Lang, K.: Zur Erdbebensicherung von Mauerwerksbauten; Institut für Baustatik und Konstruktion, ETH Zürich; 2002

[9]     Backes, H.-P.: Zum Verhalten von Mauerwerk bei Zugbeanspruchung in Richtung der Lagerfugen; RWTH Aachen; 1985

[10]    Bathe,K.-J.: Finite-Elemente-Methoden; Springer Verlag; 2002

[11]    Bažant, Z. P.; Oh, B. H.: Crack Band Theory for fracture of concrete; Vol. 16; Materials and Structures; S. 155-177; 1993

[12]    Beer, I.; Schubert, P.: Zum Einfluss der Steinformate auf die Mauerwerksdruckfestigkeit - Formfaktoren für Mauersteine; Mauerwerk-Kalender; S. 89-126; 2005

[13]    Bertram, D.: Vorlesungsmanuskript zur Festigkeitslehre 1 und 2; 2007

[14]    Bierwirth, H.: Dreiachsige Druckversuche an Mörtelproben aus Lagerfugen von Mauerwerk; 1994

[15]    Binda, L.; Fontana, A.; Frigerio, G.: Mechanical Behaviour of Brick Masonries Derived from unit and Mortar Characteristics; 8th; Vol. 1; S. 205-216; 1988

[16]    Brameshuber, W.; Graubohm, M.; Schmidt, U.: Festigkeitseigenschaften von Mauerwerk, Teil 4: Scherfestigkeit; Vol. 31; Mauerwerk-Kalender; S. 193-226; 2006

| | |
|---|---|
| [17] | Bruhns, O.T.; Xiao, H.; Meyers, A.: A weakened form of Ilyushin's postulate and the structure of self consistent Eulerian finite elastoplasticity; Elsevier; Vol. 21; International Journal of Plasticity, ; S. 199-219; 2005 |
| [18] | Budelmann, H.; Gunkler, E.; Husemann, U.; Becke, A: Zum Erdbebenwiderstand vorgespannter Mauerwerkwände; Springer VDI Verlag; S. 35-52; 2004 |
| [19] | Budiansky: Matrix Fracture in fiber-reinforced ceramics; 1986 |
| [20] | Bundesverband Kalksandsteinindustrie e.V.: Kalksandstein; |
| [21] | Chen, W.; Zhang, H.: Structural plasticity - Theory, problems and CAE Software; Springer Verlag; 1991 |
| [22] | Chian, Y. C.: On fibre debonding and matrix cracking in fiber reinforced ceramics; 2001 |
| [23] | Chiang, Yih-Cheng; Wang, A. S. D.; Chou, Tsu-Wei: On Matrix Crackling in fiber reinforced Ceramics; 1993 |
| [24] | Curbach, M.: Textile Reinforced Structures; Saxoprint; 2003 |
| [25] | Curbach, M.: Verwendung von technischen Textilien im Betonbau; Bauen mit Textilien; S. 17-26; 1997 |
| [26] | Curbach, M.; Baumann, L.; Jesse, F.; Martius, A.: Textilbewehrter Beton für die Verstärkung von Bauwerken; Nr. 51; Beton; S. 430-434; 2001 |
| [27] | Curbach, M.; Baumann, L.; Jesse, F.; Martius, A.: Textilbewehrter Beton - Stand der Technik und Anwendungsbeispiele; VDI Bau; Jahrbuch; Bautechnik; S. 166-181; 2001 |
| [28] | Curbach, M.; Martius, A.; Baumann, L.: Untersuchungen zur nachträglichen Verstärkung von Betonbauteilen mit textilbewehrtem Beton; Bauen mit Textilien; S. 24-30; 1999 |
| [29] | Denninger, F.: Lexikon technische Textilien; Deutscher Fachverlag; 2008 |
| [30] | Dhanasekar, M.; Kleeman, P. W.; Page, A. W.: The Failure of Brick Masonry under Biaxial Stress; Vol. 72; S. 295-313; 1985 |
| [31] | Dialer, C.: Bruch- und Verformungsverhalten von schubbeanspruchten Mauerwerksscheiben, zweiachsige Versuche an verkleinertem Modellmauerwerk; 1990 |
| [32] | Dialer, C.: Modellierung von Mauerwerk mittels Distinkter Elemente; Ernst & Sohn Verlag; Mauerwerk-Kalender; S. 621-626; 1993 |

[33]    Diestel, O.; Offermann, P.; Hufnagl, E.; Fuchs, H.: Entwicklung innovativer
        strangförmiger Textilarmierungen auf der Grundlage der Kleinrundstrick-,
        Kleinrundwirk und der Kemafil Technologie für hochfeste Kunststoffprofile;
        STFI e.V.; 1998

[34]    DIN Deutsches Institut für Normung e.V.: DIN 1053-1 Mauerwerk, Teil 1:
        Berechnung und Ausführung; 1996

[35]    DIN Deutsches Institut für Normung e.V.: DIN 18555-4 Prüfung von
        Mörteln mit mineralischen Bindemitteln, Teil 4: Festmörtel, Bestimmung
        der Längs- und Querdehnung sowie von Verformungskenngrößen von
        Mauermörteln im statischen Druckversuch; 1986

[36]    DIN Deutsches Institut für Normung e.V.: DIN 18555-5 Prüfung von
        Mörteln mit mineralischen Bindemitteln, Teil 5: Festmörteln, Bestimmung
        der Haftscherfestigkeit von Mauermörteln; 1986

[37]    DIN Deutsches Institut für Normung e.V.: DIN 4149:2005 Bauten in
        deutschen Erdbebengebieten - Lastannahmen, Bemessung und
        Ausführung üblicher Hochbauten; 2005

[38]    DIN Deutsches Institut für Normung e.V.: DIN EN 1015-11Prüfverfahren
        für Mörtel für Mauerwerk - Teil 11: Bestimmung der Biegezug- und
        Druckfestigkeit von Festmörtel; 2007

[39]    DIN Deutsches Institut für Normung e.V.: DIN EN 10319 Metallische
        Werkstoffe - Relaxationsversuch unter Zugbeanspruchung - Teil 1:
        Prüfverfahren für die Anwendung in Prüfmaschinen; 2003

[40]    DIN Deutsches Institut für Normung e.V.: DIN EN 1052-3 Prüfverfahren für
        Mauerwerk, Teil 3: Bestimmung der Anfangsscherfestigkeit (
        Haftscherfestigkeit); 2002

[41]    DIN Deutsches Institut für Normung e.V.: DIN EN 771-2:2005
        Festlegungen für Mauersteine - Teil 2: Kalksandsteine; 2005

[42]    DIN Deutsches Institut für Normung e.V.: DIN EN 772-1 Prüfverfahren für
        Mauersteine - Teil 1: Bestimmung der Druckfestigkeit; 2000

[43]    DIN Deutsches Institut für Normung e.V.: DIN EN ISO 2062 Textilien -
        Garne von Aufmachungseinheiten - Bestimmung der Höchstzugkraft und
        Höchstzugkraftdehnung von Garnabschnitten unter Verwendung eines
        Prüfgeräts mit konstanter Verformungsgeschwindigkeit (CRE); 2008

[44]    DIN Deutsches Institut für Normung e.V.: DIN EN ISO 604 Kunststoffe - Bestimmung von Druckeigenschaften; 2003

[45]    DIN Deutsches Institut für Normung e.V.: DIN V 106:2005 Kalksandsteine, Teil 1: Voll-, Loch-, Block-, Hohlblock-, Plansteine, Planelemente, Fasensteine, Bauplatten, Formsteine; 2000

[46]    Drucker, D.C.: A more fundamental approach to plastic stress-strain relations; Nr. 1; S. 487-491; 1951

[47]    El Gawady, M.: Seismic in-plane behaviour of urm walls upgraded with composites; ETH Lausanne; 2004

[48]    El Gawady, M.; Lestuzzi, P.; Badoux, M.: A Review of Conventional Seismic Retrofitting Techniques for URM; Nr. 89; 2004

[49]    El Gawady, M.; Lestuzzi, P.; Badoux, M.: Dynamic tests on urm walls before and after upgrading with composites; ETH Lausanne; 2003

[50]    Emami, E.: Mauerwerksverstärkung mit Naturfasern (noch nicht veröffentlicht);

[51]    Erdik, M.; Aydinoglu, N.; et al: Earthquake Risk Assessment for the Istanbul Metropolitan Area; Bogazici University Press; 2003

[52]    Erdik,M; Aydinoglu,N.: Earthquake Performance and vulnerability of buildings in Turkey; Department of Earthquake Engineering - Kandilli Observatory and Earthquake Research Institute - Bogazici University; 2002

[53]    Erhart, T.: Strategien zur numerischen Modellierung transienter Impaktvorgänge bei nichtlinearem Materialverhalten; 0; 2004

[54]    Fehling, E.; Stürz, J.: Neueste Erkenntnisse zur Bemessung von Mauerwerk unter Erdbebeneinwirkung; Springer Verlag; Vol. 84; Bauingenieur; S. 482-490; 2009

[55]    Fouad, N.A.; Meincke, S.: Verstärkungsmöglichkeiten für Mauerwerk in stark erdbebengefährdeten Gebieten; Ernst & Sohn Verlag; Vol. 30; Mauerwerk-Kalender; S. 185-208; 2005

[56]    Fuchs, B.; Gauster, C.; Seer, P.; Werner, J.: FRP - Faser Reinforced Polymer-Systeme; 2003

[57]    Fu-Quan: Bond Strength between CFRP Sheets and Concrete; Vol. 1; FRP Composites in Civil Engineering; 2001

[58]     Gambarotta, L.; Lagomarsino, S.: Damage Models for the Seismic Response of Brick Masonry Shear Walls. Part 1: The Mortar Joint Model and its Applications; John Wiley & Sons, Ltd.; Vol. 26; Earthquake Engineering and Structural Dynamics; S. 423-439; 1997

[59]     Gambarotta, L.; Lagomarsino, S.: Damage Models for the Seismic Response of Brick Masonry Shear Walls. Part 2: The Continuum Model and its Applications; Vol. 26; Earthquake Engineering and Structural Dynamics; S. 441-462; 1997

[60]     Ganz, H.: Post-tensioned masonry structures; VSL International Ltd.; 1990

[61]     Ganz, H. R.: Mauerwerksscheiben unter Normalkraft und Schub; Institut für Baustatik und Konstruktion, ETH Zürich; 1985

[62]     Ganz, H. R.; Thürlimann, B.: Versuche über die Festigkeit von zweiachsig beanspruchtem Mauerwerk; 1982

[63]     Ganz, H. R.; Thürlimann, B.: Versuche an Mauerwerksscheiben unter Normalkraft und Querkraft; Institut für Baustatik und Konstruktion, ETH Zürich; 1984

[64]     Ganz, H. R.; Guggisberg, R.; Schwartz, J.; Thürliman, B: Contributions to the Design of Masonry Walls; Birkhäuser; 1989

[65]     Glitza, H.: Druckbeanspruchung parallel zur Lagerfuge; Mauerwerk-Kalender; S. 489-496; 1988

[66]     Graubner, C.; Kranzler, T.; Schubert, P.; Simon, E.: Festigkeitseigenschaften von Mauerwerk Teil 3: Schubfestigkeit von Mauerwerksscheiben; Ernst & Sohn Verlag; Mauerwerk-Kalender; S. 7-88; 2005

[67]     Grünthal, G.: European Macroseismic Scale 1998; Vol. 15; 1998

[68]     Hannelore E., Hermann H., Marianne H. u. a.: Fachwissen Bekleidung; Europa-Lehrmittel; 2008

[69]     Haufe, A.: Dreidimensionale Simulation bewehrter Flächentragwerke aus Beton mit der Plastizitätstheorie; 0; 2001

[70]     Heer, B.: Einfluss der Zusammensetzung von Mauermörtel auf seine Eigenschaften im Mauerwerk; Institut für Bauforschung Aachen; S. 73-75; 2000

[71]     Hendry, A. W.: Structural Masonry; Macmillan Press LTD; 2.Auflage; S. 296; 1990

[72]     Hesebeck, O.: Irreversibility, Stability and Maximum Dissipation in Elastoplastic Damage; International Journal of Damage Mechanics; Vol. 9; International Journal of Damage Mechanics; S. 329-351; 2000

[73]     Hilsdorf, H.: Untersuchungen über die Grundlagen der Mauerwerksfestigkeit; Materialprüfungsamt für das Bauwesen der TH München; 1965

[74]     Hofstetter, G.; Mang, H.: Computational mechanics of reinforced concrete structures; Friedr. Vieweg & Sohn; 1995

[75]     Holberg, A. M.; Hamilton, H. R.: Strengthening URM with GFRP Composites and Ductile Connections; Vol. 18; Earthquake Spectra; S. 63-84; 2002

[76]     Hörmann, M.: Nichtlineare Versagensanalyse von Faserverbundstrukturen; 2002

[77]     Huber, F.: Nichtlineare dreidimensionale Modellierung von Beton und Stahlbetontragwerken; Universität Stuttgart; 2006

[78]     Hughes, T. J. R.: The Finite Element Method; Prentice-Hall; 1987

[79]     Huster, U.: Tragverhalten von einschaligem Natursteinmauerwerk unter zentrischer Druckbeanspruchung; kassel university press GmbH; 2000

[80]     Ilkisik, O. M.; Ergenc, M. N.; Turk, M. T.: Istanbul Earthquake Risk and Mitigation Studies;

[81]     Jäger, W.: Mauerwerk-Kalender; Ernst & Sohn Verlag; Das Mauerwerk; 2008

[82]     Jäger, W.: Übersicht zum derzeitigen Stand der numerischen Modellierung; Ernst & Sohn Verlag; Nr. 6; Vol. 11; Das Mauerwerk; S. 315-322; 2007

[83]     Jagfeld, M.: Tragverhalten und statische Berechnung gemauerter Gewölbe bei großen Auflagerverschiebungen - Untersuchungen mit der Finite-Elemente-Methode; Shaker Verlag; 2000

[84]     Jai, J.; Springer, S.; Kollár, L. P.; Krawinkler: Reinforcing Masonry walls with Composite Materials - Model; Sage Publications; Nr. 18; Vol. 34; Journal of Composite Materials; S. 1548-1580; 2000

[85]     Kalker, I.: Numerische Simulation von unbewehrten und textilverstärkten Mauerwerksscheiben unter zyklischer Belastung; 2007

[86]     Kasten, D.: Zur Frage der Homogenität von Mauersteinen; Die Ziegelindustrie; Vol. 35; S. 520-524; 1982

[87]     Kastner, A.: Faser- und Gewebekunde; Dr. Felix Büchner, Handwerk und Technik; 2008

[88]     Kieker, J.: Stoßfugen ohne Mörtel; Ernst & Sohn Verlag; Das Mauerwerk; S. 14-19; 1997

[89]     Kiss, R. M. .; Kollár, L. P.;Jai, J.; Krawinkler: Masonry Strengthened with FRP Subjected to Combined Bending and Compression Part II: Test Results and Model Predictions; Sage Publications; Nr. 09; Vol. 36; Journal of Composite Materials; S. 1049-1063; 2002

[90]     Klarmann, R.: Nichtlineare Finite Element Berechnungen von Schalentragwerken mit geschichtetem anisotropen Querschnitt; 1991

[91]     Knothe, K.; Wessels, H.: Finite Elemente; 1991

[92]     Kolsch, H.: Ertüchtigung von Mauerwerk mittels Laminatbeschichtung; HOCHTIEF Construction AG, Abt. IKS; 1995

[93]     König, G.: Untersuchungen zum Verhalten von Mauerwerksbauten unter Erdbebeneinwirkung; IRB; 1988

[94]     Kreißig, R.: Einführung in die Plastizitätstheorie; Fachbuchverlag; 1992

[95]     Lackner, R.; Mang, H. A.: A posteriori error estimations in non-linear FE analyses of shell structures; John Wiley & Sohn, Ltd.; Vol. 53; International Journal for Numerical Methods in Engineering; S. 2329-2355; 2000

[96]     Laursen, P. T.; Seible, F.; Hegemeier, G. A.: Seismic Retrofit and Repair of Reinforced Concrete with Carbon Overlays; Department of Structural Engineering, UCSD; 1995

[97]     Lee, J. S.; Pande, G. N.; Middleton, J.; Kralj: Numerical simulation of cracking and collapse of masonry panels subject to lateral loading; S. 107-116; 1994

[98]     Lee, J.; Pande, G.; Middleton, J.; Kralj, B.: Numerical Modelling of Brick Masonry Panels Subject to Lateral Loadings; Vol. 61; Computers and Structures; S. 735-745; 1996

[99]     Löring, S.: Zum Tragverhalten von Mauerwerksbauten unter Erdbebeneinwirkung; 2005

[100]    Lotfi, H.; Shing, P.: An appraisal of smeared crack models for masonry shear wall analysis; Pergamon press; Vol. 41; Computers and Structures; S. 413-425; 1991

[101]    Lourenco, P. B.: Computational Strategies for Masonry Structures; 1996

[102]    Lourenco, P. B.: Die Anwendung von numerischen Methoden zur Tragwerksanalyse von Baudenkmälern; Ernst & Sohn Verlag; Nr. 6; Vol. 11; Das Mauerwerk; S. 323-329; 2007

[103]    Lourenco, P. B.; Rots, J. G.; Blaauwendraad, J.: Implementation of an interface cap model for the analysis of masonry structures; Pineridge Press; Computational Modelling of Concrete Structures; S. 123-134; 1994

[104]    Mann, W.; Müller, H.: Bruchkriterien für querkraftbeanspruchtes Mauerwerk und ihre Anwendung auf gemauerte Windscheiben; Ernst & Sohn Verlag; Bautechnik; S. 421-425; 1973

[105]    Mann, W.; Müller, H.: Schubtragfähigkeit von gemauerten Wänden und Voraussetzungen für das Entfallen des Windnachweises; Ernst & Sohn Verlag; Vol. 10; Mauerwerk-Kalender; S. 95-114; 1985

[106]    Mann, W.; Müller, H.: Schubtragfähigkeit von Mauerwerk; Ernst & Sohn Verlag; Vol. 3; Mauerwerk-Kalender; S. 35- 65; 1978

[107]    Marshall, O.; Sweeney, S.; Trovillion, J.: Performance Testing of Fiber-Reinforced Polymer Composite Overlays for Seismic Rehabilitation of Unreinforced Masonry Walls; US Army Corps of Engineers; 2000

[108]    Matsumura, A.: Shear Strength of reinforced hollow unit masonry walls; Proceedings of Fourth North American Masonry Conference; Vol. 2; 1987

[109]    Matzenmiller, A.: Ein rationales Lösungskonzept für geometrisch und physikalisch nichtlineare Strukturberechnungen; 1988

[110]    Matzenmiller, A.; Schweizerhof, K.: Crashworthiness Simulations of Composite Structures - a first step with Explicit Time Integration; Nonlinear Computational Mechanics; 1991

[111]    Meda, G.; Steif, P. S. : A detailed analysis of cracks bridged by fibers - I. Limiting cases of short and long cracks; 1993

[112]    Meschke, G.; Lackner, R.; Mang, H. A.: An anisotropic elasto-plastic damage model for plain concrete; John Wiley & Sohn, Ltd.; Vol. 42; International Journal for Numerical Methods in Engineering; S. 703-727; 1998

[113]    Meskouris, K.; Hinzen, K.-G.: Bauwerke und Erdbeben - Grundlagen, Anwendungen, Beispiele; Vieweg und Sohn; 2003

[114]    Metschies, H.; Münich, J. C.: Verbesserung der Erdbebensicherheit von Mauerwerk durch textile Hybrid-Bewehrungen mit integrierten hochdehnbaren Verstärkungen - Abschlussbericht AiF Forschungsvorhaben 14682; STFI/Uni Karlsruhe; 2008

[115]    Metzemacher, H.; Riechers, H. J.: Moderne Werkmörtel; Ernst & Sohn Verlag; Nr. 4; Das Mauerwerk; S. 234-239; 1997

[116]    Meyer, U.: Mauerwerksbauten in den deutschen Erdbebengebieten - Regelungen der neuen DIN 4149; Ernst & Sohn Verlag; Vol. 9; S. 248 - 254; 2005

[117]    Mistler, M.: Verformungsbasiertes seismisches Bemessungskonzept für Mauerwerksbauten; 2006

[118]    Mistler, M.; Butenweg, C.: Verformungsbasierter seismischer Nachweis von Mauerwerksbauten mit der Kapazitätsspektrum-Methode; Ernst & Sohn Verlag; Vol. 9; S. 255 - 261; 2005

[119]    Mohamed, A.; Stempniewski, L.: Damage model for masonry based on the continuum damage theory; 2002

[120]    Mojsilovic, N.: Zum Tragverhalten von kombiniert beanspruchtem Mauerwerk; 1995

[121]    Mojsilovic, N.; Marti, P.: Eccentric Shear and Normal Forces in Structural Masonry; S. 335-340; 2002

[122]    Mosalam, K.; White, R.; Gergely, P.: Static response of infilled frames using quasi-static experimentation; Vol. 123; ASCE Journal of Structural Engineering; S. 1462-1469; 1997

[123]    Mosalam, K.: Modeling of the Nonlinear Seismic Behavior of Gravity Load Designed Frames; Vol. 12; ASCE Journal of Structural Engineering; S. 479-493; 1996

[124]    Mosalam, K.; White, R.; Gergely, P.: Computational Strategies for Frame with Infill Walls: Discrete and Smeared Crack Analyses and Seismic Fragility; National Center for Earthquake Engineering Research - State University of New York at Buffalo; 1997

[125] Müller, H.: Untersuchungen zum Tragverhalten von querbeanspruchtem Mauerwerk; TH Darmstadt; 1974

[126] Müller, F. P.; Keintzel, E.: Erdbebensicherung von Hochbauten; Ernst & Sohn Verlag; 2.Auflage; 1984

[127] Münich, J. C.; Taubenböck, H.; Stempniewski, L.; Dech, S.; Roth, A.: Remote Sensing and Civil Engineering: An interdisciplinary Approach to assess vulnerability in urban areas; ECEES; 2006

[128] Naraine, S.; Sinha, S.: Behaviour of Brick Masonry under cyclic compressive loading; ASCE Journal of the Structural Engineering; Vol. 115; 1989

[129] Naraine, S.; Sinha, S.: Loading and unloading stress-strain curves for brick masonry; ASCE Journal of the Structural Engineering; Vol. 115; 1989

[130] Newmark, N. M.; Rosenblueth, E.: Fundamentals of Earthquake Engineering; 1971

[131] Özdemir, Ilkay M.; Tavsan, C.; Özgen, S.; Sagsoz,: The Elements of forming traditional Turkish cities: Examination of houses and streets in historical city of Erzurum; Elsevier; 2006

[132] Page, A. W.: Finite Element Model for Masonry; Vol. 194; Journal of the Structural Division; S. 1267-1285; 1978

[133] Page, A. W.: Influence of Material Properties on the Behaviour of Brick Masonry Shear Walls; Vol. 1; S. 528-537; 1988

[134] Page, A. W.; Samarasinghe, W.; Hendry, A. W.: The failure of masonry shear walls; No. 4; Vol. 1; The International Journal of Masonry Construction; S. 52-57; 1981

[135] Pande, G. N.; Middleton, J.; Kralj, B.: Computer Methods in Structural Masonry; Vol. 4; 1997

[136] Parisch, H.: Festkörper-Kontinuumsmechanik; 2003

[137] Pocanschi, A.; Phocas, M.: Kräfte in Bewegung - Die Techniken des erdbebensicheren Bauens; Teubner Verlag; 2003

[138] Priller, S.: Frühstadien der Korrosion von technischen Glasfasern; Technische Universität Clausthal; 1998

[139] Puck, A.: Festigkeitsanalyse von Faser-Matrix-Laminaten; Carl Hanser; 1996

[140]   R & G Faserverbundwerkstoffe GmbH: Handbuch Faserverbundwerkstoffe;

[141]   R & G Faserverbundwerkstoffe GmbH: Faserverbundwerkstoffe Einführung; S. 01-10; 1999

[142]   Reinhorn, A.M.; Maden, A.: Evaluation of TYFO-W fiber warap system for in plane strengthening of masonry walls; State University of New York at Buffalo, USA; 1995

[143]   Samarasinghe, W.; Hendry, A.W.: The Strength of Brickwork under Biaxial Tensile and Compressive Stress; Nr. 7; S. 129-139; 1982

[144]   Schellbach, G.: Eigenschaften und Prüfung der Baustoffe für ingenieurmäßig bemessene Mauerwerksbauten; Ernst & Sohn Verlag; S. 57-65; 1981

[145]   Schellbach, G.: Eigenschaften und Prüfung der Baustoffe für Ingenieurmauerwerk; Ernst & Sohn Verlag; Mauerwerk-Kalender; S. 53-69; 1980

[146]   Schermer, D.: Deliverable D6.2: Development of test methods for the determination of masonry properties under lateral loads in WP7; 2005

[147]   Schermer, D.: Verhalten von unbewehrtem Mauerwerk unter Erdbebenbeanspruchung; TU München; 2004

[148]   Schermer, D.; Fehling, E.; Stürz, J.: Schubprüfungen an geschosshohen Wänden - Grundlagen und Durchführung; Ernst & Sohn Verlag; Vol. 12; S. 13 - 18; 2008

[149]   Schlaich, J.; Schäfer, K.: Konstruieren im Stahlbetonbau; Ernst & Sohn Verlag; Beton-Kalender; S. 311-493; 1998

[150]   Schlegel, R.: Numerische Berechnung von Mauerwerksstrukturen in homogenen und diskreten Modellierungsstrategien; 2004

[151]   Schlegel, R.; Rautenstrauch, K.: Numerische Modellierung von Mauerwerk; Ernst & Sohn Verlag; Mauerwerk-Kalender; S. 365-398; 2005

[152]   Schneider, K. H.; Wiegand, E.; Jucht, K.-D.: Innerer Spannungszustand bei Mauerwerk mit nicht vermörtelten Stoßfugen; IRB Verlag; 1976

[153]   Schneider, W.: Verbesserung der Pfadverfolgungsalgorithmen für plastische Durchschlagsprobleme mit abruptem Abfall des Tragvermögens; No.2; LACER ; S. 413-427; 1997

[154]   Schneider; Schubert; Wormuth: Mauerwerksbau; Werner Verlag; 1999

[155]   Schubert, P.: Eigenschaftswerte von Mauerwerk, Mauersteinen und Mauermörtel; Ernst & Sohn Verlag; Vol. 30; Mauerwerk-Kalender; S. 127-148; 2005

[156]   Schubert, P.: Eigenschaftswerte von Mauerwerk, Mauersteinen und Mauermörtel; Ernst & Sohn Verlag; Mauerwerk-Kalender; S. 5-21; 2001

[157]   Schubert, P.: Eigenschaftswerte von Mauerwerk, Mauersteinen und Mauermörtel; Ernst & Sohn Verlag; Mauerwerk-Kalender; S. 5-21; 2009

[158]   Schubert, P.: Eigenschaftwerte von Mauerwerk, Mauersteinen, Mauermörtel und Putzen; Mauerwerk-Kalender; 2008

[159]   Schubert, P.: Mauerwerk- Kalender 2009; Das Mauerwerk; 2009

[160]   Schubert, P.: Prüfverfahren für Mauerwerk, Mauersteine und Mauermörtel; Ernst & Sohn Verlag; Mauerwerk-Kalender; S. 685-697; 1991

[161]   Schubert, P.; Glitza, H.: Festigkeits- und Verformungskennwerte von Mauersteinen und Mauermörtel; RWTH Aachen; S. 332-341; 1979

[162]   Schubert, P.; Graubohm, M.: Druckfestigkeit von Mauerwerk parallel zu den Lagerfugen; Ernst & Sohn Verlag; Vol. 8; Das Mauerwerk; 1994

[163]   Schubert, P.; Graubohm, M.: Eigenschaftswerte von Kalksandsteinen unter Zugbeanspruchung; Ernst & Sohn Verlag; Vol. 10; Das Mauerwerk; 2006

[164]   Schubert, P.; Friede, H.: Spaltzugfestigkeitswerte von Mauersteinen; RWTH Aachen; S. 117-122; 1980

[165]   Schwarz, C.: Übergang von Euler`scher zu Lagrange`scher Statistik in kompressibler Turbulenz; 2009

[166]   Schwarz, H. R.: FORTRAN-Programme zur Methode der finiten Elemente; Teubner; 1991

[167]   Schwegler, G.: Verstärken von Mauerwerk mit Faserverbundwerkstoffen in seismisch gefährdeten Zonen; 1994

[168]   Schwegler, G.: Verstärkung von Mauerwerkbauen mit CFK-Lamellen; Nr. 44; Schweizer Ingenieur und Architekt; S. 986-988; 1996

[169]   Schweizerhof, K.: Quasi-Newton Verfahren und Kurvenverfolgungsalgorithmen für die Lösung nichtlinearer Gleichungssysteme in der Strukturmechanik; Institut für Baustatik, Universität Karlsruhe; 1989

[170] Seible, F.; Hegemier, G.; Igarashi, A.: Designing with FRP composites in the civil structural environment; Vol. 1; FRP Composites in Civil Engineering; 2001

[171] Seible, F.; Hegemier, G.; Igarashi, A.: Simulated Seismic Laboratory Load Testing of Full-Scale Buildings; EERI; S. 57-86; 1996

[172] Seim, W.: Numerische Modellierung des anisotropen Versagens zweiachsig beanspruchter Mauerwerksscheiben; 1994

[173] Seim, W.; Schweizerhof, K.: Nichtlineare FE-Analyse eben beanspruchter Mauerwerksscheiben mit einfachen Werkstoffgesetzen; Vol. 92; Beton- und Stahlbetonbau; S. 201-207; 1997

[174] Seim, W.; Schweizerhof, K.: Nichtlineare FE-Analyse eben beanspruchter Mauerwerksscheiben mit einfachen Werkstoffgesetzen - Fortsetzung; Vol. 92; Beton-und Stahlbetonbau; S. 239-244; 1997

[175] Simo, J.; Hughes, T.: Computational inelasticity; Springer Verlag; 1998

[176] Simo, J.; Kennedy, J.; Govindjee, S.: Non-smooth multisurface plasticity and viscoplasticity. Loading/unloading conditions and numerical algorithms; John Wiley & Sons, Ltd.; Vol. 26; Int. Journal for Numerical Methods in Engineering; S. 2161-2185; 1988

[177] Simo, J.; Taylor, R.: A return mapping algorithm for plane stress elastoplasticity; John Wiley & Sons, Ltd.; Vol. 22; Int. Journal for Numerical Methods in Engineering; S. 649-670; 1986

[178] Simon, E.: Schubtragverhalten von Mauerwerk aus großformatigen Steinen; 2002

[179] Stempniewski, L.: Flüssigkeitsgefüllte Stahlbetonbehälter unter Erdbebeneinwirkung; 1990

[180] Stempniewski, L.; Eibl, J.: Finite Elemente im Stahlbeton; Ernst und Sohn; Beton-Kalender; S. 249-308; 1993

[181] Stoer, J.: Numerische Mathematik I; 1999

[182] Stoer, J.; Bulirsch, R.: Numerische Mathematik II; 1990

[183] Thomas, S.: Konstitutive Gleichungen und numerische Verfahren zur Beschreibung von Verformung und Schädigung; 2001

[184] Thürlimann, B.; Ganz, H. R.: Bruchbedingung für zweiachsig beanspruchtes Mauerwerk; 1984

[185]    Tomazevic, M.: Earthquake-Resistant Design of Masonry Buildings; Imperial College Press; 1999

[186]    van der Pluijm, R.: Material Properties of Masonry and its Components under Tension and Shear; S. 675-686; 1992

[187]    van der Pluijm, R.: Shear behaviour of bed joints; Nr. 6; S. 125-136; 1993

[188]    Vratsanou, V.: Das nichtlineare Verhalten unbewehrter Mauerwerksscheiben unter Erdbebenbeanspruchung - Hilfsmittel zur Bestimmung der q-Faktoren; 1992

[189]    Wallner, C.: Erdbebengerechtes Verstärken von Mauerwerk durch Faserverbundwerkstoffe - experimentelle und numerische Untersuchungen; 2008

[190]    Wenzel, F.: Mauerwerksinstandsetzung bei historisch bedeutsamen Bauwerken; Ernst & Sohn Verlag; Mauerwerk-Kalender; S. 613-622; 1995

[191]    Will, J.: Beitrag zur Standsicherheitsberechnung im geklüfteten Fels in der Kontinuums- und Diskontinuumsmechanik unter Verwendung impliziter und expliziter Berechnungsstrategien; Bauhaus-Universität Weimar; 1999

[192]    Will, J.: Zur numerischen Beschreibung vielflächiger Plastizität (non-smooth multisurface plasticity); S. 4.1-4.19; 1997

[193]    Wriggers, P.: Nichtlineare Finite-Element-Methoden; Springer Verlag; 2001

[194]    Wriggers, P.; Wagner, W.: Nonlinear Computational Mechanics; Springer Verlag; 1991

[195]    Zienkiewicz, O. C.; Taylor, R. L.: The Finite Element Method. Volume 1:The Basis 5th edition; 2000

[196]    Zienkiewicz, O. C.; Taylor, R. L.: The Finite Element Method. Volume 2:Solid Mechanics 5th edition; 2000

[197]    Zilch, K.; Finckh, W.; Grabowski, S.; Schermer, D.; Scheufler, W.: ESECMaSE: D7.1b Test results in the behaviour of masonry under static cyclic in plane lateral loads; 2004

[198]    Zilch, K.; Schermer, D.; Scheufler, W.: Simulated Earthquake Behavior of Unreinforced Masonry Walls; 2002

[199]    Zorn, H.: Alkaliresistente Glasfasern - Von der Herstellung zur Anwendung; CTRS2; 2003

[200]     Zscheile, H.; Hempel, R.; Fuchs, H.; Graße, W.: Untersuchungen zum Einsatz von kettengewirkter Textilbewehrungen mit integrierten Versteifungselementen für dünnwandige Balkonfußbodenplatten aus Beton. Schlussbericht zum AIF Forschungsvorhaben 12315; STFI e.V.; 2003

# Lebenslauf

Johannes Christian Münich
Geb. 25. Dezember 1976
in Karlsruhe

| | |
|---|---|
| 1983 – 1987 | Grundschule Bulach |
| 1987 – 1996 | Goethe Gymnasium Karlsruhe |
| 1996 – 1997 | Zivildienst bei der Individuellen Schwerstbehinderten Betreuung |
| 1997 – 2004 | Studium des Bauingenieurwesens an der Universität Karlsruhe (TH), Vertiefung: Konstruktiver Ingenieurbau |
| 2004 – 2010 | Wissenschaftlicher Mitarbeiter am Institut für Massivbau und Baustofftechnologie der Universität Karlsruhe (TH) |
| seit 2010 | Mitarbeiter des Ingenieurbüros Werner Sobek Stuttgart GmbH & Co. KG, Stuttgart |

Schriftenreihe des
# Instituts für Massivbau
# und Baustofftechnologie


**Herausgeber:**   Univ.-Prof. Dr.-Ing. Harald S. Müller
Univ.-Prof. Dr.-Ing. Lothar Stempniewski

Institut für Massivbau und Baustofftechnologie
Universität Karlsruhe (TH)

ISSN 0933-0461

| | |
|---|---|
| **Heft 25** | Frank Dahlhaus:<br>**Stochastische Untersuchungen von Silobeanspruchungen.** 1995 |
| **Heft 26** | Cornelius Ruckenbrod:<br>**Statische und dynamische Phänomene bei der Entleerung von Silozellen.** 1995 |
| **Heft 27** | Shishan Zheng:<br>**Beton bei variierender Dehngeschwindigkeit, untersucht mit einer neuen modifizierten Split-Hopkinson-Bar-Technik.** 1996 |
| **Heft 28** | Yong-zhi Lin:<br>**Tragverhalten von Stahlfaserbeton.** 1996 |
| **Heft 29** | DFG:<br>**Korrosion nichtmetallischer anorganischer Werkstoffe im Bauwesen.** 1996 |
| **Heft 30** | Jürgen Ockert:<br>**Ein Stoffgesetz für die Schockwellenausbreitung in Beton.** 1997 |
| **Heft 31** | Andreas Braun:<br>**Schüttgutbeanspruchungen von Silozellen unter Erdbebeneinwirkung.** 1997 |
| **Heft 32** | Martin Günter:<br>**Beanspruchung und Beanspruchbarkeit des Verbundes zwischen Polymerbeschichtungen und Beton.** 1997 |
| **Heft 33** | Gerhard Lohrmann:<br>**Faserbeton unter hoher Dehngeschwindigkeit.** 1998 |
| **Heft 34** | Klaus Idda:<br>**Verbundverhalten von Betonrippenstäben bei Querzug.** 1999 |
| **Heft 35** | Stephan Kranz:<br>**Lokale Schwind- und Temperaturgradienten in bewehrten, oberflächennahen Zonen von Betonstrukturen.** 1999 |
| **Heft 36** | Gunther Herold:<br>**Korrosion zementgebundener Werkstoffe in mineralsauren Wässern.** 1999 |
| **Heft 37** | Mostafa Mehrafza:<br>**Entleerungsdrücke in Massefluss-Silos - Einflüsse der Geometrie und Randbedingungen.** 2000 |
| **Heft 38** | Tarek Nasr:<br>**Druckentlastung bei Staubexplosionen in Siloanlagen.** 2000 |
| **Heft 39** | Jan Akkermann:<br>**Rotationsverhalten von Stahlbeton-Rahmenecken.** 2000 |

| | |
|---|---|
| **Heft 54** | Werner Hörenbaum:<br>**Verwitterungsmechanismen und Dauerhaftigkeit**<br>**von Sandsteinsichtmauenwerk**. 2005 |
| **Heft 55** | Seminar Februar 2006:<br>**DIN 4149 - Aus der Praxis für die Praxis**. 2006 |
| **Heft 56** | Sam Foos:<br>**Unbewehrte Betonfahrbahnplatten unter witte-**<br>**rungsbedingten Beanspruchungen**. 2006 |
| **Heft 57** | Ramzi Maliha:<br>**Untersuchungen zur Rissbildung in Fahrbahndecken**<br>**aus Beton**. 2006 |
| **Heft 58** | Andreas Fäcke:<br>**Numerische Simulation des Schädigungsverhaltens**<br>**von Brückenpfeilern aus Stahlbeton unter Erdbe-**<br>**benlasten**. 2006 |
| **Heft 59** | Juliane Möller:<br>**Rotationsverhalten von verbundlos vorgespannten**<br>**Segmenttragwerken**. 2006 |
| **Heft 60** | Martin Larcher:<br>**Numerische Simulation des Betonverhaltens unter**<br>**Stoßwellen mit Hilfe des Elementfreien Galerkin-**<br>**Verfahrens**. 2007 |
| **Heft 61** | Christoph Niklasch:<br>**Numerische Untersuchungen zum Leckageverhalten**<br>**von gerissenen Stahlbetonwänden**. 2007 |
| **Heft 62** | Halim Khbeis:<br>**Experimentelle und numerische Untersuchungen**<br>**von Topflagern**. 2007 |
| **Heft 63** | Sascha Schnepf:<br>**Vereinfachte numerische Simulation des Tragverhal-**<br>**tens ebener mauerwerksausgefachter Stahlbeton-**<br>**rahmen unter zyklischer Belastung**. 2007 |
| **Heft 64** | Christian Wallner:<br>**Erdbebengerechtes Verstärken von Mauerwerk**<br>**durch Faserverbundwerkstoffe - experimentelle und**<br>**numerische Untersuchungen**. 2008 |
| **Heft 65** | Niklas Puttendörfer:<br>**Ein Beitrag zum Gleitverhalten und zur Sattelausbil-**<br>**dung externer Spannglieder**. 2008 |

| | |
|---|---|
| **Fortführung als:** | Karlsruher Reihe<br>**Massivbau**<br>**Baustofftechnologie**<br>**Materialprüfung**<br>bei KIT Scientific Publishing (ISSN 1869-912X) |

Karlsruher Reihe
# Massivbau
# Baustofftechnologie
# Materialprüfung


**Herausgeber:**    **Univ.-Prof. Dr.-Ing. Harald S. Müller**
**Univ.-Prof. Dr.-Ing. Lothar Stempniewski**

Institut für Massivbau und Baustofftechnologie
Materialprüfungs- und Forschungsanstalt,
MPA Karlsruhe
Karlsruher Institut für Technologie (KIT)

KIT Scientific Publishing
ISSN 1869-912X


**Heft 66**    Michael Haist:
**Zur Rheologie und den physikalischen Wechselwir-kungen bei Zementsuspensionen.** 2009
ISBN 978-3-86644-475-1

**Heft 67**    Stephan Steiner:
**Beton unter Kontaktdetonation - neue experimen-telle Methoden.** 2009
(noch erschienen in der Schriftenreihe des Instituts für Massivbau und Baustofftechnologie, ISSN 0933-0461)

**Heft 68**    Christian Münich:
**Hybride Multidirektionaltextilien zur Erdbebenver-stärkung von Mauerwerk - Experimente und numeri-sche Untersuchungen mittels eines erweiterten Makromodells.** 2011
ISBN 978-3-86644-734-9


**Bezug der Hefte:**

**Hefte 1 bis 65 und 67:**    Institut für Massivbau und Baustofftechnologie,
Karlsruher Institut für Technologie (KIT),
Gotthard-Franz-Str. 3, 76131 Karlsruhe,
**www.betoninstitut.de**

**ab Heft 66:**    KIT Scientific Publishing,
Straße am Forum 2, 76131 Karlsruhe,
**www.ksp.kit.edu**